规划·环境·城市丛书

协作式规划：在碎片化社会中塑造场所

（原著第二版）

Collaborative Planning: Shaping Places in Fragmented Societies

（Second Edition）

[英] 帕齐·希利 著
张 磊 陈 晶 译

中国建筑工业出版社

著作权合同登记图字：01-2010-6360号

图书在版编目（CIP）数据

协作式规划：在碎片化社会中塑造场所（原著第二版）/（英）帕齐·希利著；张磊，陈晶译．—北京：中国建筑工业出版社，2017.10
（规划·环境·城市丛书）
ISBN 978-7-112-21194-4

Ⅰ．①协… Ⅱ．①帕…②张…③陈… Ⅲ．①城市规划 Ⅳ．①TU984

中国版本图书馆CIP数据核字（2017）第222593号

First published in English by Palgrave Macmillan, a division of Macmillan Publishers Limited under the title Collaborative Planning, 2nd Edition by Patsy Healey. This edition has been translated and published under licence from Palgrave Macmillan. The author has asserted her right to be identified as the authors of this Work.

本书由英国Palgrave Macmillan出版社授权翻译出版

责任编辑：杜 洁 李玲洁 姚丹宁
责任校对：李美娜 王宇枢

规划·环境·城市丛书
协作式规划：在碎片化社会中塑造场所（原著第二版）
[英] 帕齐·希利 著
张 磊 陈 晶 译
*
中国建筑工业出版社出版、发行（北京海淀三里河路9号）
各地新华书店、建筑书店经销
北京嘉泰利德公司制版
北京君升印刷有限公司印刷
*
开本：880×1230毫米 1/32 印张：$10^5/_8$ 字数：284千字
2018年1月第一版 2018年1月第一次印刷
定价：38.00元
ISBN 978-7-112-21194-4
（30828）

第二版前言

第一版《协作式规划：在碎片化社会中塑造场所》出版十年，受到广泛关注。对此，我深感惊讶和欣慰，同时心中也有一丝忐忑。关于“协作式治理”的讨论已遍及英国公共政策领域，而在欧洲其他地区也出现一些新型的合作伙伴关系。在北美以及全球其他区域，社区发展和环境管理中也涌现出各种各样的协作形式和伙伴关系，本书也已翻译成意大利语和韩语出版。20 世纪 90 年代中期以来,在全球许多地方,以及公共政策很多领域,对“协作式治理”的学术和实践也变得越来越感兴趣。虽然其中很多实践与本书所提出的协作式过程所蕴含的包容性特质大相径庭。

当前已有很多文献描述、评估和批判协作式规划和协作式治理的理论和实践。在第二版中，我很难对其进行全面评判。而在稍早出版的一篇论文中（Healey,2003）,我已说明本书产生的背景，并回应了一些批评。本版书中，我希望能继续推动关于该议题的讨论。本书论证的整体结构仍然基于对区域和城市发展动力的理解，以及治理所面临的机遇和挑战。对上版书籍内容中的一些小错误进行修正，并增加了第十章。该章内容主要基于实践和争论的演进，来解释本书的出版意图和贡献，同时详细介绍“新制度主义”的不同流派，从而为理解本书所发展的理论提供了更全面的理论背景。之后，简要介绍协作式治理的最新实践及启示，阐述了“规划项目”的本质。第十章也选择性地介绍了一些协作式治理实践中出现的新任务，也对这些实践批判性地进行评估，并相应更新了参考文献。

和以往一样，通过长期与很多人讨论这些观点，我受益匪浅。在此，很难全部列举其姓名，但我特别希望感谢阅读第十章初稿，并提出修改意见的同事。尤其是David Booher、Frankin J. Dukes、Susan Fainstein、John Forester、John Friedmann、Neil Harris、Jean Hiller、Judith Innes、Leonie Sandercook，甚至发现打印错误的Miae Park以及帮我校对的Hilary Briggs。我也必须感谢出版社Steven Kennedy和Yvonne Rydin，同时也要特别感谢一直给予支持，并提出建设性意见的城市规划与环境丛书的编辑。

帕齐·希利

2005年3月

第一版前言

本书主要论述一个长期争论的议题：为什么城市区域对于社会经济和环境政策如此重要？政治团体又是如何组织起来提升场所质量？提出这些问题主要源于以下认识：即在实践中需要将区域发展的时空动力理论与政府治理结构形成的社会理论有机结合。我曾在城市规划行业工作多年，并对城市规划实践和房地产开发流程进行过长期研究。在研究过程中，我意识到需要基于特定的社会经济背景来深入理解个体行为和组织的本质。

为寻找合适的概念来论述这一关系，我涉猎了广泛的学术领域，其中包括城市政治学、现象学、人类社会学、制度社会学、政策分析和规划理论。直到20世纪80年代，我发现制度主义社会学和区域经济地理学非常有助于回答这一问题，因为这两种理论都承认结构和组织对于理解社会动力的重要性。同时，我也接触到交流式规划理论中将规划战略、政策和实施作为积极构建社会的过程。然而，以何种方式将这两种理论流派结合则耗时甚久。在英国及其以外地方，日常规划实践中正反复出现这一理论问题。因此本书是我对如何进行空间规划的初步认识和研究结论，这将会提供综合视角来理解城市区域中公共空间的集体管理行为。

本书主要面向涉及空间规划领域核心问题的讨论者、城市规划和实施领域的开拓者、区域与城市的分析师，以及寻找有效民主管制模式的探索者。同时本书也希望能够通过整合场所生活及其未来政府管治模式的策略和思考，给空间规划领域之外的学者展示传统规划思想和实践中的丰富学术资源。

在此，难以感谢每一个帮助我思考并完成此书的朋友。只能说我学术生涯的形成和不断丰富主要得益于与一些具有批判精神的学者之间的交流，他们多年来不断给我启迪、挑战、批评和支持。在此，我特别感谢 Judith Allen、Sue Barrett、Sandra Bonfiglioli、Alessandra de Cugis、John Forester、Maarten Hajer、Jean Hillier、Margo Huxley……Huw Thomas 和 Urlan Wannop 等，纽卡斯尔大学的同事给予我很多帮助。此外，还要感谢参与编写城市·规划·环境丛书的同仁 Stuart Cameron、Simin Davoudi、Steven Graham、Ali Madani Pour、Ash Amin 和 Kevin Robins，以及帮助编写此书的同事 Rose Gilroy、Angela Hull、Tim Shaw 和 Geoff Vigar，其中很多人对于本书草稿提出了修改意见。特别要感谢 Yvonne Rydin、Andy Thornley、Colin Fudge 和此书的出版人 Steven Kennedy。他们给予此书的支持和建议增加了这本书的份量。对于书中的错误，当然应由我负全部责任。

此外，必须感谢给予 1987~1988 年度研究基金的 ESRG，在此期间我完成本书的基本框架；感谢墨尔本大学和皇家墨尔本理工大学提供的研究基地，以及科廷大学在 1994 年提供另外一个研究基地，在此期间本书的初稿得以完成。特别要感谢建筑与城市规划学院的工作人员，以及给予我启发和支持的 Jean Hillier；感谢纽卡斯尔大学 1994 年准予我学术休假，同事们帮忙分担了很多本需我完成的工作。Richard Newton 的编辑工作非常有益；感谢过去几年一直担任秘书职位的 Jill Connolly，她显然比我更胜任工作。

感谢对我的执迷不悟保持宽容的家庭成员，特别是我妹妹 Joan 和 Bridget，侄女 Heather 和 Emma。最后特别要感谢多年前建议我应该放弃组织工作专心做研究的一位朋友，本书便是我按此建议行动的成果。

帕齐·希利

中文版前言

《协作式规划》无疑是希利最有影响的一部理论著作。此前，国内已经很多介绍和翻译希利规划理论的文章，在此也不再赘述，况且在如此经典的学术著作之前作过多评述，也显得多余。因此，本书译者只是想以一名普通读者身份，与国内规划同仁分享一些该书的读后感以及在阅读本书时需要关注的一些问题。

首先，实践中的问题和经验是规划理论的重要源泉，好的规划理论都是基于规划实践经验的长期积累，并加以提炼形成，而非脱离实际的空谈阔论，或是简单地将“舶来理论”生搬硬套。本书作者希利曾长期在城市规划管理部门任职，此后进入大学从事教学和理论研究工作。但其研究仍然立足于规划领域的前沿实践，并对英国的房地产开发过程、城市更新治理和空间规划体系等进行了深入细致的分析，正是在此基础上才在20世纪90年代形成本书的第一版，本书涉及众多的实践案例，成为支撑其理论的重要实证基础。

与之相对应，在过去40年，中国经历了世界城市史发展史规模前所未有的快速城市化，在此过程中，中国规划师所做的贡献不可忽视，所取得的成果斐然，所积累的经验也弥足珍贵。这些规划实践中积累的成功经验以及教训如同一座尚未开采的巨大金矿，等待着中国规划师们去发掘和提炼，其研究成果不仅可以帮助其他发展中国家更好地塑造适合其国情的规划制度，同时也能给以及发达国家以重要启示，从而实现经验、知识和理论的双向流动与传播。

第二，实践非常重要，但是规划理论不能只是对事实的罗列和陈述，而是需要借鉴更广范围内社会学科的研究成果，思考规划是什么？为什么？应该怎样？本书重要的理论贡献之一就是运用社会学科发展的新制度主义“结构与行动者”模式，理解区域和城市的变化，理解人们日常生活如何与更广范围的经济、社会结构相联系，以及积极主动的行为如何推动规划制度的完善与变革，从而实现空间的有效治理。需要特别指出的是，此处所讲的制度主义与制度经济学中常用的交易成本、路径依赖等概念不同，而是更多基于制度主义在社会学领域的发展，强调社会个体的经验、意识和价值观差异，关注个体之间以及个体与社区、环境之间的联系和互动，关注制度的不同层级和维度，注重理解推动制度演变的动力和过程。

本书内容共分为三部分。第一部分主要回顾传统西方规划理论，并介绍分析空间变化和规划的制度主义方法。在此，特别推荐关注西方规划理论演变的读者阅读第一章，本章系统地回顾了规划产生的社会、思想基础，经济规划、物质规划和政策分析与规划三个领域的发展沿革，非常有助于思考当前我国城市规划由物质性规划向公共政策转型的路径，以及协调不同领域规划的思路与方法；第二部分则主要运用制度主义方法分析城市区域发展的动力，剖析日常生活与环境，地方经济与土地、财产，以及环境主义的变迁；第三部分，则详细讲解协作式规划的过程，讨论规划作为一种治理类型，受整体治理理念、方式的影响，如何改变原有基于理想主义的规划，通过系统的协作式规划，构建制度能力，从而可以从容应对来自外部和内部的挑战，形成包容有序、自我完善、激发创新的系统。

由于原著内容涉及西方社会中思想、哲学、城市发展中众多专有名词，对此，本译稿参考借鉴了在已有规划领域学术期刊上发表文章的翻译，也沿用了国内规划领域约定俗成的专业术语。但是，由于本人和合译者在理解上的局限，仍有一些翻译不妥当之处，也敬请国内同行批评指正。

本译著出版之时，也恰逢中国人民大学公共管理学院城市规划与管理系建系十年之际，在此译者也向推动物质性规划向更加全面的公共政策转型的叶裕民教授及其他各位同事致敬，同时未来也希望与更多的规划同仁一起共同努力，聚沙成塔、聚水成涓，学习和吸收国内外的前沿规划理论，挖掘中国的规划实践，讲好中国的规划故事。

张　磊

于中国人民大学求是楼

目录

第二版前言　iii
第一版前言　v
中文版前言　vii

第一部分　引入制度主义和交流性规划理论

引言……3
第一章　传统规划思想……6
源起……6
三个传统规划领域……8
转向解释性和交流性的规划理论……24
第二章　分析空间变化和环境规划的制度主义方法……27
挑战……27
“结构”与“科学”……30
现代主义和后现代主义“转折”……33
现代主义转型：吉登斯和哈贝马斯……38
一种制度主义方法……49
文化嵌入……55
空间规划和建构多元文化共识……58
一个规范性视角……62
第三章　空间规划体系及其实践……65
空间规划：土地使用权管制和空间组织管理……65
空间和环境规划体系……67
空间和环境规划作为一个社会发展过程……75

第二部分 城市区域发展动力

简介……81
第四章 日常生活和地方环境……85
社会关系……85
人与家庭……88
身份、网络和生活方式……92
社会生活中的权力关系……102
社会多样性与社会极化……108
社区与日常生活……111
社会生活与地方环境……115
第五章 地方经济、土地和财产……120
空间规划和经济活动……120
什么是地方经济？……124
地方经济、土地、不动产市场和规划条例……132
地方经济发展策略和空间规划……138
房地产市场以及土地用途管制……142
地方治理与地方经济：积极主动的角色……146
第六章 在自然界中生活……150
环境主义者的挑战……150
空间规划中的环境概念……154
当前环境政策中的争论……159
环境争论和空间规划……170
新环境主义的转型的力量……176

第三部分 协作式规划的过程

简介……181

第七章 规划和治理……186
管理与治理……186
政治、政策和规划……191
治理的形式和风格……199
治理的转型……216
第八章 策略、过程和规划……220
规划过程产生战略决策……220
策略制定作为政治行动和技术手段……224
通过多方辩论制定策略……238
策略制定的制度设计问题……242
从激进的理想主义到“共识”……254
第九章 系统的协作式规划制度设计……257
系统构架和构架案例……257
系统性制度设计中衡量参与和民主治理的指标……260
权利与义务……266
资源……271
应对挑战的标准……274
治理职权……275
通过协作式规划构建制度能力……279
第十章 协作式规划：不断发展的竞争性实践……283
简介……283
本书的意图……285
本书的贡献……288
“制度主义”视角的治理理论化……290
当前的协作性治理实践……295
逐步完善对规划的理解……300

参考文献……303

第一部分

引入制度主义和交流性规划理论

引言

在当今西方社会中，人们殷切希望了解所处的环境，担忧地球环境和全球可持续性，同情全球受到威胁的人群和物种，关注自身和子女日常生活世界所发生的变化。之所以产生这些忧虑，部分源于在当前知识爆炸背景下，人们能够了解所有地方正发生的事情。此外，生活在多元力量影响的世界，人们却对其缺乏管控（Beck，1992；Giddens，1990）。在国家之上和全球范围内，这些认识激发了全球性的组织，诸如绿色和平组织（Greenspace）和世界自然保护基金会（Worldwide Fund for Nature）保护濒危物种，防治全球污染。而在地方层面（即人们工作生活、与人和其他物种相处的区域、聚落、社区），由于地方环境变化而引发的多重冲突也已成为地方社会和政治生活的重要前提。这些议题已经充斥着许多地方报纸、广播电视栏目和日常讨论。人们正面临着如何管理公共空间共享共存的困惑。

空间和环境规划体系是地方关注的焦点。规划师既是被谴责和排斥的对象，同时也是实现社区有效管理的希望。规划师时常由于工作缺位和越位而受到批评，同时又被赋予守护环境质量、保护公众利益的责任。规划体系和实践虽然可能演变为常态的工作程序，但是其拥有权力和合理性，来帮助场所中的政治团体，解决其如何管理公共空间质量和地方环境问题。任何对规划师角色的评估和批判都需要基于对地方社会进程和政治（或治理）进程的理解，通过社会进程产生空间、场所和生物圈，通过政治进程则形成公共事务管理之道。因此，理解规划及其实践需要整合区域、城市演变的动力研究和治理行为范式研究。

而回顾当前规划理念和实践，也不难发现对该领域进行概念化和形成组织化的工作机制是何等的困难（Healey，McDougall 和 Thomas 编，1982；Hall，1988；Boyer，1983；Friedmann，1987；Low，1991）。完成这项工作首先需要面对强大的学术力量，它将人们对事物的理解分割为不同的学科领域——社会学、经济学、政治学、地理学和生态学。其次，该工作也对现有政府项目的组织方式提出挑战，这些项目往往按照其功能被划分为社会福利政策、经济政策、教育政策或环境保护政策。最后，这项工作也需要兼具领域（*territorial*）和空间（*spatial*）视角，通过这些视角可以感知日常生活和商业活动行为之间如何彼此“冲突”（bump up），如何利用和破坏生态系统。

当前，领域和空间视角重新受到世界的关注。部分原因可归结为人们对于环境的关注（第六章会对此进行详细讨论）。此外，也由于在全球和国家间竞争的背景下，场所质量可以提升经济竞争力的经济意识（详见第五章），全球考量促进了对于区域、地方和场所环境质量的关注程度。因此，至少在欧洲，空间规划体系的战略作用重新受到关注（CEC，1994；Healey，Khakee，Motte 和 Needham，1996；Motte，1995）。

但是，重新关注需要伴之以全新的理解和实践。大部分西欧国家的规划体系主要基于综合、自给自足的地方经济社会理念，而非基于当前地方经济社会生活中全球可达、联系开放的特征。至少在欧洲，这些规划体系任由国家“负责”和“控制”空间组织和土地开发选址，与之形成鲜明对比，在公共政策领域，主动灵活性和管制相结合的治理思想当前已经非常深入。

这也向政治团体解决地方环境变迁管理这一公共问题（即规划体系和规划实践）的制度机制设定提出了新挑战。因此，迫切需要采用新的理解方式，既能够把握区域和城市演变的动力，还能汲取有关治理制度设计的新思路。

本书则致力于回答这一问题。首先，基于区域经济学和社会学的最新发展，本书提出理解区域和城市变化的制度主义方法。该方法主要关注维系日常生活和经济活动的社会关系，同样社会关系也将社会和生态圈连接在一起。同时，本书也拓展了建构治理体系和实践的交流式方法，尤其关注如何能够孕育合作和建立共识的实践。制度主义方法强调地方环境事务中的广泛利益相关者，以及政策诉求方式的多样性。该方法凸显并解释了多样性的不同维度，彰显了权力关系进入具体实践的方式，以及建构公共政策游戏规则和取得利益相关者认同的手段。沟通式方法即提供了权力共享社会（*shared-power world*）中设定治理过程的路径（Bryson和Crosby，1992），同时也提出保障所有的利益相关者诉求权利的规范性道德承诺，因此也为多元社会中，实现参与式民主实践提供了实施路径。本书中采用“我们”也反映了此承诺，说明地球上的所有人都会面对这些困境。

本书第一部分主要通过回顾规划思想争论的历史主线，从而为讨论新的规划思想提供理论背景。该部分介绍了制度主义和交流式方法的内容、理论基础和初期形态，回顾了作为公共政策“领域”的空间规划。第二部分则建构了关于日常生活、经营活动和生态圈的制度主义视角。第三部分侧重于分析治理过程和协作式规划制度设计所面临的挑战。主要关注两个层面：可以形成并维持服务特定场所发展战略的制度软环境（*soft infrastructure*）；由规则和政策体系构成的制度硬环境（*hard infrastruture*）。该部分首先定位原有方法解决的议题，然后像“清理地面”一样，剔除一些在新方法中不适用的观点，同时也指出继续沿用的部分，这也是新方法产生的基础。

第一章

传统规划思想

源起

所有领域的知识创新都有其思想渊源、实践基础，并经历了长期的争论过程，这些构成该领域经验、虚构、隐喻和观点的“贮备库”，领域内任何个体的主动创新和被动反映都能对该贮备库有所贡献。同时，“贮备库”也可为认识和行动提供建议、格言、结论和技术，并不断运用和激发新的观点——灵感；“贮备库”也可能转变为催化剂，批判旧思想，提出新观点，推动学术发展。但是，“贮备库”也可能将观念和理解固化为特定思维模式，难以摆脱，成为知识创新的桎梏。比如，传统规划思想长期以来就局限于现代主义的机械理性思维中，直至现在才开始挣脱其束缚。

本章回顾了传统的规划思想，尤其关注这些思想在欧美背景下的发展轨迹。这主要基于三方面考虑：首先，确定这些传统思想中的基本要素，为城市规划思想转型提供智力资源；其次，介绍一种新的理论——交流性规划理论，作为协作式规划理论的基础；最后，重点回答为实现这一理论转型，我们需要舍弃什么？

规划传统上是基于福利主义、正式的制度实践、科学知识和学术发展的有机融合。规划代表了一种持之以恒的努力，即通过制定与实施政策，提升场所质量和活力，与场所营造的社会进程紧密联系。然而，规划工作与社会环境之间的关系并非恒久不变，正如约翰·弗里德曼（John Friedmann）所反复强调的：规划传统思想的重心在激进的转型意愿和维持城市功能及管治的稳定之间摇摆。在经历了可怕的战争和经济大萧条之后，20 世纪 40、50 年代欧洲的规划师们认为自己正处于转型时期，作为规划转型的先锋战士，他们希望建设福利型国家，从而使大多数市民享受舒适的生活质量（Boyer，1983；Davies，1972；Ravetz，1980）。相反，其后继者则总感觉身处在复杂而令人尴尬的政治和经济环境下工作，在此环境中，规划转型的力量似乎显得有些薄弱。

城市自出现以来，就开始以各种方式进行规划，其中包括最广义的空间组织、土地和财产权管理，以及城市公共服务供给等。目前仍然有很多院校向规划专业学生讲授城市形态发展史——从古希腊、古罗马到欧洲的城邦，继而至现代工业城市和后工业城市（Mumford，1961）。这充分反映了规划作为管理工具，控制着城市区域的产品、城市的物质形象和形式，以及城市形态和空间组织形式。

然而，20世纪规划文化属性的演变，则是根植于更广义的哲学和社会学知识体系的转变——如今我们将西方思想史的这一转变历程称为"启蒙运动"（Hall 和 Gieben，1992）。直到18世纪末，整个科学、哲学和经济思想体系似乎是并行发展的。这一思想体系强调科学知识的价值，提倡通过实证研究和行动改造世界，反对王权和宗教教义（Sennet，1991）。启蒙运动思想者们注重人的价值，强调个人的权利和义务，反对国王贵族所谓的"君权神授"。他们强调为商业贸易发展提供开放的环境，反对当时欧洲帝国和城邦国家的政治干预。当今西方以公民选举为基础的民主观念，尊重个人生存权和发展权，追求以利润和自我为中心的经济体制都在这一时期形成（Hall 和 Gieben，1992）。在启蒙运动思潮下，科学与工商业自由发展相结合，发明创造和快速扩张的工业革命浪潮也随之而来。其间，虽然也曾断断续续出现了极权主义，但整体而言，西方社会却以民主政体的兴起取代了专制制度，这段学术运动今天被称为现代主义思潮（见第二章）。

政治和经济进程的复杂性——财富集中、社会不公、社会隔离（阶层、性别、民族和种族）、环境污染以及市场进程中的周期性经济危机等，导致对国家和城市中各种社会空间关系管理的日益关注。面对这些城市增长的动力和互相制约的力量，有观点提出应规划未来的发展轨迹，而非受制于脆弱易变的市场或大资本家的权力。这种规划思想的核心在于科学知识和工具理性：科学知识用于确定现有问题和预测未来发展可能性，而工具理性则用逻辑和系统的方法将手段（如何做）和结果（可能获得什么）有机结合。在此，客观理性作为公平行动的手段（Young，1990），非理性的市场进程和政治独裁可以被一种新的理性所替代，如卡尔·曼海姆（Karl Mannheim）所言，规划是作为"对非理性的理性控制"（Mannnheim，1940）。

因此，在面对动荡和多变的政治经济环境所引起的城市问题时，对经济、城市和邻里社区进行系统性规划成为国家和地方政府的首要任务。系统性规划提供了一种"转型机制"，该机制能够建立或保持更有效率和影响力的秩序，管理区域和城市的全面社会经济运行。

三个传统规划领域

当代空间规划的文化属性基于对三股思潮的传承与演化，并在此过程中将其紧密地联系在一起。第一股思潮为经济规划，主要目标为管理国家和区域的生产力。这种代表曼海姆（Mannheim）主要思想的规划形式与社会政策一起构成"福利国家"的基本框架。第二股思潮为城镇开发（physical development）的组织与管理，主要促进健康、经济、便捷和美观的城市环境（Abercrombie，1933；Keeble，1952；Adams，1994）。第三股思潮则源于公共行政管理和政策分析，主要为了帮助公共机构快速有效地实现既定目标。

经济规划

传统的经济规划思想体现了唯物主义和理性主义构建有序社会的哲学。为保证高效生产和持续经济增长，必须预先规划生产和分配过程。对于计划经济的倡导者而言，经济规划还是保证增长收益公平分配的一种机制，从而可以防止资本主义市场过程中的经济危机，进而减少社会成本。

从某种程度而言，经济规划的出现正是源于对资本主义工业化进程的批判。卡尔·马克思抨击了资本家企业主在市场竞争中通过压榨劳动力和掠夺资源追求利润最大化，从而导致工业发展的高额社会成本（Giddens，1987；Kitching，1988）。马克思将实证过程与理论提炼有机结合，对资本主义生产、分配和交换过程进行了深刻分析，其中渗透出深厚的人文关怀，重新审视人性尊严，而这些都受到当时英国资本主义生产过程的攻击和诋毁（Kitching，1988）。对此，马克思提出用民治的管制模式取代由资本主义竞争所控制的市场运行和生产进程，并将该思想深化为一个政治方案写入《共产主义宣言》。为打破资本家权力的管制，马克思主张代表劳动者的政治力量首先应通过阶级斗争取得政权，并最终消灭国家，将经济和政府的管理权交给人民。

马克思政治理论为共产主义政治运动打下了理论基础，并在20世纪早期，随着以改善工作条件为目标的劳工运动在全球范围兴起而产生了广泛的影响。然而，当共产主义或社会主义政权（二者都受阶级斗争思想启示）建立后，却摒弃了马克思主义关于减少国家管制直至最终消除的基本原则，转而倾向于巩固和强化政府集权。在经济领域，政府自上而下编制规划和项目取代资本主义生产进程，单个企业按照自上而下的规划确定生产目标，而不以追求利润为动力。经济活动由一系列的生产部门组成，其生产活动一般按照第一产业、第二产业和第三产业（或服务业）划分。空间协调从属于由不同国家部委（代表不同经济部门）负责的、相对独立的发展项目。理论上，生产目标基于科学分析和技术磋商制定，然而实践证明，中央政府难以掌握全面的知识和信息，而高效、合理的生产模式迅速被“会议确定的政治目标”所替代。更为严重的是，这种经济政治力量高度集中于中央的政府治理结构，不仅逐渐忽视居民需求，而且也提供了滋生腐败的温床（Bicanic，1967）。结果导致中央“命令与控制型”规划，在经济效率、民主实践和社会福利方面逐渐受到质疑，而当前规划批评者仍对这种计划经济下的规划铭记于心。

共产主义不是唯一提出要取代资本主义经济组织的制度模式。很多学者都看出资本主义大规模生产组织中的问题，因此提出“替代”的生活方式，这些多采用自治模式，并被很多传统城市规划工作者所接受（Hall，1988）。例如，因提出田园城市理念而闻名的埃比尼泽·霍华德（Ebenezer Howard）就深受此影响（Beevers，1988）。自治模式挑战传统的国家管理和官僚组织理念，倾向于由个人和社区自主决定其生存状态，并通过团体间的合作与交流，解决个体所共同关心的问题。规划理论家约翰·弗里德曼（John Friedmann，1973）从规划作为不断改善的公共管理视角总结其学术历程：最初用工具理性技术改善公共管理，后来强调通过小规模团体互动、城乡经济社会生活融合来进行集体管理，实施“都市化农业发展”策略。这种“自下而上”的经济规划体现出对资本主义和共产主义经济组织方式的挑战，在当今规划界中仍保留重要地位。新一轮激进的环境运动与此也存在千丝万缕的联系，这些环境运动旨在探索实现环境友好、可持续发展的经济组织方式（Beatley，1994；Goodwin，1992）。

与此同时，周期性的经济危机也促使资本主义和市场经济倡导者开始反思资本主义经济组织方式中存在的问题。理想的市场应该能够提供一种根据顾客偏好和支付能力来调整生产的调节机制。受消费者需求驱动，市场机制可以极大地鼓励生产方式创新，降低生产成本，提供更新更好的产品，从而在理论上实现社会福利最大化。在此过程中并不需要国家管理所需的复杂官僚机构和政治体制。然而，由于种种原因，这种市场平衡机制被打破（Harrison，1977；Harvey，1987）。例如，在垄断或供不应求的情况下，以及市场信息不对称条件下，市场会被生产者所操纵。市场上的消费者购买力差异明显，而市场机制会进一步分化消费差异。当未来消费模式充满不确定性时，消费者可能决定不购买新产品，而生产者因此则会停止投资新设备或扩大再生产。此外，市场在提供和维护公共产品和公共服务方面也会有缺陷，虽然对于公众而言这些公共产品和公共服务不可或缺，但其供给成本却难以由个人支付。这些市场难以解决的问题，有些是短期性的，假以时日可以解决，但有些问题却根深蒂固，并会导致大规模经济萧条。20世纪中期前就曾出现过几次经济大萧条，这些经历孕育出经济规划的基本原则，即避免出现市场失灵情况，可以且必须“管理”经济。

这一时期影响最广泛的便是凯恩斯（John Maynard Keynes）的观点，他认为经济之所以衰落，是因为消费者需求产生了危机：如果人们缺乏资源去购买商品和服务，或者是对未来生活没有足够的信心，便不会进行消费，由此将导致生产也会随之下滑。因此，凯恩斯认为应当通过刺激需求的方式解决经济萧条，在20世纪50、60年代政府刺激经济措施在西方经济管理中被广泛应用（Gamble，1988；Thornley，1991）。凯恩斯主义的一个关键点便是保障“充分就业”，即失业率应保持在2%~4%之间，经济学家们认为该区间可以保持合理的就业流动性和灵活性。同时，与之相配套的还有帮助人们获得教育、保持健康和住有所居的社会福利政策。第二次世界大战后在欧洲建立的许多福利型国家都致力于保持企业较低劳动力成本的同时，提供合理的职工工资。这些国家还为工人提供红利，这某种程度上可视为应对当时工会组织所提出更多基本需求的一种策略。工人拿到工资后投入消费品市场，这样就刺激消费品生产，从而进一步促进整体经济的运行。许多国家（尤其是英国、美国和澳大利亚）通过提供住房补助，鼓励居民购买住房，从而促进了房地产业的快速扩张（Ball，1983）。

尽管这些刺激需求的策略很少被称之为规划，然而它们催生出“混合经济”政策——另一种类型的规划，即综合市场经济分析和政治选举因素制定经济政策。与计划经济类似，混合经济中将经济概念化为各个产业部门，这就提供了一种政府治理模式，该模式更有利于实行“福特制”生产线的企业和资本积累（Harvey，1989；Boyer，1991；Amin 等，1994）。

然而到 20 世纪 70 年代，这些需求刺激策略就显得有些过时。经济全球化为这些发达国家提供了更加廉价的劳动力，因此削弱了高工资经济模式的竞争力。持续增长的消费需求以及与之相应的国家支出增加了通货膨胀的风险。与此同时，新技术的出现减少了对劳动力的需求，并削弱了劳工的政治力量。各个企业为增加竞争力而降低劳动成本，问题接踵而至：用以支持各类需求刺激政策的税收规模应该多大？如何维持长期形成的保护劳工的工作条件管制？凯恩斯主义似乎已陷入“经济滞胀”——经济停滞同时伴随着通货膨胀风险，这也提供了自由主义经济重新崛起的沃土。此时，政府干预本身成为问题。尤其在英国和美国，新经济政策与新自由主义政治运动结合，重点关注经济活动的供给侧，减少了改革和创新的束缚（Gamble，1988）。其中主要目标之一便是削弱经济管理活动中的政治干预和官僚体系作用，将经营者从福利型国家中的制度束缚中解放出来。经济、空间和环境规划也被视为商业活动的制度约束，解除这些管制成为 20 世纪 80 年代新自由主义时期英国撒切尔政府的工作目标。

保守派首相撒切尔夫人治理下的英国成为这些思想鸣放之地。通过私有化和解除管制，公司和市场在全球一体化的过程中摆脱束缚、降低成本、不断创新（Gamble，1988；Thornley，1991）。政府职责被严格限制为管理货币供应以控制通货膨胀，保持优势汇率参与国际市场竞争。官僚主义的规制（如土地利用控制）以及集中城市中公有发展用地所有权等任何可能阻滞供给方活动的政府项目都被削减或叫停。实行这些政策所产生的负面社会和环境影响也被视为转型所必须支付的成本，而成功转型至一个更加强健的经济将会产生重新治理这些负面影响的财富。在此情况下，规划（或者说是经济协调管理）不仅被认为是多余的，而且会阻碍市场进程中增长和复苏过程。

20 世纪末新自由主义思想在全球范围内产生了广泛的影响。新自由主义思想提供了一种积极应对经济环境变化的政府治理转型方式，提倡采用企业式的，而非管制式的政府治理模式（Harvey，1989；Healey、Khakee、Motte 和 Needham，1996）。新自由主义提倡终结计划、回归市场，并将其作为经济活动的主导原则。然而这一策略也遇到问题，灵活的劳动力市场导致大量工人陷入贫困、缺乏安全感，他们既缺乏足够的经济能力，也不敢消费。自私自利的厂商竞争行为削弱了彼此间本就脆弱的联系，而这些联系本可以激励知识创新与传播。于是，讨论重点开始转向经济增长的制度条件（见第五章）。消除管制转变为管制改革——即改变管制的目标和过程（Vickers，1991；Thompson 等，1991）。经济发展促进政策重新列入保持市场“健康”和“充满”活力的制度条件。此外，日益关注环境质量问题也营造出加强管制的政策氛围，对经济活动进行管制的呼声愈发高涨，而非日趋衰落。出于经济管控需要，城市区域发展的规划和战略管理被重新提出。关于这一争论的原因和形式等细节问题详见第五章。

支持经济规划的社会理论汗牛充栋，诸如马克思主义者提出的阶级斗争理论；无政府主义者提出的交流式自我管理；凯恩斯主义者和新自由主义者提倡的个人主义等。这些理论尽管重点不同，但对经济管理方式的争论与实践却有以下共同点：首先，这些理论关注消费者的物质满足和生产者的获利；其次，在理论的实践过程中采用新古典主义经济理论中效用最大化、理性经济人权衡等假设——即便在东欧也是如此；第三，通过经济学的研究方法，可以客观地提出政策项目，而无须事先获得各利益团体的认同。经济管理变成了一项纯技术性的行为。然而，所有这些假设和猜想都受到当前制度分析和交流式规划理论的挑战。

经济管理的争论为讨论城镇开发、管理城市区域空间变迁和更广范围内的空间和环境规划提供了基础，但这二者的联系却被长期忽视。经济分析总是关注于经济部门，而忽视了这些经济行为的空间分布和时序。结果导致除微观的劳动力市场分析、经济集聚和特定产业集群管理之外，经济分析很少关注同一空间内不同经济活动之间的相互联系。这项工作由区域经济分析和区域空间地理学科通过构建城市区域区位模型来完成。根据冯·杜能（Von Thunen）和艾萨德（Isard）的理论，逐渐理解认识到城市区域空间组织源于其区域的经济基础，进而产生服务业，以及通过权衡交通成本和房地产价格将经济活动映射到空间上（Evans，1985）。英国的 Chadwick（1971）和 Mcloughlin（1969）从概念上将这些思想引入空间规划领域,而美国的恰宾（Chapin,1965）则将其应用于实践，这几位学者都注重对城市进行系统分析和构建模型。然而，近年来这些模型和结论受到了区域经济分析和区域地理学的挑战，但与此同时，空间、场所和地区的制度能力等概念也被重新引入微观和宏观经济分析中（Massey，1982；Harvey，1982；Scott 和 Roweis，1977）。当前面临的主要挑战之一即是如何将这些对于经济活动空间属性的最新解释与物质发展规划的原则与实践关联起来。

物质发展规划

尽管传统的经济规划一直由经济学家和政治学家所主导，然而物质发展规划却由工程师、建筑师和乌托邦式的城市梦想所主导。早在启蒙运动以前，城市形态的乌托邦梦想，以及实现梦想的建筑师就已非常活跃。而现代化和工业主导的城市化只是提供了对于城市发展质量的物质和功能考虑，并继而导致在实践中建立建筑法规和区域开发战略性规划。为防止污染工业影响居住社区，提供足够的基础服务设施，出现了土地利用区划；通过基础设施引导和土地整理实现个体土地所有者集中建设用地，或者因公共项目由政府购买土地，这些都被引入早期的规划体系中。自 19 世纪末，城市总体规划、绿地划分的总平面设计和重塑城市肌理项目等，就成为许多地方物质发展规划的重要组成部分（Ward，

1994；Sutcliffe，1981）。

物质发展规划隐含着对土地和产权结构及其所有者利益的影响。然而，直至20世纪70年代甚至更晚，关于物质发展规划中开发过程和土地产权市场的本质是什么却鲜有提及（Healey和Barrett，1985；Adams，1994）。这些问题被推给以工具主导的规划实践过程（Lichfield和Darin-Drabkin，1980），然而物质规划师们却发现可用的规划工具并不适用于实践工作。由此，物质发展规划传统思想开始倾向于关注宏观的政策目标和“理想城市”的形态。在这些规划师乌托邦式的理想中，传统规划思想中最有影响的人物都出现于启蒙运动中，反而对分析其面临的物质发展规划过程毫无兴趣（Hall，1995）。相反，他们宣扬现代化理念，意图通过思考得到理想的城市形态和邻里组织。城市被视为经济、文化和家庭活动的综合体，规划的挑战则是寻找组织各种活动的方式，使得城市对于其中每一个人而言都是有效率的、舒适的，同时也是具有美感的。其目标便是提升现代生活的质量，并将这一目标视为经济发展项目，以及为城市居民提供良好生活条件的机会（Healey和Shaw，1994），从而建立经济和社会生活方面功能理性的城市（Boyer，1983）。如何实现这一想法却有很多争议，这些争议也反映出对城市本质、人与自然关系本质、新的建造技术以及机动化交通时代到来的不同理解。其中，传统的英式规划思想常被拿来和欧洲大陆的规划思想作对比：前者如霍华德田园城市理念，主要怀念乡村环绕下的城市形式；而后者则如勒·柯布西耶的光明城市理念，强调高密度的公寓住宅和生活（Hall，1988；Ward，1994）。

受上述思想的影响，规划理论在20世纪中期更多地开始讨论城市形态的问题，也集合了当时一些最为权威的城市空间组织思想（Keeble，1952；Hall，1988）。这一时期英国规划界的主流思想认为，城市是向心发展的，它具有一个核心，城市的各个区域和次中心均具有等级，并随着放射性道路向外扩张，各放射性道路之间则由环路连接，环路之外则有着用于界定城市发展边界的绿带。这一思想被20世纪前期英国最伟大的规划师——帕德里克·阿伯克隆比（Patrick Abercrombie）所应用（见图1.1）。这些空间组织的理念，不仅仅为城市空间形态提供了理论依据，同时，许多城市的空间规划案例都提供了城市发展的普遍性原则，如伯恩海姆（Burnham）的芝加哥规划、阿伯克隆比（Abercrombie）的伦敦规划以及史蒂芬逊（Stephenson）的珀斯规划，这些规划确立了城市区域主导者思考场所和位置的框架（Rein和Schon，1993；Faludi，1996；Healey、Khakee、Motte和Needham，1996）。当前欧洲许多地方的政治家和规划师重新运用该框架，以期重塑空间规划的政策和实践（见第三章里昂案例）。在第八章中将会进一步探讨这些空间组织理念的重要性。但到了20世纪60年代后期，物质发展规划受到了激烈的批判：不仅仅批判傲慢自负的规划师（Boyer，1983；Davies，1972；Ravetz，1980），还批判其缺乏对城市区域变迁动力的社会科学层面的理解（Hall，1995；McLoughlin，1992）。

在有些国家（如意大利），传统的城市形态规划观念至今仍占主导地位。而在其他地方，这种规划思想则被归在邻里设计、重大项目设计或城市设计中。传统理念中关于建筑形式的讨论，特别是现代主义和后现代主义风格之间的争论，已经渗透到规划论著中。后现代主义不仅批判城市空间秩序的功能主义，同时还批判了城市管理中的理性主义思想（Boyer，1983；Moore Milroy，1991）。尽管如此，由于城市规划中一直保持着审美意识，基于城市形态的传统规划思想仍然活跃于实用性规划的边缘，比如传统英式规划。但即使在英国，物质发展规划仍然和环境管理理念相结合，后者在环境可持续发展理念的实施中占有重要地位（见第六章）。因此，尽管物质发展规划源于理性主义和现代主义，但其发展壮大却是源于对功能理性主义的批判。

在建筑传统占据规划主导地位的国家，着重研究各种建筑形式背后的社会联系，以期寻求能够将社会进程和物质形式完美结

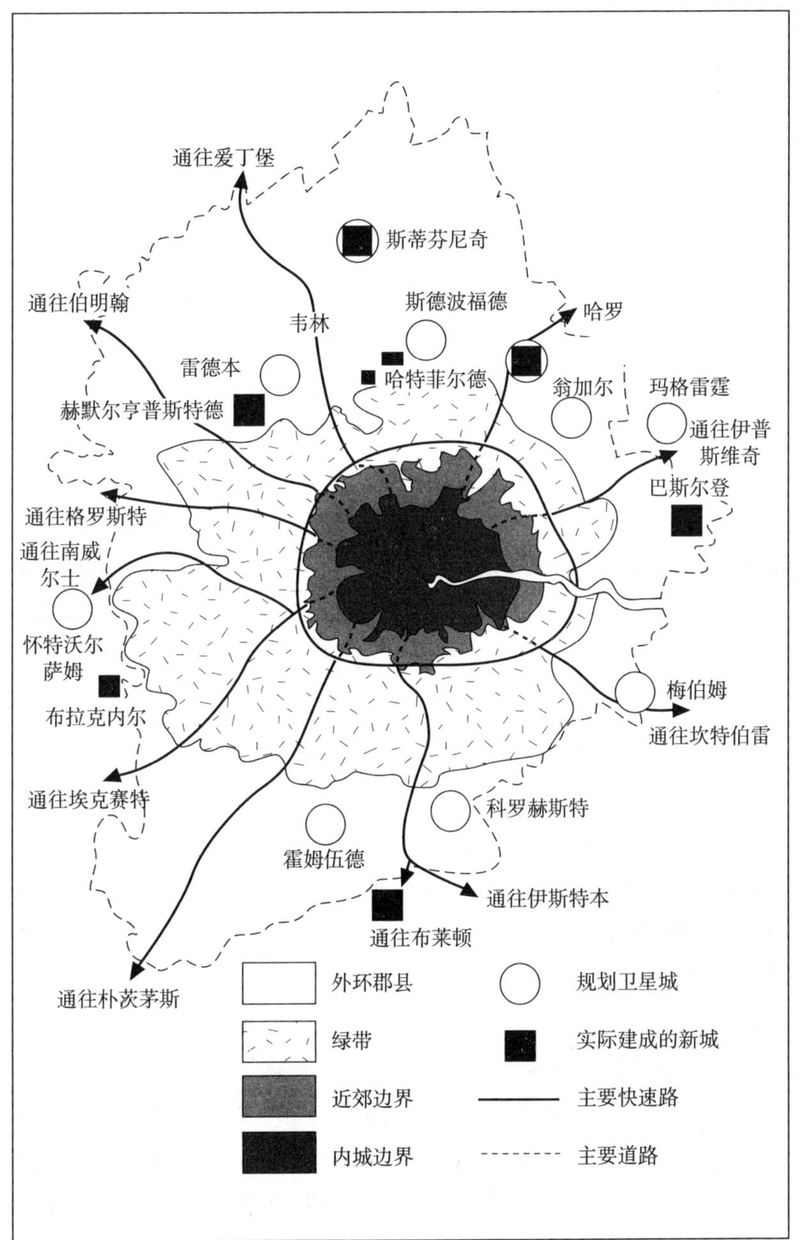

图 1.1　阿伯克隆比大伦敦规划

资料来源：Wannop，1995.

合的城市形态规划原则，像城市形态学之类的研究（比如在意大利）。然而，城市形态学主要关注于如何理解以及掌控已有的建筑形态（Madani Pour，1990）。于是，在英国和其他北欧国家出现了更加偏重社会科学层面的空间规划理念，该理念将城市形态和空间组织视为城市社会活动的结果,并将地理学引入规划领域。起初，正如之前讨论经济规划传统思想时所述，地理学家的主要贡献在于将区域经济分析引入城市战略和空间安排中。此外，还对经济增长和生活质量二者间关系进行了更加缜密而深入的分析，并提出实现这二者目标需采用的社会管理策略。这些分析引入现状评价和趋势预测（如满足住宅改善和大量机动车使用的需求），从而取代了以往对于理想城市形态的争论。然而,在20世纪60、70年代，地理学分析不仅忽视土地和房地产开发的动力，而且忽略了“市场进程”的发展趋势。在更加精细的分析中，运用此前所述的城市系统模型（基于区域经济分析的新古典主义模型和区位理论）融合城市区域的不同维度，致力于探寻城市区域发展的动态平衡关系（Lee，1973；Cowling和Steeley，1973）。

这种预测型规划（*trend planning*）为凯恩斯主义者在国家经济层面上的需求管理策略提供了支持。然而，随着20世纪70年代的经济停滞，事实清晰地证明，所谓的“趋势”往往变化莫测。很多城市发现全球化竞争中的企业流程再造削弱了其地方经济（Massey和Meegan，1982），而这也使得大家更加关注如何营造使地方经济壮大而非衰退的环境。

地方经济越来越不稳定，这同样也困扰着房地产开发过程，尤其是政府为回应宏观经济困境，开始缩减公共支出，愈发依靠私营部门，由此房地产开发进程愈加受到关注。同时，大众对环境质量和自然保护日益关注，同时也意识到福利型国家不仅没有消灭城市贫困现象，而且也未及时应对城市生活日益显现的社会多样性，公众一直要求规划师对此进行回应。因此在20世纪80年代前后，物质发展规划开始偏离其原有的乌托邦思想和美学传统，转而关注于城市区域中社会动力、经济和环境变化的管理实践。本书的第二部分将会着重探讨这一转变。而与政策分析理论的融合，使得规划传统超越了城市区域变迁的社会科学层面的讨论。

政策分析与规划

政策分析学派起源于美国，并在探索高效且具有影响力的公共行政方式过程中得以发展。而在英国，从 19 世纪末期开始，中央和地方政府就已转型，在全国范围内逐渐形成专业化的行政管理阶层。该阶层具有较强管理能力，领取丰厚的薪水，并严格遵守公务人员职业操守。地方政府变得日益专业化，同时程序化的专业知识也对地方政治产生极大挑战（Laffin，1986；Rhodes，1988）。在欧洲大陆，行政行为主要遵循法律规定，自拿破仑法典颁布伊始，法律就赋予政府行政行为的权力。英国和欧洲大陆的行政体系都能有效地约束政治权力游戏，从而防止其受私人部门和政党目标影响而全面颠覆。除非在南意大利，该地区行政规则往往被忽略，或者被更具影响的习俗裹胁。

然而在美国，地方行政更容易受到政治团体的影响。关于美国地方政治的大量研究中都描述了地方政治家和开发利益团体结成联盟，彼此互相勾结以获取土地投机收益。洛根（Logan）和摩奇（Molotch）（1987）认为，房地产开发商和投资者主导了美国地方治理过程——即所谓的“食利者”（*rentier*）政治。Stone（1989）则进一步分析地方政府和商业利益之间的持久关系。Lauria 和 Whelan（1995）在其对地方政治的分析中，将这一联盟称为“城市政体”（*urban regime*）。当然，地方政府也可能仅仅为了获取最大选举优势这一简单的政治目标所驱使。芝加哥一个著名的低收入住宅案例则生动地说明了这点，其选址完全是地方政府根据其选举优势最大化来确定（Meyerson 和 Banfield，1995）。因此，这也导致要求地方行政管理更加高效廉洁的呼声日益高涨（Friedmann，1973）。理想的地方政府应该是能通过技术分析和专业化管理而平衡多元化政治主体的诉求，而政策分析则为实现这一理想提供了合理的工具。20 世纪 60 年代发展起来的政策分析方法，其核心就在于识别政策目标，并建立和借助适当的途径实现这些目标。其基本原则就是赫伯特·西蒙（Herbert Simon）所倡导的目标导向管理，而非预先设定一系列行政人员需遵循的法定规则和程序。政策分析方法赋予政府部门一定的灵活性以适应特定决策环境，同时，通过清晰界定实现政策标准的行政问责从而防止腐败产生。这一决策模型成为后来"理性规划过程"（*rational planning process*）的基础。

此后，规划作为政策过程的讨论对美国规划产生重大影响，不仅形成美国的规划传统，同时也为受美国影响的所有规划文化提供了基本参照点。源自高效商业管理的决策理念首先运用于 20 世纪 30 年代的田纳西流域管理局区域经济发展实践中。此后，基于手段和结果之间理性关系的各类规划和公共管理模型得到发展（Friedmann，1973，1987）。在这些模型中，"理性"不仅作为一种逻辑推理形式，还将基于科学分析的工具理性作为其立论基础。正如达维托夫（Davidoff）和赖纳（Reiner，1962）在其"规划选择理论"（choice theory of planning）方法辨析中所强调的那样，理性规划过程中严格区分事实与价值观，价值观是由决策过程雇佣技术人员的客户所提供，主要通过政治过程产生。政策分析工作则被认为是在限定的"操作空间"（action space）内进行，并从产生政策目标的政治和制度环境中剥离出来（Faludi，1973）。规划师亦即政策分析者，被认为是一个专家，通过细致分析和系统评估来帮助客户形成目标，并将目标转化为不同的实施策略，从而最大化或至少是"满足"客户目标的实现。

理性规划理论将在第八章进行详细阐述。尤其在美国，这一理论促进了"科学"决策的研究，这些研究主要探讨理性规划可采取的过程和形式，以及分析不同决策所产生影响的城市系统模型。理性规划模型被批判为过于理想主义，期望政治意愿屈从于理性规划过程，幻想已具备足够的知识和经验储备，能够实现对所有可能的决策行为进行评估和研判。其中最著名的莫过于查尔斯·林德布罗姆（Charles Lindblom）的批判，他提出了“阶段性的渐进主义”（disjointed incrementalism）理论方法——即循序渐进地接近问题而非大跨步地朝向宏大的目标（Braybrook 和 Lindblom，1963）。之后他又提出了一个更具协商性质的理论方法——“派系间相互调整”（partisan mutual adjustment）。林德布罗姆的理论被视为当前交流性规划理论研究方法的先驱。

林德布罗姆的理论虽然仍遵循着工具理性主导下的规划过程（Sager，1994），但是更加关注微观经济个体而非宏观管理理论的技术分析，更像是在寻求公共管理部门中内在的“市场化调整”。20 世纪 60 年代末期，美国的其他政策分析理论关注于更基本的问题——价值观。战后早期的一段时间里，政治争论中关于价值观的议题似乎不再偏激。由于西方国家普遍选择了资本主义路径，城市市民被认为只是在个体利益上存在冲突，整体利益是一致的（见第七章）。因此，规划师或政策分析师仅仅是技术人员，用以整合基于科学依据和理性演绎后不同价值取向的政策方案。在整合过程中，规划师本身是价值中立的。达维托夫（Davidoff）和赖纳（Reiner）在其 1962 年的著作中认为即是如此。但是到 20 世纪 60 年代末期，达维托夫重新关注美国城市中贫困现象，并逐渐转变其原有观点。在其《规划中的倡导性和多元主义》（“Advocacy and pluralism in planning”）一文中，达维托夫（Davidoff）认为规划师在工作中不可能做到完全中立，因为规划师本身也是人，有自己与生俱来的价值观。他进一步指出，由于不同价值观的存在，人们被分为不同的阶层。特别是在中心城的街区中，贫困阶层的利益和当地商业集团的利益是不一致的。这一观点开创了利益多元化视角下价值多元化的规划理论。达维托夫认为，规划师不应保持价值中立，而是应该有着自己的价值观；并且，规划师应该意识到自己价值观的存在，并宣扬其价值观，寻找与自身价值观相一致的客户。这一理论对20世纪70年代早期美国的规划思想和规划实践产生了深刻的影响，第二章中所引用的波士顿的案例则是受达维托夫理论影响的一个倡导性规划案例。

与此同时，社会学家和规划师赫伯特·甘斯（Herbert Gans）则提出，规划师应该具有改善弱势群体生存条件的道德责任感。他认为，正如达维托夫和赖纳所说的，规划师应该意识到，他们面对着两类客户：一类是规划服务的“消费者”，也是规划师的直接雇主；另一类是更加广泛的间接客户，即受这些“直接”客户目标利益影响的城市居民（Gans，1969）。甘斯、达维托夫和赖纳都特别强调当地社会环境中日益增长的政治利益和大众利益，以及规划的制定和实施过程中更加积极的公众参与所带来的各种压力。他们的思想导致英美规划理论中对公民参与问题的关注。这些理论批判了传统规划理论对地方政体多元性的忽视，认为传统的城市规划是一种普通市民难以接近的权力游戏。雪莉·阿恩斯坦（Sherry Arnstein）在其《市民的参与阶梯》（“Ladder of Citizen Participation”，1969）一文中，隐喻性地对1968年法国学生抗议运动进行了总结，见图1.2。

达维托夫和甘斯都设想了一个由美国主导的、被理想化了的多元政体，并且都提倡以理性、科学的技术手段分析多元化的制度背景。在调整规划的技术手段以适应多元制度环境下不同利益群体的“行为空间”时，他们改变了早期将城市规划当作城市转型和地方治理转型的先导与龙头的概念，而将城市规划仅仅定位为一个“工具”，城市居民可以运用这个工具从精英手里获得更加多元的民主权利。

20世纪70年代的美国和西欧，对优化规划范式的讨论从规划本身的定位一直延伸到对多元政体模型本身以及规划技术导向的价值观的质疑。总体来讲，前者（多元政体理论）在欧洲得到了长足发展，它运用马克思主义基本理论来分析城市社会中权力配置不平等的结构基础（Castells，1977）。而后者（规划技术理

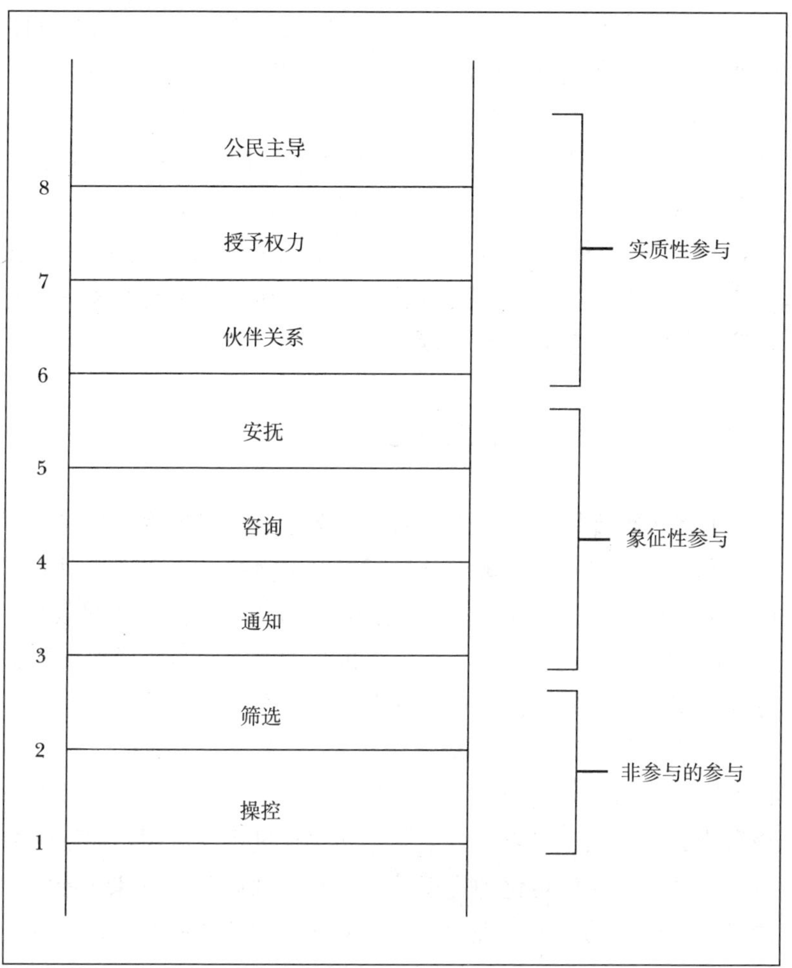

图 1.2 阿思斯坦：公民参与的阶梯

资料来源：Arnstein，1969 216 页，已获得《Journal of the American Institute of Planners》杂志许可 .

论）的科学性与工具理性则受到来自不同方面的广泛质疑。拉特尔（Rittel）和韦伯（Webber）早期的一篇文章（1973）提出，由于在人们的意识中，事实与观念总是相互交织的，因此我们需要寻求一个更加互动和更具启发性的规划方法。另有学者出于对政策的社会影响力的兴趣和关注，认为政策总是被参与决策的群体和推动实施的群体所左右（Pressman 和 Wildavsky，1984）。英国有学者认为，政策在实施过程中，出现妥协和重新演绎是必然现象，其结果，政策——即目标、价值观和方向——是通过一系列发生的事件、决策和行为来进行表达和阐述的（Barrett 和 Fudge，1981a）。这些思想与传统的、官方的、"自上而下"的视角刚好相反，具有"自下而上"视角，强调了规划的互动本质。关于这一理论之后的发展，详情见第七、八章。

转向解释性和交流性的规划理论

上述传统规划理论都成为制度主义分析和交流性规划方法的发展基础：传统的经济规划融合了国家层面的经济政策和地方层面的发展实践，渐进地评价和折射出已有制度环境下的经济发展；传统的物质发展规划则在分析社会进程中的空间组成和城市形态方面取得进展，并逐步意识到社会、经济和生态互动下，地方环境管理需求复杂而多变。政策分析理论则开始以下转变：一是尝试摆脱对所借鉴理论与知识的束缚；二是试图解读人们的思考和与行为方式；三是寻求在政策制定和执行过程中应用更加互动的方式。然而，这种转化和变革并非没有受到质疑，与其并行发展的是重申治理的自由化理念。当今公共政策领域的发展则是以这两种截然不同的倾向作为理论基础。

新自由主义理论（Neo-liberal theorisation）立足于微观经济，包含对工具理性的重新认知。在英国，新自由主义思潮已转向公共政策领域，这主要是源于在政策制定中经济学家的话语权不断增强。公共政策领域这一转变，实际上摒弃了将政策制定作为技术任务的理念，而更加关注政策实施之前和实施过程中的评估。在新自由主义政策所主导地区，这一转变促成了以技术和评估为主导的公共政策标准体系，并在政府机构中得到广泛应用。该政策制定方式有意识地回避与公众的沟通与协调，而将必要的协商任务交由各类自发自愿的行动，例如市场调节或者社区自治。这些思想阻碍了作为本书基础的交流性规划的发展。

另有一种趋势则是将其概念化的基础转为对于知识和行动二者关系的现象学解释。即认识到知识和价值观并不是与生俱来，客观存在于外部世界，静止地等待科学探索，而是由社会的交往过程能动建构而成的（Berger 和 Luckman，1967；Latour，1987；Shotter，1993）。因此，公共政策和城市规划都是社会过程，参与者在此过程中能动地构建其思维方式、价值判断和行为方式。

这一认识也是当前在西方思想界产生广泛影响的认同（存在方式——本体论）和认知（认知方式——认识论）理论思潮的组成部分。该思潮从 20 世纪 70 年代起就对规划理论产生影响，现在这些理论都被贴上“争论性”（argumentative planning）、“协商性”（communicative planning）或“解释性”（interpretive planning）规划理论的标签。虽然，该思想潮流有着不同的流派，但其主要观点都包括以下内容：

（1）所有形式的知识都是由社会所建构；不论是科学知识还是专业技术，与工具理性主义者所倡导的“实践推理”并无本质不同；

（2）知识和推理的发展与交流具有多种形式：包括理性的系统分析，以及采用文字、图片或声音等形式讲述事实、阐述观点；

（3）个体总是基于一定社会情境下形成利益，因此其偏好并非独立形成，而是通过特定社会情境下学习各方观点和互动交流来建构其偏好；

（4）当前，人们具有多样化的利益诉求和期望，而权力关系的表达不仅通过压制和主导物质资源分配来实现，还体现在细微的思维与实践习惯中；

（5）关注公共空间管理的公共政策，如果要高效、有力、负责任地回应与场所相关的各利益集团诉求，就必须关注以上所述的知识和推理过程；

（6）这一思潮将会带来一种改变——即不同的利益群体从相互竞争、讨价还价，转变为彼此合作、建立共识。在此过程中，组织化的思想得以发展并共享，从而产生持久影响力，协调各方主体的行为，明显改变组织方式和认知模式，换言之，即形成一种文化。

（7）按照这一模式，规划不仅通过日常实践嵌入特定的社会关系情境中，而且还可以通过挑战和改变已有实践方式来改变这些社会关系。规划的情景和实践彼此不是孤立存在的，而是社会性地整合在一起。

以上几点总结了很多当代规划理论家的思想，包括本·弗莱贝格（Bengt Flyvberg）、约翰·弗里德曼（John Friedmann）、约翰·福斯特（John Foster）、查理·霍克（Charlie Hoch）、朱迪·英纳斯（Judy Innes）和托雷·萨格尔（Tore Sager）。然而，这些交流性规划的理论家却很少关注区域经济分析、城市地理学和城市社会学视角对于城市区域发展动力的变化（Lauria 和 Whelan，1995），而是过于强调社会行为的能动过程，例如如何进行日常生活和经济活动等。

上述两组观点学术上具有非常紧密的联系，它们都认识到语义基于社会建构，而行为与思考方式则是社会嵌入的。本书的一个主要目的便是整合这两派的理论与思潮，从而克服当前规划思想与实践中，区域和城市发展理论与治理过程分割的趋势。通过这些治理过程，各政治团体可以通过集体行动解决当前社区中所面临的困境。下一章将在理论层面对此进行探讨。

第二章

分析空间变化和环境规划的制度主义方法

挑战

在现实生活中，我们经常会遇到关于“究竟需要什么样的城市环境”的争论。如果没有被官方告知一个新项目对我们所在的邻里、城镇或区域可能产生的影响，我们也会通过街道上流言蜚语、报纸和电视节目等其他渠道了解到该项目带来的种种冲突，并由此意识到——自身的行为可能会影响他人，我们不应该伤害别人（Beck，1992）。20 世纪早期，人们普遍认为工业和技术的进步能够带来收益，但如今这些观念却逐渐受到质疑。我们不但难以确定其是否真的是进步，也不知道这种发展与变化是否值得欣喜。针对地区环境建设的冲突不仅影响了对特定物质利益的维护（比如地产的价值变化、交通拥挤程度的改变等），还引发了我们对当前生活方式的恐惧，对社会发展的担忧。这些冲突和担忧已经触及我们的文化，影响“理所当然”的信仰，以及周围世界所熟悉的价值体系。

但我们仍然会基于不同的文化视角看待因环境建设引发的社会冲突。过去，英国各地的环境冲突被描绘为阶级之间、“资本”与“社区”之间，以及“大企业”与“普通市民”之间的剧烈斗争。对很多人而言，战后许多福利国家之所以被贴上“正义”的标签，正是因为其保护了人民免受资本的剥削（Ambrose，1986）。但是，当前这些结构性的冲突正变得越来越模糊，难以清晰界定。全球不断涌现的金融浪潮和地方企业家的投资行为都变得更加复杂。不同企业在土地、固定资产和空间场所方面的经营策略和核心利益正逐渐差异化发展，由此也产生了特定场所内不同的观点和态度。

生活方式和环境的日益多样化，产生了多元化的意识和思维，取代了传统上基于同质文化观念形成的“公众利益”（public interest）。我们生活在一个多元化的社会（pluralist societies），因此会有不同利益群体间的冲突（Grant，1989；Brindley，1989；Healey，1988）。现有的社会秩序通常被描述为“碎片化”，反映出社会从具有共同目标的“现代”时期，进入生活方式多样化和认同差异化的“后现代”时期（见第四章）。

当前，如果认识到差异性与多样性，又担心自身的行为会对他人造成不利影响，那么如何在差异中实现共存就会成为一个两难问题。如何估测一项发展可能产生的结果？这种发展结果是我们所期望的，还是所畏惧的？哪些群体会持有这些态度和观点？如果存在诸多观念的差异，是否最终能够达成一致？如果权力阶层的利益仍可以压制和剥削其他阶层，且难以识别，那么如何应对其占强势地位的权力？

以往空间规划的一项功能就是提供行为框架和准则，以减少环境冲突。然而，经济和社会的变化却逐渐削弱了这些框架和准则的效力。在美国出现了“一事一议”的方式来解决环境冲突，即当争论议题出现后通过协商来解决（Cullingworth，1993）。在英国，解决冲突则是基于一种由民粹主义利益团体所形成的政体形式（Healey，1988；Brindley 等，1989），以上解决冲突的方式被证明是耗时低效的，因为随着项目的更迭，冲突会持续出现。同时，这种解决方式还教会了人们在与他人博弈中识别和捍卫自身利益，从而鼓励社会的冲突与对抗，加深社会各群体之间的猜忌。在一些国家，尤其是美国，关于地方环境的冲突及解决问题的讨论已经上升到法律层面，而这又加剧法律诉讼中的对立和碎片化。由此也导致了民众进一步质疑政府的公信力。

新自由主义理论的解决方案是将公众对项目可能产生的影响的关注转化为对项目绩效的评估。近期的欧盟环境立法中就采纳和应用了这一思路，明确环境保护的标准与原则，以保证任何环境发展的动议和提案都必须符合该标准（Glasson 等，1994）。就理论而言，这种解决方式透明而有效，它假设评价标准及其测度方法是能够清晰界定和认同的。但在实践中，指标和测度方式本身就值得商榷（Latour，1987；Innes，1990，1995；Vanderplatt，1995）。因此，这种解决问题的思路并没有减少冲突，相反它还引导人们处处以符合规则来审视议题，而非关注项目对于民众和环境所带来的实际影响。

其他正在探索的调停利益冲突方式则主要基于利益调停和建立共识两大原则（consensus-building）。这些研究和实践探索强调针对当地环境变化进行协作交流的益处，人们通过协作性交流，能够了解其行为的潜在影响，并掌握影响评估的方法（Susskind 和 Cruikshank，1987；Innes，Gruber，Thompson 和 Neuman，1994）。还有研究表明，通过此类协商实践，人们可以相互了解对方的不同观点，并且做出反馈。由此建立一个相互信任的机制贮备，形成所谓的"社会与智力资本"（Innes，1994），从而可以用于处理后续一系列的社会公共事务。该机制储备将不仅有助于整合不同的思维与生活方式，建立一种合作、协同的制度能力，还有助于保持"制度连贯性"，从而可以就区域和城市的空间组织形式进行讨论，并共同解决出现的问题。这些规划理论的新思想为我们带来启示——通过"学习如何合作"，可以更深刻地认知和理解地方环境的冲突，并产生解决冲突的集体行动方案。

目前公共政策研究领域正在深入探索这些观念。在一些具有地方自治传统的国家（例如北欧国家），已出现通过地方协作方式制定空间规划的广泛实践（Holt-Jensen，1996；Khakee，1996）。但在其他一些地方文化治理中，地方协作方式与其根深蒂固的制度规则相悖，例如高度集权的英国政府阻碍地方之间的协作潜力，而部门化的政府组织形式则限制了空间政策方面的合作。由于英国的环境问题涉及范围甚广，其利益攸关方不仅包含不同层级和部门的政府机构，还跨越了政府、市场和社会组织，所以地方的环境冲突呈现出非常复杂的态势。"引入"空间,即通过"共同思考"来协同，并关注对于人和场所的长期影响，这与新自由主义哲学及其空间经济学截然不同。然而，当前的诸多矛盾和压力迫使我们重新关注场所品质与空间联系。本书第二部分将会对此进行探讨。

通过协作式规划方法解决城市区域环境需要满足两个要求：一是全面而客观地掌握影响该地区场所品质发展的动力；二是提出合理的治理模式和程序，从而让各利益攸关方和地方政治团体可以共同探讨得出具体的工作内容和工作方式。本书便试图探讨这样的一种方法，可以综合社会科学研究领域的"新制度主义"和规划领域中的"交流性规划"。故本章将首先回顾制度主义方法是如何基于马克思政治经济学和现象学中发展而来，然后集中讨论两位重要思想家：社会学家安东尼·吉登斯（Anthony Giddens）和哲学家于尔根·哈贝马斯（Jurgen Habermas）所做的贡献。最后，本章将对该制度主义方法进行总结，并简要说明其启示。

"结构"与"科学"

新制度主义基于"关系"视角分析社会生活,认为人们在积极、互动地构建其物质和精神世界的同时，也受到周围各种环境的强烈束缚（Powell 和 Dimaggio，1991）。按照吉登斯的构想，积极的行动者（active agency）和对其产生约束的结构（structures）之间可以产生互动（1984）。新制度主义对社会关系的重视，在很大程度上要归功于马克思在经济生产模式中提出的社会动力的概念，尤其是其对资本主义生产进程中社会关系的解释（Harvey，1973；Kitching，1988）。按照其分析，在资本主义社会中，工人受到系统性的约束，必须出卖劳动力给资本家，而资本家则依靠该系统剥削工人劳动的剩余价值。因此，贫富差距是资本主义社会结构的必然结果。然而,马克思及其追随者过于强调社会结构的主导作用,而忽略了个体的能动性。马克思主义者坚信历史发展的动力存在客观规律，并可以推动人类进步。资本主义制度，一方面是人类社会的巨大进步，另一方面产生了剥削的枷锁，将工人限定在特定的阶级关系之中，任由资本家不断地剥削其劳动成果。

马克思呼吁工人真实、客观地认识其阶级地位，挣脱资本剥削的枷锁。要实现此目标，工人阶级透过市场竞争中所体现出的自由价值观表象，认识其“真正”的利益。否则，他们将生活在“错误的观念”中，所表现出的也并非其“真实”偏好（Eagleton，1991）。因此，社会转型进步的首要任务就是要揭示这些虚伪的价值观，从而揭示出工人阶级的真实利益诉求。当充分理解这点后，工人阶级作为革命先锋队，就会意识到其所受的剥削多么残酷，并开始寻求社会变革。而科学唯物主义则提供了实现此政治目标的认知理论。与其改造的资本主义世界一样，马克思主义政治活动家也坚信科学的力量，认为科学能够提供对世界的客观认识，从而可以解决不同观点之间的冲突。主流的经济和政治关系被斥之为自然正义、文化失真和虚伪意识形态下产生的错觉。

马克思主义和自由主义意识形态一样，萌生于倡导个体自由思想和科学客观性的西方社会。因为社会主义和自由主义都拒绝接纳宗教教义，所以二者成为20世纪西方世界两大世俗信仰，同时也成为促进现代化发展的哲学思想。然而，到20世纪70年代左右，西方思想界开始向另一个方向发展，并逐步开始质疑科学的客观性。哲学和社会学领域的研究表明，科学本身是从社会中生产，受到科学家广泛认同的构想，其正确性仅仅因为得到科学家群体的认同。托马斯·库恩（Thomas Kuhn）就从思考范式改变的视角对科学发展进行了分析（Kuhn，1962；Barnes，1982），拉托（Latour，1987）也向人们展示了科学本身作为社会产品如何被精心塑造的。此外，人类学家也将科学和学术活动统统视为文化性的建构（Bourdieu，1990；Geertz，1988；Douglas，1992）。一些社会学家开始研究文化在社会组织与生活的作用，并深入探索社会交往的细节（Clegg，1990；Silverman，1970）。自20世纪70

年代开始，出现了大量女权主义学者，他们揭示了在当前西方现代社会中，受自然观念和社会角色的束缚，许多妇女被限定在社会秩序的从属地位（Hayden，1981；McDowell，1992）。法国伟大的社会学家和历史学家米歇尔·福柯（Michel Foucault）在其大量著作中也详尽分析了类似监狱这种微观的政治中，如何实现社会控制的制度化组织。他揭示出制度的各项要素，诸如正式的规章制度、非正式的行为实践、物质结构，如何“承载”社会涵义与社会秩序中的权力关系。与现象学家和人类学家相似，福柯的核心观点是人们与生俱来地生活在一个特定的社会秩序中，受到特定文化的制约。受福柯的启迪，规划思想和规划实践已开始大量融合（Boyer，1983；Tett 和 Wolfe，1991；Huxley，1994；Hillier，1993）。

上述思想潮流与我们当前“思维模式”的改变有机契合，所以其重要性与日俱增。但是，问题和忧虑亦接踵而来：未来经济发展的可能性和必要性？我们生活的本质是什么？身份认同与社会秩序是什么？科学具有哪些局限性和偏见？由于我们对此前习以为常的政治、经济和社会“抽象系统”失去信心（Giddens，1990），所以逐渐意识到自身文化的局限性、偏见及其他缺陷。我们意识到价值系统、行为方式和生活圈的差异和分化，发现周围并非存在同质的价值观和生活方式，而是呈现文化的多样性。于是我们意识到‘本体’和‘他人’的区别，反思现在和过去的差别。正是这样的情绪产生了当前对现代主义的批判，形成了对‘现代主义’前提与实践的学术大争论。这也反映出西方思想界广泛的转变，及其价值体系和主流学术文化特性的改变。

这一转变的后果就是认识到文化的社会嵌入性，经济组织和治理模式重新转向西方意识形态。在此背景下，“文化”不仅仅视为意识形态和政治哲学，也非只是社会生活的一个维度，亦不应成为社会群体的特定“属性”。而是具有更多人类学含义，暗含了价值体系和参照系统，人们在特定社会环境据此形成其制度化的实践。这一文化概念超越了我们所理解的“个体主观偏好”的价值观，而是将价值观视为不同的思维模式。因此，地方环境的冲突可能包含着不同文化社群（cultural community）之间的冲突。这与传统的、以地方为基础的文化同质的社会概念形成了鲜明对比。

当今西方社会，一个人可能生活在不同的文化社群中，因此文化问题变得更加复杂。通过媒体和教育，以及或近或远的社会网络，我们与各类文化族群连接在一起（Latour，1987，详见第四章）。尽管强大的社会网络试图融合不同的文化概念和世界观，但其结果正如拉图尔（Latour，1987）所言，并未形成改良的文化同质性，而是出现了不同地方文化知识的累积和重叠，或者基于特定社会网络对文化进行重构或者重释。格尔茨(Geertz,1983)认为，地方知识是系统的、正式的、恰当的混合体，是通过社会交换和经验中获得的“常识”和“真理”，是装满格言与隐喻、实践技能和步骤，承载着大量已知和未知信息的储备库。社会网络，包括各类移动的教育和传媒网络，仅仅发展出“一种共有的思维模式，用地方化的形式呈现给当地人群，实现地方的思维转变”（Geertz，1983，12页）。这些观点重新强调了对知识、行为、文化的“地方性”的认识，并认为只有在特定的地区、特定社会环境下，才能够精确地解释某些特定的行为。这也代表了西方思想界看待客观事物范式的一种转变——从放之四海而皆准的唯物主义到对客观存在（本体论）和科学认知（认识论）的逻辑化思考。

现代主义和后现代主义“转折”

制度主义理论进一步推动了这一认识范式的转变：自由主义思想认为个人决策是基于客观科学知识的自主行为，马克思主义理论则认为个体行为基于客观存在的外部结构要素，而制度主义理论则对上述两种观点都提出质疑。自由主义和马克思主义的哲学观都是基于当前所谓的“现代主义”学术传统（Giddens，1990），形成于启蒙运动时期（见第一章）。在这一时期，早期的西方文艺复兴思想和古典主义思想仍被继续推动向前发展，并被作为政治学和哲学的参照点。而在18世纪到19世纪，则强调个人在宗教和国家治理方面的自主性，认为"人"具有自我反思的能力，其个人权利不应该被国家强权所侵犯。美国宪法也是在这种思想指引下，由倡导个体自由、逃离欧洲'神授'君权和'宗教'帝国的移民们制定的。这一历史背景下为政治和经济领域的个人主义繁荣发展提供了一片沃土。而建立实证基础上的科学知识也向我们呈现出与宗教神话描述截然不同的世界——世界原来是圆的，而非方的；人类是由其他物种进化而来的，并非按照"上帝的形象"创造的等等。这种崇尚个体自由、科学客观的社会氛围，不仅可能挑战并战胜长期主导欧洲经济、政治和社会的君主独裁、宗教等级制度，而且还可能释放科技和经济领域的创新潜力，并进而引发一场席卷全球的工业革命（Hall 和 Gieben，1992；Giddens，1990）。

尽管以往类似于"个人追求生活和享受尊重的权利"等现代主义重要思想仍留存至今，但当前现实生活中许多观念已经与之背离，"现代主义"（modernity）逐渐被"后现代主义"（postmodernity）所替代（Harvey，1989b；Giddens，1990；Moore Milroy，1991）。诸如"人生而平等"、"通过科学研究与技术发明，可以改善每个人的生活质量"等观点曾激发了许多人的热情，但现实的社会治理却形成了新的权力壁垒和实现路径，人们反而由此变得越来越不平等。对个体自由的崇拜逐渐蜕变为狭隘的功利主义行为，因此，衡量事物是否有用的唯一标准就是其物质价值。

正如许多学者所言，现代主义问题的根源在于其发展方式（Giddens，1990；Harvey，1989b；Habermas，1993）。早期的唯物主义帮助人们摆脱了宗教信仰对人们生活方式与思维惯性的束缚，同时也在公共生活去除了道德、精神和审美议题。科学研究的客观属性要求"观察时保持中立"，这种早期与宗教信条斗争的追求逐渐发展演变为完全抛弃宗教教义，追求客观世界"绝对科学真理”的信念。自由的个体也演变为完全自主的功利主义者，只追求物质方面的选择和利益，而脱离了客观存在的社会环境。在这些思想的引导下，我们的生活逐渐演变成了哈贝马斯（Habermas，1984）所形容的“抽象系统”（abstract systems），即理论上由竞争市场和科层制官僚体系，来组织自由个体社会的公共事务。竞争市场通过寻求在市场中的竞争优势来激励个人不断努力，而科层制官僚则强调社会服从‘保护’个体权利的规则。前者具体表现为各类城镇市场，而后者则体现为家长制浓厚的家庭和王国，在这里，‘民意代表’或“长者”保护其成员，而成员则以接受管制规则作为回报。按照此理念，人民被同化为一群相似的个体，具有整体相似的行为习惯。在战后早期典型的规划理论都采用同质化的人民理念，第四章中将会进一步说明。

到20世纪中期，这些理念已在西方世界占据重要地位，成为公理。自由主义理念占据主导，驱除了意识形态。通过对社会的科学管理，‘理性’可以驾驭‘非理性’的力量（Mannheim，1940）。贝尔（Bell，1960）认为，我们现在生活的世界是没有意识形态的。这就意味着我们继续设想所生活的世界中充满具有偏好的独立个体，彼此间为物质利益而竞争，并在当时通过凯恩斯主义（Keynesian）需求管理策略进行管理。这一观念后来又通过发展中国家经济发展策略，以文化帝国主义形式推广至其他国家和文化群体。

对现代主义的研究继续从两个方面拓展：一是重新解读现代主义概念的文化含义，二是研究现代主义对物质环境，以及人民和族群生活方式的负面影响（见第四、五章），这两方面的研究几乎是并行的，进一步削弱了现代主义的主导地位。由于深入认识到文化的独特性和多样性，所以人们开始重新关注特定的历史和地理条件如何塑造独特的地域文化。也因为如此，地理学家在20世纪早期开始再次关注场所的文化内涵，并重新定义了社会关系中体现的地方特色和文脉。

现代主义偏爱功利与实用，而对现代主义霸权的批判也由此进一步拓展至科学主义本身的局限性，纠正了科学探索中所信奉的客观中立性。如第六章所述，科学本身已被先入为主地注入了价值观，即科学可能提供物质收益并威胁到社会福利。如果去除部分科学唯物主义，其留下来的信仰真空不仅能重新回归形而上的宗教信仰，还可能重新认识到物质层面的价值是如何受到道德和情感所影响，以及受到关注对象和美学观念的影响。哈贝马斯（Habermas）的批判哲学和扬（I.M.Young，1990）的女权主义哲学，以及许多学者对实践认识和实践推理的研究中都反复提出了这一观点。

由此可见，现代主义被认为是个人利益最大化的理论模型，是一种狭隘而"冷酷"的理性主义（Young，1990），一种具有竞争性、等级分明的社会组织形式。现代主义的思维模式忽视了个体存在、认知和与他人互动等行为的多样性。作为一种文化形式，现代主义具有显著而广泛的政治影响力：一方面影响人们的思考与行为方式，另一方面也构建人们的预期和主观偏好。迈克·迪尔（Michael Dear）认为，现代主义的影响力已经衰退，对其信仰也逐步瓦解，并由此形成当前我们生活的时代中的很多社会特征。他指出"现代主义"已经"飘散而去"，让我们可以审视文化、思维方式及行为模式的多样性，虽然多样性一直是客观存在的，但是我们过去却一直视而不见（Dear，1995）。

现代主义思想究竟给我们留下了什么呢？在 20 世纪 80 年代，哲学和社会科学研究中出现重新界定本体论、认识论和社会秩序的思想浪潮。比照在建筑学领域的争论，这波思潮后来被称为"后现代主义"（Harvey，1989b；Goodchild，1990；Moore Milroy，1991）。米尔罗伊（Moore Milroy）在回顾后现代主义理念在规划思想中的发展时，指出"后现代主义"是一场哲学的运动：

> 后现代主义是对现代主义的解构，它对现代主义带有质疑和批判，并小心翼翼地与传统的信仰保持着距离。后现代

主义更加积极主动，力图弄清究竟是谁通过支持和确立权威，甚至是取代权威来获取利益；反基础主义则放弃将“放之四海而皆准”的普遍性作为真理的基础；非二元论则反对主观与客观割裂的二元思维，反对将真理与观点、事实与价值对立地排列组合，而忽视它们之间的有机联系；后现代主义推崇多元化和差异性（Moore Milroy，1991）。

包容差异性不仅激发了对人们生活方式和解释世界方面的多样性的意识，还引发对差异化的关注，推崇个性化的服饰、观点和生活方式。早期启蒙运动提倡人们的个性化追求，而后现代主义则可以视为启蒙运动的延续，进一步扩展了个人自由和相互尊重的内涵（Giddens，1984，1990）。后现代主义思潮推崇的极端个人主义假设，即人们可以彼此隔离，创造出属于自己的小“文化”。按此逻辑，我们似乎只有在新古典经济学（neo-classical economics）和自由主义思想语境中才能构建自我。

后现代主义所提倡的个人主义在公共领域产生了许多严重的问题，比如管理和协调公共场所中的共存关系。如何在主张个性化的同时处理好与他人的关系？应该如何增进相互了解且不相互干扰？如果说过去人类的发展和进步给自身和自然带来了严重的负面影响，那么我们当前为何还要追求所谓的“发展”和“进步”？在现有制度框架下，如果我们决定与他人一起要寻求合理协作的方式，那么如何避免坠入更多规则的“困境”，使得所制定的规则不会束缚后人，不会像我们一样受到规则的桎梏？如果世界上并不存在客观的普世规则或“真理”，我们如何才能做到求同存异？以上关于后现代主义的许多争论都促使人们将关注点从公共生活和共享共存转向极端的个人主义，或者说是相互隔离的自治。

后现代主义不仅仅对过去的规划实践提出挑战。正如许多评论家所强调的，后现代主义还对规划本身作为一项管理公共空间共存实践的合理性提出了挑战（Dear，1995；Moore Milroy，1991；Beauregard，1991；Goodchild，1990；Healey，1992a），质疑涉及公共争论与公共组织的一切尝试和努力。后现代主义认为，社会合作不可避免地对人们行为进行一些限制，固化社会关系，减少思维和行为方式的多样性，从而可能产生很多负面影响（Boyer，1983）。社会合作以追求人类进步或者改善现状的名义，寻求公共事务的未来组织方式。但是，谁有资格来证明到底哪些得到改善？为什么值得去改变？规划试图基于地方环境让不同诉求彼此间争论，然而这些诉求本身就来自不同的"思想世界"，有着不同的关注点，关注特别的议题，且彼此间难以比较。那么如何能将一起讨论这些诉求呢？

后现代主义通过质疑和争论，也产生了多种可能的解决方案。其中一种方案提出思维转向，关注生活的内在特征，或者说在可能情况下能够做些什么。另一种方案则提出应该持久抵制和解构"抽象系统"（即前文所述的"市场竞争"和"官僚机制"，编者按）对我们"生活世界"的威胁。但是，在当面临现实社会、经济与环境之间的取舍困境时，后现代主义提出的这些解决方案只会让我们更加感到恐惧和孤独。由于缺乏其他可能的组织方式来改善现有体系，使得旧有的现代主义实践模式仍然大行其道。事实上，与其说后现代主义质疑新自由主义的政治观点，还不如说是对公共政策领域中狭隘功利主义的重释，因为从另一个角度而言功利主义也是鼓励个体的自由选择。与之相对，后续讨论的思想则提供了西方后现代思想"转向"无法提供的现实政治路径。

现代主义转型：吉登斯和哈贝马斯

现代主义与后现代主义之间概念的对立源于哲学和政治社会学领域的争论。一方是追求效用最大化的个体和追求理性秩序的政治体制，另一方是寻求享乐主义的、具有自我意识的个体，以及崇尚无政府主义的政治体制，二者形成鲜明对比。而在这一对比下，我们用以了解自身及社会的理论工具发生了变化，由以往的科学理性转向现象学的描述与解释。后者首先强调个体并非孤立存在，而是生活在复杂的社会网络之中，通过这个网络，文化资源——诸如思考、组织和引导生活的方式——得以维持、发展、转变和再生。其次，社会网络通过道德准则、情感体验等途径将丰富的科技知识串联起来，形成本地社会共有的"实践经验"和"常识"（Giddens，1984）。以上这些组成了我们能够获取的"地方知识"（local knowledge），以及在集体行动时需要调动起来的文化资源（Geertz，1983；Latour，1987）。

现今公共生活中面临的挑战就是如何协调文化认同上的个性化差异，以及寻求不同利益诉求个体和参照系统之间的共性特征，并且在协调过程中不能抑制个体能力的发展，泯灭创造性思维的诞生。这一难题几乎是难以破解的，因为在现实社会中，一是一部分人总是掌握了比其他人更多的权力和资源，二是大部分人因为根植在大脑中的道德惯性，总是会共同抵制某些行为。但是，我们是否能够找到一个合适的、可以评估的方法，从而可以既能鼓励文化多样性的存在，同时又能够避免空谈说教，逐渐减少物质资源分配的不平衡？进而言之，我们能否重构公共领域，允许人们在此争论，但同时在此基础上采用尽可能包容的方式管理公共事务？

当代有两位思想家的理论有助于解决这些问题。第一位是安东尼·吉登斯（Anthony Giddens），他吸取马克思和韦伯的传统社会学思想，结合现象学家和社会互动主义的工作成果，从结构（structuration）视角提出了"在社会制度约束的情境下如何解释个体行为模式"的社会学理论。第二位是于尔根·哈贝马斯（Jurgen Habermas），延续德国传统的批判主义理论，基于主体间意识形态和交流性行为理论，提出了"重新构建公共领域基本范式"的哲学思想。

安东尼·吉登斯（Anthony Giddens）

吉登斯认为，我们并非如自己认为的那样：彼此隔离、自我决断（Giddens，1984，1990）。首先，人们的自我感知是在与他人和自然世界的互动过程中逐步建构而成。人们生来就处于社会关系中，并终生在特定的社会关系中度过。通过这些关系网络，人们与特定的历史和地理发生联系，这些历史和地理的背景又限制了我们对物质资源、思维观念以及技术经验的获取。按此逻辑，我们识别个体和社会关系的行为都是由以往的经历所“构建”，同时又被深深地嵌入这些结构中。这些“经历”不仅是人们某种程度继承下来的良性“资产”集合，而且还具有能动作用，包含显性和隐性的基本原则，指导人民的行为方式以及受益主体。与此同时，它们还将现有的权力关系一代代传承。吉登斯（Giddens，1984）认为，权力关系的传承主要通过制定行为的制度规范，以及控制物质资源流动的权力。上述结构逐渐从我们日常工作、生活中抽象出来，在大多数情况下，我们将这些结构框架作为技术与管理规范使用，或者基于这些框架工作。例如电信系统、计时系统、教育系统、电视网络、交通规则、财政保险系统和法律体系等等。土地利用规划就是典型的抽象结构。

上述这些抽象结构被当作行为惯例，理所当然地应用到日常生活的方方面面，所不同的只是披上了工程和管理技术的外衣，从我们日常生活中的社会关系中抽离出来。但实际上，这些抽象结构的每项要素是被人为制造出来的，其中很多要素会通过诸如教室、电视台、法庭和规划局等场所中的社会交往被重新塑造。所有的工程技术和组织的“黑匣子”，都是在特定时间、被特定的人群创造出来的（Latour，1987）。因此它们不仅包含了技术，更体现了一种思维模式和价值观。思维模式在其中可能承载着最主要的权力，例如，思维模式赋予男人支配和管理公共空间、女人管理家庭空间的职能；或者让社会地位由先天继承而非后天努力的方式获取；或者将物质财富作为社会价值的主要标准，那些掌握较多社会财富的人是值得社会尊敬的成功者。在规划体系中，这种思维模式成为规划编制和许可规则的假设前提，即法露迪（Faludi）和沃克（Van der Valk，1994）所认定的规划原理。因此，这些抽象的结构融入了特定的含义，承载了文化发展的参照标准。正是这些从人们社会生活中抽象出来的模型，又反过来指导人们的日常生活，以及作为行动者的个体（human agents）。吉登斯结构理论的核心就是结构和行动者之间的回归关系。

以上所述似乎是与马克思19世纪所描述的，由结构力量和权力关系所主导的世界相似。但是对马克思来说，这种加于人类身上的结构力量并不是绝对的。如果人们能够清醒地认识到自身的生存现况，了解到施加在其身上的"结构性的压迫"，那么就有可能去挑战这种力量。福柯和女权解构主义者（见上）帮助我们从另一个视角观察这一现象——这些权力关系并非只是局限在工作和政治范围内，而是存在于我们社会关系的方方面面，因此对其挑战和反抗也是人们日常工作生活常常需要面对的。

吉登斯便是基于这一视角基础上发展其理论，但特别之处在于他引入了"积极行动者"（active agent）的概念。马克思、福柯及其追随者们将结构视为作用于个体的外在力量。吉登斯则不以为然，他认为结构通过人们生活的关系网络施加影响，因为我们一直在使用和建构周围的结构。也就是说，人们的"环境"是通过其自身行为所构建的，同样又受到结构力量的影响。所以说，"结构"与作为社会主体的"人"之间是密切关联的。继伯杰（Berger）和勒克曼（Luckman，1967）之后，吉登斯也强调"我们既被文化塑造和社会建构，同时也是文化和社会结构的制造者"的观点。但这绝对不是一个被动的过程，因为没有人们的主动工作，其所生活的结构力量和抽象系统就不会存在，是人们自己创造了这些结构和系统（Shotter，1993）。

吉登斯通过这种方式重新诠释了马克思所提出的"人民创造了历史，但是人民并不能自主选择创造历史的环境"的思想。人们不仅通过有意识的反抗行为来创造历史，还通过其日常的决策方式来塑造历史：比如解决如何共享一套住房，如何在一间办公室工作，如何使一条生产线运作，如何分配公共部门财政，如何就一个规划议题提出建议，如何组织一场抗议活动等。在做这些事情的时候，人们验证、挑战甚至改变了过去的行为习惯。这正是吉登斯“结构”理论的意义所在：人们生活在文化束缚下的规则结构和资源流动之中，然而人类参与者也通过持续不断的创造活动，在每个事件中重塑规则结构和资源流动，通过改变结构和系统，重塑自我和文化。参与者“塑造”结构，正如结构塑造参与者一样。在此互动过程中，得以塑造个体的能动性，这正如同通过与他人的已有联系，人们各自或一起维持并改变着社会。结构的力量塑造了人们生活的规则体系、资源流动和话语系统。用博尔迪耶（Bourdieu）的话来说，该过程创造了人们的“习惯”（Bourdieu，1990）。人们作为社会存在个体，通过密集或疏散的关系网络生活，每个关系网络都代表了一个能动的生活情境。个性化源于我们处理不同关系网络时遇到的困难和挑战。在制定和实施规划时，规划师不仅如福柯所言可以形成某种权力关系，而且还可以像吉登斯描述的那样改变权力关系。因此，城市规划日常实践中，即使是很细节的规划问题，都涉及是否需要“遵循规则”，亦或改变规则，从而实现结构的转型。约翰·福斯特（John Forester）的著作中就讲述了很多规划师做出这种选择的案例（Forester1989，1992a，b，1994）。

吉登斯的思想是制度主义者所推崇的社会生活中的核心概念。作为个体，人们生活在关系网络中，而结构的力量也通过该网络在人们身上留下烙印。我们通常会生活在多个关系网络中，其中任何一个网络都有各自的文化，即思维方式、话题体系和价值系统。作为能动的参与者，人们在生活网络中构建了自己的身份认同。因此，人们会经历各类的文化冲突，既有个体之间的冲突，也有关系网络节点之间的冲突，这些冲突可能出现在工作场所、家庭内部、酒吧、运动俱乐部和社区团体中。在当前复杂的、全球化的意识中，所有人及其社会生活的节点和地方环境，都可以视为“场所”，被不同的思维系统和价值体系所层层覆盖。通过创造性的努力，我们持续不断地建构和重构自身的观念和话语体系（Shotter，1993）。然而，在功利主义的效用最大化偏好影响下，这种能动性的语义创造大多都被忽视。

基于这个视角，生活中的文化差异就不再是异类或新鲜事物了。人们一直都在经历和研究文化差异，并且或多或少取得了成果（Douglas，1992）。在多样化的思想世界中进行协调、磋商一直是人们日常生活的一部分。其中某些人之所以比其他人更具有敏锐的意识，部分原因在于这部分人的特定历史、地理条件，以及关系网络赋予其更多的“局外旁观者”的经历。这些旁观者可能是男人世界中的女人，白人世界中的黑人，精英世界中的工薪阶层，官僚世界中的商业分子，世俗世界中的牧师。而其他人可能更加习惯于将自己的世界强加到别人头上，并对此毫无意识（Wood等，1995）。然而，人们仍能够在“差异中生活”，并且挑战甚至改变其文化的盲点。通过这种经验，人们为自己和相关联的其他人，甚至支撑其生活的抽象结构铸造一个全新的文化参照。我们成为活跃文化世界中的能动个体，并且习惯于在文化中生活并“创造文化”。

倘若按照以上所述，那么可以设想一下，通过识别并尊重文化多样性，即在考虑地方环境时涉及的不同文化价值和话语体系，人们之间完全有可能“达成共识”（Forester，1989）。形成共同的话语体系，连接其他并不熟悉的文化参照系。这样公共空间共存的管理就需要采用显性的、灵活的方式来处理多元文化的感知，感知场所中相关的关系网络，而这一实践过程也不只是建立共识，同时也是地方文化建设和公共领域界定。同时，通过这一交流、协商过程，加深理解，增强制度能力。

吉登斯的结构理论强调：个体既不是完全自主的，也不是完全机械和被动的。强大的力量总是环绕人们四周，塑造其生活，提供机遇和约束。但是，“结构”并不是存在于人们本体之外的东西，也不是如理性主义政策分析家们所设想的“行为空间”（见第一章）。

人们不只是在结构化的空间内“产生差异”，同时也塑造了这些结构性的力量。人创造结构，结构塑造人。因此，如果充分认识到结构性约束，人们就可以通过改变规则和资源流动，以及最重要的思考方式，而拥有改变结构的权力。这样在既定假设、思维方式、文化参照等方面的认知灵活性也就承载着“转型的力量”，而日常的微观实践则是人们动员转型力量的主要场所。

在此背景下，当地环境规划活动可以视为人们在约束条件下开展实践活动的舞台，人们可以按照已建立的规则秩序进行活动，但是人们也可能试图改变这些规则，例如政策调整、程序修改等。在此情境下，地方规划活动就成为建立或引导关系网络的一种尝试，人们可以通过这些活动在彼此联系的特定网络结构中，表达价值观、采取行动。这些引导工作都是塑造结构的一种尝试（Schneecloth 和 Sibley，1995）。但是，这种互动的文化构建工作是如何发生的呢？如何才能让这种积极的、互动的文化构建工作既能够吸引不同文化背景的人们参与，同时又不会被主流观念和权力关系压制和束缚其思维多样性？

于尔根·哈贝马斯（Jurgen. Habermas）

尽管与吉登斯的视角完全不同，哲学家于尔根·哈贝马斯的批判理论却也提供了如何在公共、开放的争论中重新构建公共领域的思想。他关于交流性行为的著作，对规划领域中的规划过程概念有着革命性的影响（见 Forester，1989，1993；Sager，1994；Flyvbjerg，1996）。这种影响一直延伸到实际的政策制定领域，引导人们在处理不同利益群体之间的争论时，转向技术协调和简化的手段（见上）。哈贝马斯的研究缘起于德国的批判理论（Giddens，1987；Low1991），而其社会学思想则与吉登斯有相似之处，但是其概念与构想更偏重二元化和静态化。哈贝马斯利用“抽象系统”（abstract system）来界定日常生活中约束人们行为的经济结构（市场）和政治秩序（官僚体系）。这一概念与人们每月、每周、每天所经历的“生活世界”相对。哈贝马斯试图扭转“抽象系统”对人们日常生活的侵蚀，希望重构公共领域的秩序，使其能更好地适应生活世界（Habermas，1984，1987）。

对于如何协调“共同决策”和“差异化生活”之间的矛盾问题，哈贝马斯的主要理论贡献在于其概念诠释方法和公众推理过程。和吉登斯相似，哈贝马斯拒绝把社会生活的本质视为存在主义者推崇的“个人主义”，在此情况下，任何个体都只关注当前的生存和享乐。哈贝马斯则认为，人们的意识是在与他人的互动过程中形成的，通过这些互动，人们培养起对他人的责任感，这也成为主体意识的重要组成部分。自由派的经济学家掌握了工具理性，而哈贝马斯则寻求将理性概念从狭隘的工具理性主义中拯救出来，并将其重构为当代政治辩论可利用的丰富资源。从这个角度而言，与吉登斯一致，哈贝马斯也试图从狭隘的科学物质主义中将启蒙运动的进步思想解放出来，并恢复其本来面目。为实现这一转型目标，哈贝马斯提供的方法首先是扩大分析与推理的基础，其次是基于交流实践，为民主化的推理过程提供标准。

自亚里士多德起，哲学家们就注意到其试图构建的系统推理与人们生活中使用的实践理性和常识存在巨大差异。这往往会导致学术研究理论和日常生活实践分离。现代哲学的一项主要议题就是拉近二者间的距离（Young，1990；Nussbaum，1990）。哈贝马斯和吉登斯都受到了哲学家维特根斯坦（Wieegenstein）的影响，他强调对语言的解释性理解，强调语义只能在其使用的特定情境中才能够被理解（Wieegenstein，1968）。

这一理解将有助于地方的环境规划的实践与研究。因为，在此类研究中，学术领域提供的理论解释与专业实践之间的联系非常紧密。然而，规划实践理性的有趣之处在于，人们并不经常区分“事实”和“价值”，区别情感和资源分配方式，所以经常将“关注什么”、“正在发生什么”和“将要做些什么”三者混淆在一起。对公共事务的整个分析过程，包括论据来源、重要内容、合理表达方式以及证明观点合理性等，都是基于人们的文化观念和其所处的文化环境。哈贝马斯通过界定不同推理模式及其“合理性”充分验证了上述的观点。他认为存在三种基本的理性模式：工具技术理性（instrumental-technical reasoning）、道德理性（moral reasoning）、情感审美理性（emotive-aesthetic reasoning），而我们经常将这三种理性混为一谈。第一种理性模式是科学和理性主义的推理模式，该模式将结果与手段、证据与结论密切关联；第二种理性模式是关注价值和伦理的理性；第三种理性模式则基于情感经历。正如人们已习惯于辨别不同的思维方式和文化类型，日常生活中人们也已习惯采取不同的理性模式。哈贝马斯认为由于科学理性和工具理性已经牢牢嵌入经济和政治生活中，所以这种理性模式已在公共议题讨论中占据主导地位，成为抽象系统影响现实世界的工具，从而可以“排挤”其他理性模式。而哈贝马斯则将工具技术理性视为外部理性，在现实世界中并不见得合理，比如在技术分析或法律原则中人们必须重塑道德关怀和情感关注。

哈贝马斯与弗雷斯特（Forester，1989、1993）观点一致，认为工具理性的‘纯粹性’不仅剥夺了公共辩论中增进相互了解的机会，而且还使得公共政策脱离了人们日常的“生活世界”。相反，如果人们能意识到道德、情感和审美问题既存在于个人生活，同样也是公共生活中的要素，那么就应将其与物质问题一起讨论，从而可以增进对彼此的理解。因此，在公共领域中，人们既需要考虑物质利益和后果，同样也需要基于政策的道德和情感基础自由表达其观点。因此，在争论中，应赋予科学诉求、道德诉求和情感诉求同等地位，而非厚此薄彼，只是强调一种理性模式（即技术理性）。

在讨论中，哈贝马斯充分关注地方环境议题沟通过程中不同诉求所采取的多样形式。在一个认识到多元文化参照系的开放社会中，不仅要承认这些不同的理性模式，还需要加强对争论过程的客观理解。在“多元文化交流”过程中，不同语义系统和理性模式会产生不同的诉求（见 Healey 和 Hillier，1995；Healey，1996a；Macnaghten 等，1995）。

因此，在哈贝马斯研究的公共领域中，参与者参与到公开辩论之中，并从中了解别人的诉求，以及产生这些诉求的情境。在此过程中，参与者需要客观看待并且尊重不同的观点，从而认清不同的文化假设和价值观，也需要承认来自不同环境的参与者提出各自的观点与主张。这也意味着政治团体需要共同合作，权衡在不同诉求的合理性和重要性，以便在充满争议的情况下形成最终的行动决议。那么，这一过程是如何发生呢？

单个“认知主体”在面对其他认知主体时，都会谋求其利益的最大化。然而，哈贝马斯在此则挑战该观念，并提出了另外一个概念——“主体间意识”（intersubjective consciousness）。与吉登斯一样，哈贝马斯相信人们的意识是由社会建构的。所以，人们对物质世界的理解正如其道德理性和情感一样，也是由社会观念所建构的。如果事实如此，那么我们不能用任何一种理性模式的话语体系来解决集体行动问题。无论科学研究，还是经济学的工具理性都不能脱离争论本身在仲裁纠纷时提供的“客观标准”。人们必须通过辩论和“互动”来论证观点、确定手段权重，并提出集体行动的策略。同样，这些争论本身也是由社会建构的。

正是这一概念支撑了哈贝马斯的“交流行为理论”和“交流伦理”。二者关注政治团体是如何在公共场所进行交流，参与者是如何交换思想，如何提取正确的观点，如何筛选出重要问题，评估提出的行动程序。依照这一理念，规划成了以语言和交谈为媒介的、互动的集体理性过程。哈贝马斯认为，正是通过交流，文化和社会结构才得以形成和改变。交流过程本身就是对合作和互利互惠的认同。在哈贝马斯的理念中，对话和交谈的态度也非常重要，在对话交谈中，双方必须首先接受一些共同原则，从而使交流行为可以正常进行（Habermas，1984）。对话中隐含着知识、理解和关注点的交流，各方在此过程中的“表现”需要基于一定程度的信任和相互理解。只有在“单向”对话中，才会主导或者忽视听众。哈贝马斯关注公共对话能力，尤其是对公共领域所关注议题的争论。他试图寻找一种对话方式，可以防止单向对话和工整的“抽象系统”语言所造成的观点扭曲，强调只有通过多元主体间的“公开”对话，基于可获取的信息进行辩论，人们才能够得知“真相”和“价值观”。如果能基于诚信、开放、真诚的原则对待不同知识和观点，那么“真相”和“价值观”就能够超越不同视角下的相对主义（Habermas，1993）。

哈贝马斯认为，通过对话与及时反馈，以及“监督”完善管理机制，人们可以获得界定“真理”和“正确”的丰富理念，这些理念基于多维度的理性和文化意识，并通过集体印象和共识实现。最后，我们所得到的事实和真理将取决于特定社会与文化情境下所形成的“更有力的辩论”（Habermas，1984）。

特定文化背景下的理性

与吉登斯一样，哈贝马斯的许多观点都受到后来哲学和社会科学领域的专家所批判（Young，1990；Clegg，1990；Eagleton，1991），批评者尤其主张需要将“交流”方式中的文化差异引入哈贝马斯的争论概念中（见第八章）。同样，在文化多元和政治对立情况下，实现哈贝马斯所提出的、稳定的交流共识亦是困难重重。但是，吉登斯和哈贝马斯的贡献在于：前者强调了社会结构中个人能动性的作用；后者则强调集体对话过程，关注如何面对被权威扭曲的对话，强调思维和行为方式的文化局限性，以及学习、发展和转型的可能性。除此之外，这两位学者都强调科学探索和经济理性的文化局限性，这些抽象的专业壁垒已经限制了人们跨文化交流的能力。正如人类学家玛丽·道格拉斯（Mary Douglas）所言：

> 按照社群划分世界是最权威、最基础的方法，当今世界最伟大的逻辑学家们都不约而同地得到这一结论。社群与“逻辑”并不相悖：错误之处在于经常假设“逻辑”可以独立存在、

自我支撑。而实际上，理性沟通的基础在于社会群体的稳定性与连贯性（Douglas，1992，251 页）。

这并不是说西方社会不需要运用科学和工具理性来管理社会，事实上这一管理方式是社会的重大进步。但是，即便如此，仍然有必要了解其使用过程中所处的特定社会环境，并且应该清醒地认识到其他的理性模式也不可或缺。此外，还需要进一步认识社会群体思维的概念与文化参照系，因为这是支撑推理过程的基本要素。基于此认识，人们在特定地方环境中讨论存在问题及可能解决手段时，就应该更加重视对话的灵活性。这也会形成更多信息完备的地方规划过程，也更能抵消社会公共事务管理中经济与政治抽象结构和系统的主导地位。

而集体行动面临的挑战就是要找出跨文化交流的方式，可以表达人们的语义和理解，从而实现玛丽·道格拉斯（Mary Douglas，1992，267 页）所说的，尊重人们个体和文化的差异，“探究人们认知的牢笼”。通过跨文化交流可以构建起第二部分所讨论的解决集体行动的制度能力，从而得到新的发展机遇，释放创新的动力，激发对自然界的敬畏之情（Young，1990）。

按此框架，制定与实施公共政策和地方环境规划都可以被重新界定为在公共领域中各参与主体之间的交流过程，这一过程激发了积极的互动和学习。如果希望此过程能转变公共领域和改变制度结构，那么还需要具备灵活地认知文化参照系的能力，同时也能客观评估基于已有“抽象系统”而形成的概念和假设。此外，还应该具备创新能力，以助于建立超越以往的新“规则”、新实践，从而改变原有的文化参照系，并最终改变“抽象系统”。

一种制度主义方法

基于以上分析，可以简要总结一下理解区域和城市发展动力，以及集体行动（即公共政策）的制度主义方法。新古典主义经济学认为社会是由自由个体所组成的，每个个体都在追求自己的偏好以求获得物质上的满足。而制度主义则基于由社会建构的个体认同理念，认为任何个体认识世界、理解世界的方式及其行为方式，都是基于与他人的社会关系来建构的，并通过这些社会关系嵌入特定的社会情境中。在特定的历史和地理条件下，个体的态度和价值观得以塑造。在特定社会关系的背景下，个体语义的参照及语义本身得以演化。而语义系统、价值体系和行为模式又成为家庭、公司和机构中日常生活的文化根基。因此，引起地方环境问题的文化多样性和差异性并非只涉及个体利益，如同瞌睡的父母与吵闹的小孩、工业排放与江河中的野生生物之间的矛盾，而是由于难以协调不同文化背景下的语义系统的差异。然而，尽管日常生活是由社会集体构建的，但其中每个人都是社会生活中积极的行动者，一方面映射和保持着社会生活，而另一方面也在有意识地、积极地改变着生活条件。因此，人们的日常生活既是由“社会构建的”，又是在日常生活中积极创造的。

制度主义方法承认，就权力关系而言，个体能动行为并非在“中性领域”中进行社会构建，而是受结构性社会关系的影响力量所引导，并与之互动。例如，在社会中，人们需要找工作，符合政府规定的收入类别，获取物质地位，保护财产安全等等。经济关系和政府组织作为制度结构，给人们提供了机遇，并塑造其价值观念。其中，很多关系以金钱为媒介进行交换，而通过这些交易，人们又与全球的金融系统和技术体系紧密连接在一起。在日常生活中，在运动场、工作场所和家里，人们基于模式化的习惯待人接物，评价男女，看待社会地位和种族，这些习惯都深深地植根于文化之中的，只有在互动过程中通过持续的努力才能改变这些习惯。

制度主义充分认识到社会结构的重要性，这与马克思主义者和女权主义者视角相似，这两类思想传统上也认为“事实”是由社会构建的。但不同之处在于，马克思主义者和女权主义者至今仍过分强调结构的力量，将其视为作为决定日常社会关系的外部力量（例如强调“资本主义发展规律”和“家长制”）。而本书所采用的制度主义方法虽然也承认这些力量的存在，但并不将其视为外部力量，而是如吉登斯所述，认为这些力量体现在日常生活的社会关系中，并由社会关系建构的。制度主义方法并不将人视为别人“机器”中的无足轻重的“齿轮”，而是认为塑造日常生活的结构力量是在人们行为、观察、认知过程中能动地创造出来的，并对结构的力量产生着“反作用力”，即人们有能力决定其社会结构中应该接纳、嵌入和拒绝的内容。在做出这些选择时，人们保持、调整和转变了这些结构的力量。因此，正如吉登斯在其结构化理论和结构与参与者互动理论中所描述那样，社会存在塑造人，而人也同时在能动地塑造社会存在。本书的主要议题之一就是探讨如何推进区域和城市发展动力的包容性方法，关注地方环境涉及的多元利益主体诉求。

制度主义社会理论因此强调人们如何通过生活中社会关系的流动，“塑造”其社会认同，构建与他人的社会关系（Perry，1995）。社会生活是一个与他人互动中持续进行的、积极的“构建”过程（Shotter，1993）。在这些社会关系中，人们形成各自的身份认同，以及与他人的联系纽带。这些纽带通过共同理解和相互信任来“维系”，并在未来发生作用。人们将这些关系纽带称之为“智力和社会资本”（*intellectual and social capital*）（Innes 等，1994）。

协作式规划思想正是基于这些关系构建过程理论。它关注于人们生活的关系“网络”，关心于家庭生活中的人、在公司或机构中工作中的人，以及参与利益群体的人。每个关系都将一个人与他人联系在一起，或者与特定的行为、观察和认知方式联系在一起。在不同时空范围内，这些“关系文化”会有所差异：例如一些公司管理者每年会花很多时间在全球各地旅行，与跨国公司的其他分部管理者进行交流。而当他们回到家中，有可能会就育儿问题和其伴侣和子女进行沟通，与此同时，也会和家人、朋友进行娱乐活动——这可能又需要出去旅行。当然，他们也可能会和在当地政府机关工作的朋友或邻居去看足球赛、打高尔夫，这些朋友每年的大部分时间是与其他议会官员或居民打交道。而其中一部分居民会像前文所述的公司管理者一样到处旅行，而其他的居民则很少离开所处的社区……。关系网络的概念甚至还可以扩展到人与自然的联系，有一种生态学观点提出了各个物种之间生态关系网络的概念，而人类也被涵盖其中。

所有的关系网络都有交叉点或“节点”。这些“节点”包括多种类型：例如家庭，在此各家庭成员共享空间和资源；正式组织（公司、机构或政府部门），在此关注特定产品和服务的生产和递送；再如社团、利益集团、亲属和非正式网络中的朋友等等。这些关系网络中的交点就是节点，它们提供了学习、传播和转变价值系统、行为方式和评估方式的平台（*arenas*）。

关系网（webs of relations）如今常常被用来比喻“网络”（network），而社会网络则更加错综复杂。如上述所述，很多人可以同时出现在多个网络中。这些关系网络是由已有的权力关系所构建，因此也体现了基于以往经历的结构化的权利与义务关系。结构和系统权力的最重要影响力在于其文化嵌入性，即决定人们潜意识中“理所应当”的观念（Lukes，1974）。但在运作中，如以上所述，这些结构性的权力关系会不断地被重新调整和修正，从而也就可能会导致“事物存在方式”发生改变。

“关系网络”与“社会网络”的比喻，提供了一种概念化的方式，描述相互关联的社会发展动力。尽管日常生活中的互动会产生变革的火花，但社会变迁的动力最终还是要依靠网络的动员。通过运用新技术和新管理架构，一些公司提高其占有的市场份额，这也就无形中给其他公司以变革的压力。环境议题相关的各利益集团，也会通过与其他集团加强联系，或者宣扬其观点以获取其他集团的关注，从而增加本集团在讨论中的权力。广泛建立的非正式联盟，以及形成的共同目标理念，都有利于推动“城市社会运动"（Fainstein 和 Hirst，1995）。一个家庭向其他家庭成员寻求金钱、权力和影响力方面的支持，从而可以动用可能的资源，投入子女教育，或进行商业投资。这种动员行为就涉及观念、理解上的转变，以及与他人建立一套社会联系。一些网络联系的节点，例如年度聚会、论坛、议会、公司董事会、俱乐部等等，在促进或者抵制这些动员力量方面都发挥着重要的作用。

治理（governance），即政治团体对于公共事务的管理，其涉及面要远远超过政府制定的正式规章制度，而且常常出现在非正式领域中（见第七章）。正如卢克斯（Lukes，1974）所言，政府公共决策领域的显性力量总是辅以非正式的、隐晦方式动员起来的隐性力量。在卢克斯的权力三维模型中，这种非正式的隐性力量不仅仅只是在幕后操纵，而且还嵌入权力的思想世界。治理过程本身会产生关系网络，即可能打断、建立或重新连接家庭、生活和工作的关系网。治理行为的目标既可以是维持关系网，也可以是改变关系网。空间规划作为一种治理行为，也必然会介入这一过程中。

但是，在一个特定场所中，各关系网络之间并不存在必然联系。与城乡分析中覆盖城市区域的一体化经济不同（详见第一、五章），同时也有区别于邻里集合和同质化的社区，特定场所中的各种关系网络和社会网络在其延伸、辐射的时空领域上存在明显差异（见第四章）。对一个公司而言，其关系网可能覆盖东亚，也可以与斯勘的纳维亚国家联系，同时也可能关注美国的市场。而对一个家庭而言，亲戚和朋友可能就在周围的社区中，但是，这些亲朋好友也可能还要每月去另一个州的石油公司或建筑公司工作。一个邻居家中可能有两个成员在工作，但二者每天却是反方向通勤。另外一个邻居家中的成员也可能无固定办公场所，需要整天驾车奔波于全国各地。而引起地方环境冲突的原因之一便是：即使是住所很近的邻居，但是可能来自于不同的社会网络，以前也没有接触，相互并不了解，但是又必须要彼此面对。在冲突中，人们发现自己需要“面对陌生人”。空间规划体系的目标便是针对这种情况制定相应的工作框架，通常需要在场所中共存的社会网络之间建立联系，化解彼此的冲突，搭建平台以供不同社会网络的人们聚集在一起，共商地区环境建设问题。由此，空间规划不仅需要应对具有相似价值观和行为方式的社会个体之间的冲突，还要解决具有不同价值观和行为方式的文化群体之间的冲突。就此而言，谋求磋商与协作的空间规划过程不可避免地需要面对多元文化并存的困境。

跨越时空的地方冲突不仅将聚集不同兴趣和利益诉求的个体，还要聚集具有不同关系文化的群体，这些群体分别采用不同的做事、理解和认知方式。这也就意味着，各方在冲突中会采用不同方式构建议题、讨论议题和协商组织。地区的环境冲突可能不仅仅局限于某些特定议题，还可能涉及界定问题的理念和解决问题的机制，而这些复杂冲突的背后往往是显性或者隐性嵌入文化意识的权力关系。这些权力关系不仅使得一部分人享有特权可以凌驾于他人之上，同时还使其拥有控制他人的讨论方式和组织形式。任何一种合作，只要是致力于增进拥有不同文化背景的社会群体之间的相互理解，以实现改变地方环境变迁的集体行动，都需要关注议题讨论方式、议题内容以及参与者的类型及分布。

涉及地方环境问题的关系网络彼此间碰撞，这反映了其背后的权力关系。无论改变权力关系的可能性有多渺小，但是改变的可能性始终存在。在此过程中，思想境界和观点讨论都极其重要。在政策讨论过程中，观念的不断发展，环境政策的目的和意义也随之改变。具体来讲，通过改变思考方式，治理主体将尝试不同工作方式，各团体的资源分配也会采用不同模式。通过讨论过程，也有可能会建立新的组织和网络，并纳入已有关系资源的“储备库”。不管居住者、经营者还是关心环境和遗产保护的志愿者，对于所有关心地区发展的相关方而言，这些关系资源都至关重要。在此背景下，空间规划工作也应该被纳入协商治理范畴之中，以

“保持”或者“改变”涉及地区公共场所质量的集体讨论模式。当倾向于改变时，规划就会试图构建一些新的网络关系，从而将城市区域内已有网络，与建立新的话语体系和文化参照系联结。由此，规划在建立地方的“制度能力”（institutional capacity）方面扮演重要角色。

制度能力概念是指一个场所中关系网络集合的整体质量。在区域经济文献中，制度能力被界定为社会质量，以区别于该区域的经济表现（Amin 和 Thrift，1995）。人们已逐渐意识到，无论是追求经济竞争力、可持续发展、生态涵养，还是宜居生活，“制度能力”对于实现这些集体目标都至关重要。人们的地方性行为汇集起来，影响国家、甚至国际的事件。同时，地方性行为也与全球其他地区的关系网络有着错综复杂的联系，因此一个地区的制度能力也会影响到其他地区，引起国家、跨国、甚至全球的关注。

空间和环境规划因此成为影响和建立关系网络、社会与智力资本过程中的一部分。通过规划，在社区、城镇和区域层面之间，建立共同关注事项的关系纽带。在此背景下，协作式方法更加明确地聚焦于在各个分散的网络中建立联系，构建新的关系能力，从而可以跨越场所中已存在的多元社会关系网络。因此，空间规划有可能成为城市区域、城镇以及邻里“建立纽带”的平台。

文化嵌入

制度主义方法关注于人们解决问题的思维方式和组织模式，而这些方法又嵌入一些诸如人们“从哪里来”，所处的“地方化的生活世界怎么样”等基本问题中。此类议题又包括：人们生活中是否应更加关注家庭关系？是否应该从事更大规模的商业投资？人们日常工作场所在办公室还是工厂？是否应该参加某些协会？应该在科学实验室工作还是在学术团体任职等等。思考这些问题为人们建立知识和价值观的储备库，也形成了一系列的技术与行动规则。正是通过这些，人们才能够不断创造生活的意义和价值。

该储备库提供了一套行为规则，当参加21世纪地方行动会议时（关于环境问题），或者回答问卷调查时，人们都需要运用这些规则。规则储备库不专属于个人，而是可以与他人分享，并通过与他人的互动来完善和巩固这些规则。通过这种方式，人们可以构建共享的语义系统，形成“习惯性”的理解、印象和隐喻。同时，根植于已有的文化群体，人们还可以构建新的文化资源，形成新的文化群体。

但是，文化不是外在所赋予、固定不变的，人们也不是被动地由文化所塑造的。与之相反，文化是可变、充满活力的，随着人们努力“感知”自己和周围世界，而不断地被创造和重塑，从而持续演进。尽管文化塑造了人们的思考内容以及行为方式，但其本身也是人们社会关系影响下的结果（Latour，1987）。人们并不一定生活在同质的文化中，我们都清楚地意识自身与他人的“生活方式”不同，并且明确区分“我们”、“你们”、“他们”，以及与我们不相关的“其他社会”。在个人生活轨迹中，人们会发现自己经常被拖拽至不同的方向。比如，在我们所生活的关系网中，有一些行为原则会占据主导地位，人们按照这些原则行事，但这些原则与另外一些关系网中的原则相悖，将人们推至相关方向。“原始社会”（primitive society）中人与人之间形成密切联系的“礼俗社会”（gemeinschaft）文化特征；与之相反，人们当代的生活世界被相互渗透的多重文化“层级”（layers）所分隔。新古典经济学语汇鼓励人们将来自各方的压力视为冲突中不同的“偏好”以及由偏好而形成的“利益”。而人类学家玛丽·道格拉斯（Mary Douglas，1992）则认为偏好的形成原因并未受到关注，关注“文化”可以帮助我们看清形成“利益”冲突背后的社会进程。如果人们能更加清楚地认识这些社会进程，或许可以更有效地解决冲突。

当前，在寻求如何通过协作来管理公共场所的共存问题时会出现一些难题，即这一过程需要与多种生活模式和多元文化群体产生交集。而在早期这并不作为问题，因为当时多样性并未受到关注，人们先入为主地认为社会是同质的，公共利益是一致的，公众可以将制定公共政策的权力统统交给政府精英，及其所属的文化形成过程。而缺乏社会影响力的群体也可能通过阶级斗争推翻原有的统治阶层，并用本群体的文化取代原有统治阶层的文化。如今，社会精英以及阶层固化的社会受到民主诉求和民粹主义的强大压力，人们普遍认识到多样性和差异性，认识到来自不同生活圈的人必须彼此“面对”。如果我们意识到这种多样性并不仅仅是浮于表面的利益争斗，而是根植于文化形成的隐性和显性过程中，那么相较于民粹主义者和经济学家的争论，这种差异则更加根深蒂固。如果人们生活在不同文化群体中，建构其生活世界，形成不同的“语言”和“价值体系”，那么人们如何针对社会公共事务开展对话？如何跨越这些障碍和偏见进行对话，确定什么是正确的？如果基于自身文化参照系形成的“正确”观念，那么人们在恶劣的环境中如何捍卫自己的初衷？是否存在凌驾于个体差异之上的绝对优先选项（例如环境管理和自然公正的责任）？所有这些批判性问题是否会让人们陷入“文化相对论”，最终也会如其所批判的狭隘工具理性和物质主义一样草草收场？一些利益群体主导抽象系统话语体系，拥有可将自身观点强加于他人之上的权力，那么如何才能约束这些利益群体？

制度主义方法认为，若要解决文化差异下的协作困境，首先需要认清文化差异存在的维度（“人们是从哪儿来的”）；其次，积极创造新的文化概念，建立共享的语义系统和行为方式，在现有的文化形态之上再创造一个新的“文化层级”。地区环境规划因此也成为构建和传播“文化层级”的工作。

因此，在制度主义分析方法中，文化被赋予特殊含义。文化是被社会进程持续重塑的“产品”，不断产生语义系统和思维方式。文化提供了人们表达思想和感受的“词汇”，并塑造了人们思维、感受、自我意识和个体认同。文化还提供了一个象征性的结构，通过隐喻和权利与义务规则，映射或者建构家庭、公司、政府部门、运动俱乐部等特定社会群体内的各项关系。文化贮备了话语资源、故事情节和寓言，以及组织化的资源、仪式和流程，提供了嵌入到行为方式中的思维方式，而行为方式又受思维的影响。人类就是通过其文化来塑造的，在认识自我意识和认同的过程中，人们不断重新巩固或者改变文化。很多文化资源深植于人们的主体意识中，以至于人们都意识不到其存在，或者说即使有所觉察，也会理所当然地认为这是构成人类个体的一般条件。正如拉图尔（Latour，1987）所阐释的，人们只有在“旅行”时，或者与陌生人见面时，才能意识到人类存在的其他方式。

在研究其他“文化”和人类学研究中，这种文化理念已有悠久的历史。在 21 世纪的西方社会，受到科学物质主义的影响，也产生了人们可以“超越”文化之上的想法。文化渐渐地与社会与思维的片段联系在一起，与“非理性”的、形而上学的概念联系在一起，与不需要科学知识的信仰和宗教联系在一起，或与艺术文学类的“高雅文化”联系在一起。同时，文化还与意识形态联系在一起，被理解为扭曲科学理性行为的偏见和预想。文化被认为将个人的、主观的、“非理性”的因素引入现代思维和公共政策中，从而使其产生混淆。因此，现代语汇只是将文化归类为社会生活的一部分，而没有将其作为所有社会生活的基础。目前，人们面临的挑战是：重新认识文化是人们知识与行动的根基，并探索多元文化世界中的生活方式。

空间规划和建构多元文化共识

目前，规划领域普遍认为规划是在特定社会背景下的互动过程，而不是一个纯粹技术性的设计、分析和管理过程。直至现在，那些强调规划互动本质的分析要么将规划描述为资本家和工人之间、或国家与社会团体之间的阶级斗争（Cockburn，1977；

Ambrose，1986），要么将其描述为不同利益群体之间的相互博弈（Healey 等，1988；Brindley 等，1989）。本章从另外一个概念视角讨论“互动”的本质，该视角超越了将社会结构当作阶级利益之和的结构理论，也摒弃了将个体当作纯粹的偏好追求者的观念。相反，本书主张个人的兴趣、爱好是在社会互动中形成的，受到文化系统中价值观的影响，在文化的熏陶下逐渐“明确”了自己与他人、与自然之间的关系。在努力构建价值观和“语义系统”过程中，人们获得各项意识，包括理解物质和技术、道德观念和情感认识。不同的语言和表达方式为解释各种偏好和观点提供丰富的词汇。人们通过思维世界和文化语义体系逐步形成并过滤对事物的理解。

至今，有些人依然具有浪漫主义的怀旧情结，有些人仍然生活在场所相对固定的社区中，在这些社区中，人们的社会关系仍习惯于依附在特定社会群体和固定场所中。“社会群体”包含了人们所有的关系资源。在英国的地方规划实践中，人们常常在场所质量的讨论中激发起对浪漫“礼俗社会”（gemeinschaft）的渴望。在全球化的今天，当关系网将人们与更广范围内可能的社会关系、知识和理解储备库相联系时，基于场所的社区概念逐渐瓦解，人们被迫陷入一个多元文化的世界中。在此世界中，人们清楚地意识到存在着看待问题和认知事物的不同方式，意识到存在着不同的语言和隐喻方式。对此，我们往往会试图通过简化多样性而做出回应。就此而言，科学和工具理性现代化可以视为简化多样性的不懈努力。这一浪潮席卷全球，控制了人们的思维，摒弃了非常重要的人生体验维度，因此是一把双刃剑。而另一种简化多样性的方式便是选择逃避，通过保护性的话语体系将我们包裹起来，或者通过政治隔离保护“我们的社会群体”。一个社会群体在面对其他群体时，大声喊出“我反对”，而另一群体也大声回应“不要打扰我们”。双方的声明都是正当有效的，但是都没有搞清对方的意图。如果人们试图恢复启蒙运动的初衷，尊重所有人类个体和自然界，那么就需要采纳一种不同的方法。

不容忽视的是，人们都生活在一个由各种权力相互交织下的社会结构中，只有通过这些“抽象结构”，才能够获得机会、物质资源和参与权利。抽象结构组成人们生活情境的各个维度，犹如福柯监狱印象中难以逾越的“墙”。但实际上这些权力关系并非存在于人们之外，而是其本体存在的一部分。通过关系网，人们不断地巩固、修正和挑战这些联系。人们诠释规则，用新的方式获取资源，重新思考各种观点和假设，把抗议转变为转型思想……。尽管常常需要受到约束，但作为行动者，人们还是拥有一些权力，比如选择权、发明权、思考权等。由于发现旧规则失灵，而发明了新技术，人们由此开始以不同方式进行思考。由于以不同方式思考，人们因此又发明了新事物，并以不同方式运用规则。

人类参与者因此改变了抽象系统和结构性力量，但是这些改变并非由孤立的个体完成，而是通过人们所生活的关系网塑造，并赋予其含义。这些关系网络通过文化参照、理性目标或者血缘关系连接在一起，提供了价值、语汇、隐喻和文化参照系，让人们得以再思考、再创造。同样地，人们生活在关系网络之中，同时也在改变着关系网络。文化因此是充满活力的、动态变化的。

公共领域是寻求集体行动的领域，人们不只是聚合的独立个体，也非因共同的利益诉求整合起来的社会群体。因此，公共领域面临的挑战便是如何理清不同的提案主张，这些主张源于不同的关系网络，实际的或潜在的参与者通过这些网络介入公共领域。在此情境下，动员语汇变得非常重要，因为描述议题、提出策略、推进策略都需要通过词汇和隐喻来表达。知识、观点、主张固然重要，但是人们在对话时，所有这些都需要经过其话语参照系筛选。公共政策领域问题之一就是某些言论往往会占据主导地位，导致单一文化主导，而非多元文化交流的局面。只有批判性地对公共领域对话进行回应，才能够拓宽人们对公共议题的理解能力，看清问题的本质，提出应关注的政策重点。通过对话可以了解其形成的条件，这样人们就可以在不同的文化参照系中“开启对话”，从而不仅了解社会群体提出哪些主张，还应该知道为何人们会认可这些观点，以及如何提出这些主张等。从而，不仅可以增进相互理解，还可以夯实共同制定公共政策的基础。通过选择一种包容性的对话模式，特定地区的政治群体可以在实践中相互尊重，从而将“剑拔弩张的争论”转变为政策讨论的基础，建立稳定、合理的共识。

以上方法可以在对话层面挑战主导言论的权威性，通过知识性、反馈性的对话方式，高质量的辩论，通过认知方式的转变，人们可以弥合分歧与斗争，逐渐学会相互理解和彼此尊重，学会在尊重差异性的基础上建立共识。正是存在这种可能性，才引起众多哲学家和政治学家的关注，不断努力寻找一种新的民主参与模式，并重新构建公共政策领域（Habermas，1993；Dryzek，1990；Held，1987；Young，1990）。人们也可以运用这些思想，寻求一种新的地方规划方法。

空间规划和地方环境规划，以及其他公共空间共存共享的管理实践，都是上述探索创新中特别有趣的领域。地方环境可能涉及广泛的社会联系和关系网络，里面蕴含着值得关注的丰富思考和表达方式。任何关于地方环境管理的关注都会引发全球议题，提出涉及人类和其他物种日常生活的细节问题。由于这些议题的范围如此之广，因此非常有必要找出一些方法来简化问题、规范和过滤议程。

过去，简化问题的工作一般是在主导型对话方式下进行，或者是通过深思熟虑，有意排除一些问题。在西方发达国家，一般认为是由中产阶层主导公共政策的制定。而在此讨论的则是一种不同的方式。如果人们能够对跨文化交流过程了解更多，那么也许就能基于地方多元文化提出问题，给予其结构性的观点表达权利，从而建立共识。通过这种方法，不仅改变了人们理解各种言论的方式，甚至还改变了各种关系网中的文化参照。人们甚至还可以建立新的讨论方式，并赋予其重塑和构建“制度框架”（即约束我们日常生活的抽象系统）的能力。这种方法还可以为新的民主对话提供机会，即使这种机会可能非常少，但都将成为改变现有权力关系的契机。由此，在公共领域中，多方共存不仅关系到合作的实质，还关系到建立多元文化之间民主协作的能力。

一个规范性视角

本书的基础，以及所列举和拓展的方法很多都源于传统的空间规划理论与实践。但是在大多数国家,需要摒弃一些过去的传统。上文所述社会发展动力的关系网络研究方法，如果能帮助人们理解经济、社会生活，以及二者与环境进程的相互关系，那么空间规划就需要从其过去的理论和实践中，提炼出一些有价值的思路，改变原有的思维方式和组织方式，以更好地反映新的社会现状和观点。采用关系视角只是研究转型的一部分，除此之外还需要结合权力关系的视角，找出哪种制度能力得到发展，这点至关重要。

从关系视角而言，空间和环境规划成为构建关系能力的实践，从而能够解决集体所关注的空间共存、空间组织与场所质量问题。其工作重点在于建立经济、环境和社会三个维度之间的联系，因为三者在场所中本来就是相关联的。这种尝试可能影响着场所中广泛的利益相关者，同时也与之密切联系在一起，尽管相关利益（stake）可能是非常多元的。

但这种“建立联系的工作”可以通过多种途径开展。那么，如何评价通过空间和环境规划构建制度能力的工作成效？一个基本原则便是评估规划活动是否实现了预设的目标————经济、环境和社会的综合成效。该评价原则也隐含着理性主义政策分析的立场，即追求有效的政策结果和高效的政策手段（见第一章）。这是非常重要的考量，但却需要一个预设前提——即界定“预期结果”和“实现途径”是非常容易的事情。上述制度主义方法更多地关注人们如何改变行为和理解方式，以及如何在发生改变后的参照系内采取行动。提前预测该过程的结果是十分困难的，而且，预先详细界定政策的预期成效，其实否定了过程中的创新，即在根据改变之后的参照系所进行的创新。即便如此，该评价标准仍然强调两个方面：一是治理措施应当有效；二是治理结果应有物质上的显著成效。

一般认为，如果政策目标有效、可行，那么在其发展和实施过程中应当允许学习。而社会和智力资本（social and intellectual capital）则是政策过程的重要产物。由此也引出公共政策评价的第二个判定标准：即新政策应建立和维系新的联系纽带，从而使之与某地区特定历史和现状环境相适应。按此标准，协作式规划方法特别有效。一些分析者建议，在产生空间、环境问题的关系情境和该地区的制度能力之间，应该存在某种程度的"功能匹配"和"连贯性"。这就像大卫·哈维（Harvey）强调的，在经济组织和治理模式之间建立结构关联性。在全球市场和国际金融资本运动推动下的经济体可能更需要一个灵活的、富有"企业家精神"的政策方法，而不是"福特式"的工业生产组织方式（Harvey，1989a；Boyer，1991）。然而，功能匹配理论有个预设前提，即形成政策情境的外部力量和特定政策案例的过程、内容之间存在着某种机制上的联系。制度主义方法则弱化了外部力量的决定性作用，而强调人们通过集体学习中对外部力量做出回应，而集体学习内容包括议题讨论、熟悉情境、相互了解以及可能措施等。外部情境可能会限制人们的行为，但是人们如何回应也有助于改变情境。

第三个评价标准则是空间规划应该能够识别、照顾当地所有参与者的利益诉求。这个评价秉承了公平分配的原则。必须关注所有的利益相关者，其合理性在于寻求一种稳定、持久、合法的途径，以解决公共空间内多元主体共存的困境。具体而言，就是在区域、城镇或社区层面的空间发展中，综合考虑各方关注，寻求可持续的实践方式。在政策过程中，除非充分关注所有利益相关者，否则该政策和实践要受到质疑、批判和否定。同样，除非所有参与者都能了解到如何在差异之上建立共识，否则签订的政策协议是不会持久的，任何小的挑战都可能使之土崩瓦解。然而，如果利益相关者来自不同的文化群体，那么在社会和政治层面都需要采用包容性方法建立共识，尤其需要特别关注交流性实践，此类实践将有利于增强信任、加深理解。由此，空间规划还需要将政策“过程”的质量作为一项评价指标，即规划是否在城市区域空间内的不同利益相关者之间建立起联系，这些联系是否增强了利益相关者之间的信任和理解，是否提出受到广泛支持的政策和策略，从而使得利益相关者能够获得物质上的机会以及文化价值观方面的尊重，可以长期维系这些社会联系。

本书中将综合考虑上述三项评价标准，承认规划内容与情境、政策内容与过程之间复杂的互动关系，总结出规划理论的持久特征（Faludi，1973）。但总体而言，如果缺乏第三个评价标准，空间规划则难以用一种可持续的方式，解决地方长期存在的环境冲突问题。因此，要充分理解建立包容性、协作性规划过程的意义，这是目前城市区域治理面临的主要挑战，尤其是空间、环境政策理论与实践中面临的主要挑战。由于空间规划的复杂议题涉及众多潜在参与者，因此只有发展和“创新”规划的实践过程，空间规划才有可能在当今差异化、多元化、纷争不断的社会中，为发展多元治理的民主实践做出贡献。

第三章

空间规划体系及其实践

空间规划：土地使用权管制和空间组织管理

制度主义方法强调社会关系，以完成集体行动，强调建立公共政策对话和关系资源，以获得物质文化方面的收益，规制社会活动。该方法不仅关注被赋予法定政策职能的正式组织，还关注将其连接到更广泛平台和网络的纽带，以及在这些平台中发生的集体管理过程。公共政策的“领域”因此成为正式组织和非正式关系的集合，通过这些非正式的联系，关注一系列诉求的集体行动得以完成。

空间规划实践可以看作是这样一个领域。通过空间规划实践，搭建协商平台，通过这一平台，人们组织起来，提出对当地环境管理的集体关注点，界定和实施有效的管理。所有的政策领域都融合了新的视角，以及年轻一代提出的解决问题的不同方法，与此同时，也继承了已有的组织形式、法律法规和议事程序，以及非正式的文化与实践。空间规划实践也不例外。

作为公共政策实践的一个领域，空间规划由不同地点的多个起源发展演化而来。与其他政策领域一致，空间规划治理也包含两个层次：一个层次是法律与程序体系，为具体实践设定基本的规则;第二个层次则是具体案例，即不同主体在一起从事规划工作。前者包括了规划体系的设计与运行，后者包括了规划实践的设计和运作。在本书第三部分中，这两个层次分别被界定为制度设计的硬件和软件，用以应对公共空间内的多元共存问题。

所有国家都会建立一些机制来解决土地所有权、使用权和开发权相关的议题，在不同文化情境中土地赋予不同的含义，因此这些机制也会因文化情境差异而有所不同。比如，在非洲的许多农业社会，土地曾经是（从某种程度上讲现在也是）代代相传。而在大多数西方社会，土地则通常被认为是一种商品，可以像其他商品一样进行买卖。但即使是在现代社会中，土地所有者对其土地处置的行为仍然受到传统体制约束，例如，英格兰规定公众有通行私人山地、湖泊、荒地、草坡的路权，苏格兰规定公众有漫步开敞空地的权利，斯堪的纳维亚也规定有公共通行权和森林果实采摘权。

在城市背景下，空间规划体系都普遍演变为对私有产权所有者的土地和建筑物处置权进行管制的工具。而这主要基于以下认知，即高密度的环境会使得空间共存关系变得非常紧张。这些紧张关系可能是不动产所有者之间的矛盾，也可能是重视地方环境价值的人群与不动产所有者之间的矛盾。在 19 世纪的英国工业城市，公众普遍关注环境质量，尤其关注健康、卫生和住房质量。市场机制的批评者提倡的解决办法是：不仅仅要将土地部分收益从原所有者手中剥离出来，还应实现私人土地产权大部分归公。因为，随着城市的扩张和城市功能的多元化，城市土地的价值也水涨船高，土地所有者只需坐等“滚滚横财”即可。土地产权归公使得“国家”代表社会持有土地所有权。又比如 19 世纪末亨利·乔治（Henry George）认为，获得土地是天赋人权，因此，应保证每个人都拥有一块土地来耕种或经营。基于这一观点，国家有必要存在，从而保证每个人都合理地拥有一块土地（Ward，1994）。

此外，还有其他观点讨论国家在土地政策中的角色，或者进一步而言，一些关于土地利用和开发选址的公共政策倾向于加强政府在提供城市服务，尤其是公共基础设施方面的作用。通过对城市固定设施的投资（例如城市道路、铁路系统、给水与排水管网等），土地价值就会得到提升，私人土地所有者手中的土地资源就会增值，并随时可以兑现。此外，土地所有者还可能推测城市扩张和公共服务供给的速度和方向，并在服务提供前获取土地、进行投机。这就给公共服务供给带来巨大压力，因为服务供给成本非常高。有时候，贪婪的土地购买者根据未来土地开发的质量而抬高地价，从而增加公共成本，迫使国家缩减用于改善地方环境和房屋质量的投入。在一些案例中（例如荷兰）（Needham 等，1993），公共部门是主要的土地开发者，在此情况下，规划体系所扮演的关键角色之一便是引导土地开发。

在机动交通、轨道交通以及人口增长的推动下，西方发达国家的城市快速蔓延，而对于高质量住宅和地方环境的不懈追求又进一步加剧了城市蔓延趋势。由此，城市政策的重点开始转向城市区域层面的功能高效运转、环境质量和生活质量等议题上，也开始重视城市区域的空间关系，比如通勤时间、职住平衡、城市内部的生活质量差异、产出虽然低但是又非常必要的土地用途、环境质量和环境承载力（包括空气和水资源使用、绿地空间质量）等。城市变化如此迅速,关注城市形态的物质发展规划纷纷涌现(见第一章)。由于许多城市的经济功能发生变化，感受到空间分散化发展的压力，因此在 20 世纪末，城市形态和空间发展战略又重新成为城市发展的热点议题。

以上这些压力使得公共政策对管制环境质量的重点由街区、邻里层面重新转移到区域与城镇层面，由关注土地用途管制转移至城市区域空间组织的管理。当前的规划体系试图融合这两个维度，但这并非易事，其困难之处在于必须将市场效率目标与生活环境、生态整体质量联系在一起，而前者主要帮助私有土地和不动产市场更好地按照其内在的市场规律运作。此外，关注市场效率以及生活与环境质量的潜在人群众多，而这些人又都关注区域、城镇和社区的环境质量，充分考虑所有参与者的诉求是治理工作面临的严峻挑战。因此，空间规划过程充分反映了一个社会满足多元利益主体需求的协作能力。

空间和环境规划体系

由于历史起源、制度安排、政策工具和规划人员的差异，空间规划体系也不尽相同（Sutcliffe，1981；Davies 等，1989；

Cullingworth，1994）。各国不同的空间规划体系不仅反映了其政府及行政管理方式差异，还反映了最初引入正式的空间规划体系时，目标设定上的差别。拥有自由裁量权的英国土地利用管制方式常常与欧洲大陆国家使用的区划（zoning）作对比。前者反映了英国的治理传统，强调政治家的能力，认为其在行政人员和专家的帮助下可以做出正确决策。欧洲大陆的区划方法则关注界定清晰、内容详尽的实用标准，这一思路最初起源于两百年前拿破仑法典中关于提升公共行政的规定（Davies 等，1989）。英国空间规划方法也具有中央集权和部门功能主义的特点，这也反映出英国治理的普遍特征——允许国家关于土地政策和空间组织的思想凌驾于地方的实践之上。例如，20 世纪 70 年代，英国空间规划只是在中央政府政策与实践推动下，关注一些比较狭窄的"土地使用问题"（Bruton 和 Nicholson，1987）。这些规划有意限定土地开发和空间组织议题涉及的范围，以避免介入政府其他部门的职权范围。而在其他一些国家（例如瑞典），地方政府拥有更多权力，空间规划往往在市级层面会与社会、经济、环境方面的政策实践整合在一起（Khakee，1996）。许多证据表明，这种地方分权化的背景下，更容易解决空间组织议题（见 Healey，Khakee、Motte 和 Needham，1997）。

与欧洲不同，美国的空间规划主要基于地方发展起来的，尤其是要解决地方土地管理的困境（Cullingworth，1993；Weiss，1987）。直到现在，瑞士也采用这种基于地方主义的空间规划方法。但整体而言，虽然欧洲各国的规划体系尽管存在很多不同，但却普遍认识到空间组织和超越地方进行规划的重要性。结果导致上文所述的紧张状态：一方面要对地方建成环境的改变进行规制，而另外一方面则是考虑城市区域内的空间布局。当前出现的一个趋势就是应用层级化的方式，即通过"编制"不同等级的规划解决以上问题。此外，欧洲空间规划体系还倾向于采取一种规范的程序，将规划管控、政策与私人部门和市场分离。

欧洲传统规划思想体系所产生后果之一就是与新自由主义公共

政策框架产生多重的矛盾。首先，这一规划体系质疑公共部门采用战略管理方法的可能性和紧迫性，认为其唯一的合法性就是为土地开发中的市场交易设定基本规则。因此，可以接受区划条例，却不需要空间战略；其次，层级化的组织，尤其是公共部门中的层级化组织，总是被批判为“官僚主义”，不能很好地回应城市变迁的动力，往往更好地服务于体制内的官员，而非消费者或市民；第三，各类形式的政府规章不应该与私营部门分割，而应该很好地引导私营部门，帮助其健康运行。因此，规章制度应该兼顾经济效益和社会成本；第四，对新自由主义政策的支持很多源于经济领域，但是该领域却很少关注事情发生的空间场所，以及公司发展壮大究竟需要什么样的制度支持。因此，空间规划也被看作是层级式、家长制福利社会的附属品，而遭到摒弃（Thorley，1991）。按此解释，与新自由主义理论观点一致，批判性的城市政治经济学家和后现代主义者都认为，空间规划体系是一种“秩序”的表达方式，借助这种方式可以保持特定的资本主义秩序，并使得现代主义思潮可以主导城市生活（Castells，1977；Boyer，1983）。

不可否认的是，无论是基于新自由主义原则，还是基于本书第二章结尾所提到的政策评估思想，当前空间规划体系和实践的很多方面都应受到批判。但这也并不意味着空间规划发展到当前阶段已经丧失进一步提升的空间。相反，来自各方的压力都迫切需要采取更加有效的土地管理和空间规划，这主要是由于现代社会中出现了更为复杂的问题，各类人群生活方式各异、环境质量关注重点不同、采用不同方式经营，如何解决如此多样人群在公共空间中的共享共存问题。如前所述，过去大部分人的社会关系局限在一个基于地方的社区范围内，即理想化的村庄，或者基于地方的社会团体和礼俗社会，人们相互认识，并共享其经验和价值观（Frankenberg，1966；Mayo，1994）。而人们现在虽然仍共享生存空间，但是其社会关系却已跨越区域、国家和世界，人们行为产生的生态影响甚至会波及另一半地球。全球关系影响到在特定场所中人们生活的方方面面，其结果便是空间和环境规划成为一个重要的治理平台，不仅仅是为了解决“地方”社区的问题，即地方场所中人们面临的问题，还要解决特定场所与全球经济、社会和自然环境之间的关联问题。因此，解决公共空间内各群体的和谐共存问题也需要综合当前生活的经济、社会与环境维度，整合家庭、公司、机构、社团等不同社会群体的视角。这就意味着，需要将此前被制度性的功能划分所割裂的场所关系，如经济发展、住房、交通、教育和健康，整合在一起，从而清晰界定其战略性利益的共同点，并建立问题解决的制度能力。

而在这些压力背后蕴含着巨大的重构力量，推动着很多公司的经济组织形式转型，迫使人们重新思考社会生活和环境质量。空间规划体系及其实践试图摆脱原先固定的思维模式、概念和组织形式，这些虽然在 20 世纪中叶能很好发挥作用，但在 20 世纪 90 年代之后的社会和物质环境下已渐渐失效，目前面临的主要挑战则是要创造和发展出更加适应当代的规划方法。在西欧，这种需求表现得十分明显，人们对于城市区域的空间战略规划兴趣激增（Healey、Khakee、Motte 和 Needham，1997）。而在美国，规划领域的发展与西欧并行，其兴趣点重新投向土地综合利用规划（Innes，1992；Stein，1993）。以下两个欧洲规划案例充分说明了转型的压力，以及新的组织方式与传统空间规划实践的紧张关系。因其在城市与区域规划中的创新，这两个案例共同获得了 1995 年欧盟（欧洲委员会）“城乡规划师奖”。

里昂（Lyons）：新空间概念的力量

法国里昂聚集了 126 万的居民。地方经济的变迁引发了高失业率和日益增长的社会隔离与社会异化。20 世纪 80 年代，公共与私营部门的主要负责人聚集在一起群策群力，最终形成大都市区的新发展策略。在此过程中，参与者们充分依靠该地区“公私合作”的优良传统促进发展。法国的分权化趋势赋予里昂市长更多投资与管制的权力。大都市区中不同社区之间建立了共识，而空间发展战略则成为建立和表达共识的有效途径。该战略被冠名为“欧洲城市”，它通过形象化的方式表达了整体空间组织形式，就像前文讲述的物质性规划师绘制的平面图一样，与此同时，也说明了引导空间变化的动力因素（见图 3.1）。在此规划过程中，空

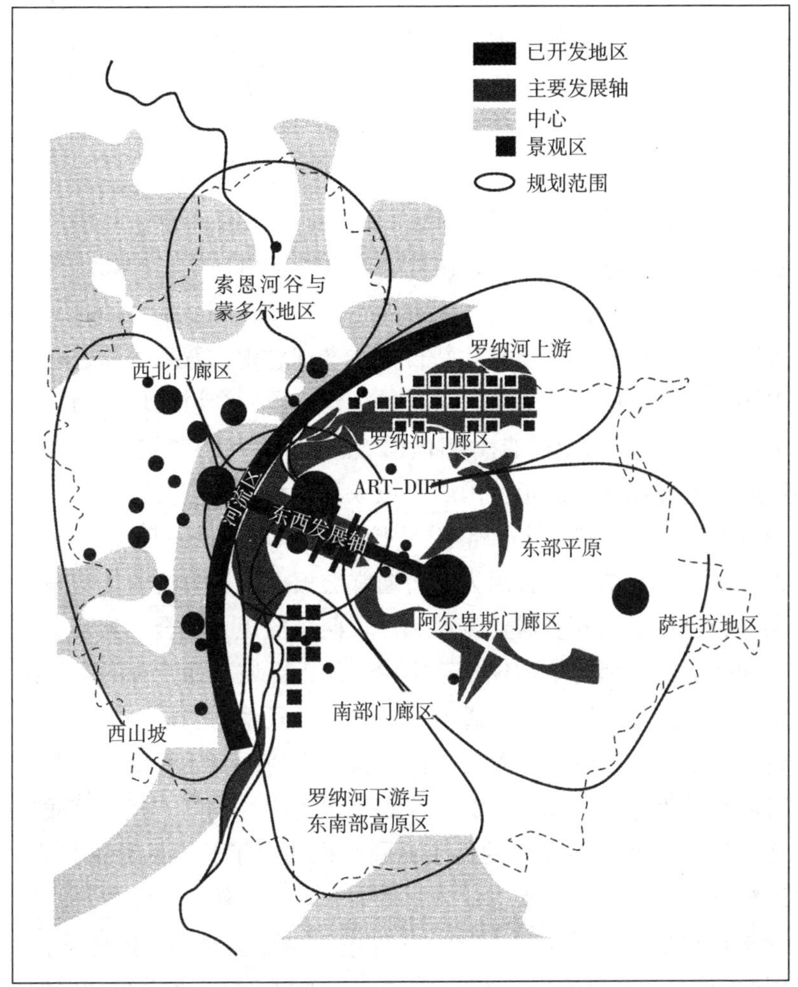

图 3.1 里昂：总体规划方案

资料来源：Agence d’ Urbanisme de la COURLY（Lyons，法国）

间组织思想在整合不同参与者、建立共识方面起到十分重要的作用，该方法在法国现已成为规划编制的典范和重要参照（Bonneville，1995；Motte，1996）。

兰开夏郡（Lancashire）：经济与环境部门的纷争

在英国兰开夏郡有 140 万居民。规划部门长期以来都是以内向型视角管理该郡的土地分配与土地用途。规划部门的主要职责就是促进发展机会从该郡富饶的西部地区向工业日渐衰落的东部地区转移，以及促进该郡核心地区的发展，保护有价值的景观和高质量的农田。然而到了 20 世纪 80 年代末，这种传统的政策和管理目标受到两股新生力量的冲击。第一股力量最早源于环境保护意识自下而上地广泛传播，由此导致全社会对环境保护和可持续发展议题日趋关注。但是，地方工党议员则进一步推波助澜，因为其在挑战中央政府集权和新自由主义理念中，看到了通过环境议题动员社会的显著效果。这样最终建立了一个讨论环境问题的平台，吸引了来自全国的社会团体，实施环境审计，推进环境政策。同时，该郡还介入制定英国西北地区私企和地方政府协同的区域经济发展战略，制定该战略主要因为这一区域经济不景气。此外，也有来自欧盟的压力，因为欧盟通常会根据发展策略的优劣来提供资金支持。兰开夏需要将郡和区域两级的规划整合。为解决这一问题，在该郡的结构规划草案中，加入区域交通走廊的空间组织概念（见图 3.2）。该交通走廊具有区际联系的功能，同时也体现了该郡在欧洲一体化背景下的定位。交通走廊还提供了一种尽可能在城市建成区和公共交通线路周边集中开发的方式。该战略规划满足了环境主义者的诉求，同时也建立了长期的分配目标，即整合现有资源，复兴逐渐衰落的老工业区。然而，随着环境讨论平台提供更多的信息，社会各界进一步加深对环境问题认识，因此，许多社会群体也在质疑，是否可以兼顾经济发展与环境保护。这些团体认为现阶段的工作远远不够，因为绿地仍然由于经济发展目标而受到侵蚀，仍缺乏适宜的途径，让经济发展与环境保护利益群体在此平台上共同讨论问题（Davoudi 等，1996）。

以上两个案例很好地说明社会互动在制定政策和形成空间组织理念中的作用，同时社会互动也形成了跨越不同社会网络的参照系和语义系统，从而形成长期的构想。如果这两个案例能够持续坚持社会互动，那么就可以建构将来后续的投资和政策议程。

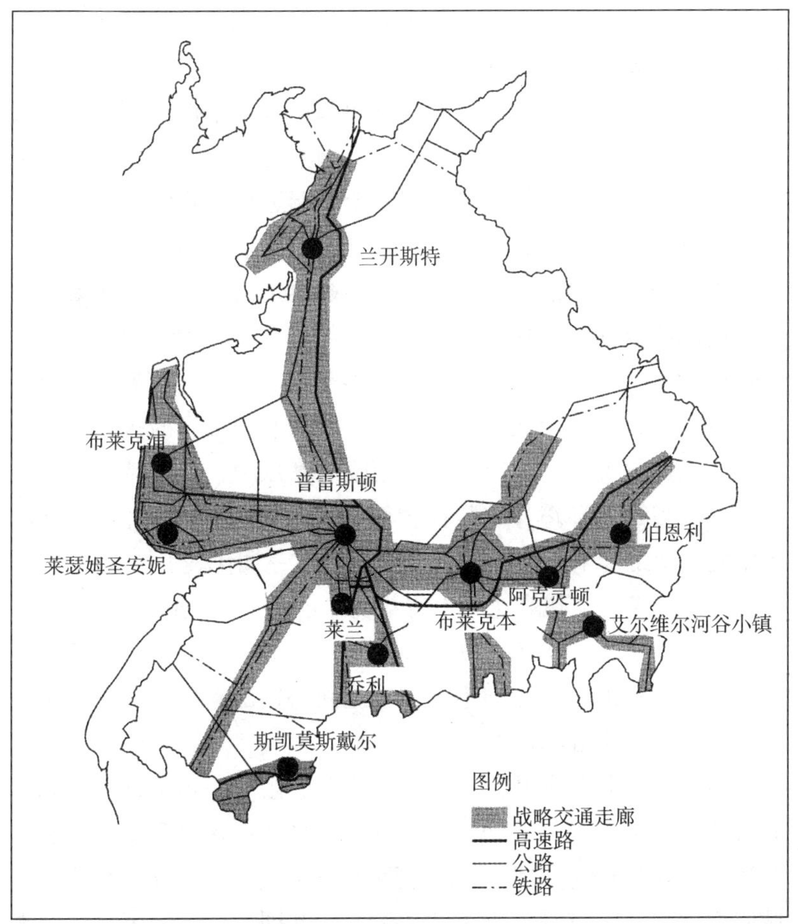

图 3.2　交通走廊：兰开斯特的空间战略

资料来源：Lancashire Structure Plan 1993，Lancashire County Council.

同时，这两个案例也说明当前欧洲城市区域内的政治团体面临着思维和行动转型的压力，以及制度差异对于形成转型压力的重要性。这两个案例所在的国家都具有政府集权的历史。在英国案例中，除政府集权外，还长期存在着行政职能部门分化、公私分割的特征，这使得空间整合变得十分困难。而在法国的政策文化中，一直都十分重视空间的概念和意识，而 1983 年的分权改革又赋予市长们更多的决策权，从而可以使地方政府可以充分运用 20 世纪 60 年代就已开始的区域协调和公私合作的规划传统，整合不同政策领域（Barlow，1995；Motte 等，1995）。

这些制度方面的差异使得将空间和环境规划作为一项公共政策进行界定变得非常困难，因为每个国家的规划语汇和概念都是其特定制度历史的产物，要找到一个普遍适用的语汇来描述本书规划实践是十分困难的（Williams，1992）。本书第七章中，在讨论治理和公共政策的背景下，规划将被界定为一种包含政策驱动和长期战略导向的治理方式，基于对经济、社会、环境等复杂时空维度的认识，在治理中会将不同维度关联在一起。第二部分主要讨论的是，应该承认城市区域变化中利益相关者的多元性和差异性，在此框架下，城市区域所面临的新压力，要求城市应具备协调经济发展、环境保护与社会稳定议题的能力。因此，公共政策中的空间维度至关重要。在此，“环境”一词代表了场所的质量，即居住、经营、文化表达和生态系统的场所；“规划”一词则表示的是一种有意识的集体行动，共同管理广受关注的空间和环境质量，并用明晰的政策强调不同行动之间协同的战略导向，以及政策与行动之间的相互关系。

因此，本书中使用了“空间与环境规划”（spatial and environmental planning）这一术语，其蕴含着对位置、区域和场所品质的关注。“空间与环境规划”可以涵盖任何对地方有意义的场所或领域实践之中，其范围可以小到邻里之间共同生活的社区尺度，大到人们共享公共设施（如基础设施系统）的区域，甚至还会涉及一些其他共有的联系（如住房市场、劳动力市场）以及与生态系统的关联（如水系统、垃圾处理系统等）。然而，城市规划实践总是需要一系列的硬件支撑（例如组织机构、法律形式等），围绕规划实践也会形成特定的文化群体，这些软硬环境，往往因时而异、因地而异，反映出其所处的特定制度历史与地理特征。正式的空间规划实践和概念规划的质量之间并不存在必然的联系，规划实施往往脱离最初规划制定的目标。空间组织策略强调的重点往往脱离、甚至完全忽视土地产权的细节。因此，战略规划的新理念可以产生于正式的规划体系之外（Healey、Khakee、Motte 和 Needham，1997）。以上概念仅仅有助于确定研究的范围，同时结合第二章结尾所提出的公共政策评价标准，提供一个研究视角，用以评价治理体系应对公共空间多元共存的现实绩效和未来潜力。

空间和环境规划作为一个社会发展过程

空间和环境规划体系与实践实际上是国家、区域和场所治理关系的组成部分。第七章将深入探讨政策，以及规划作为一种公共政策的本质。接上一章提到制度主义的方法，规划实践不仅包括“内部”正式的政府管理，还包含与经济、与社会广泛的联系。这种互动联系通过社会网络发生，而社会网络又建构了价值体系，提供了智力、社会与政治资本，从而在空间与环境规划政策中激励或者限制特定的政策与行动。在上述里昂和兰开夏的案例中，通过整合此前彼此隔离的网络关系，形成最终的发展战略，同时还充分利用有关趋势、议题、数据及测度的知识资源，以及政策团体的文化资源，这些文化资源此前只是基于正式的空间规划体系和实践。里昂和兰开夏的案例都展现出试图突破已有政治与行政管理方式的意图，并引入新的参与者和新观念。

规划实践因此不是与外部隔绝、价值中立的活动，而是带有深深的政治属性、传播价值和表达权力。权力体现在权利与义务的正式分配以及政治影响力，同时也存在于形成“偏见”的实践中，存在于形成人们固定思维习惯和前提的文化实践中。因此，剖析规划体系与实践中的权力关系需要考虑卢克斯划分的三个权力维度（Lukes，1974；见第二章）。权力运行的方式包括赋予一些利益诉求、利益相关者和知识类型以优先权，指引具体案例的实践，对参与者进行系统的约束。在20世纪70年代波士顿一个提倡“倡导性规划”的规划师那里，这种情况那里得到很好的体现，这个规划师是保罗·达维托夫（Paul Davidoff）的学生，故事情节如下：

> 在1966年一个夏日的上午，我们去了波士顿重建办公室，向他们解释为什么我们的团队要帮助一个社区组织反对官方的城市规划。该规划将搬迁该社区，用以建设一个服务全市的新高中。在重建机构主任爱德华先生（Edward.J.Logue）办公室里，我们四个规划师组成的小团队向他做了汇报，回顾了波士顿中心城的毁坏和重建的历史，提出邻里街区应该有权选择自己的规划师，并解释这样的过程将会使得规划更加民主。而爱德华则坐在大会议桌的另一端，带着耐心的微笑听完了我们的解说，期间仅仅问了几个问题。当汇报结束后，他脸上的微笑也随之消失，并说：“只要我还坐在这个位置上，就只有一个机构能做这个城市的规划——我的机构！”（Goodman，1972，61页）。

然而结构性的力量不仅仅只存在于上述正式的冲突和对抗中，还深深地根植在人们的潜意识中，指引着人们做事的组织方式，引导其偏好和预期。当规划部门掌握权力并且拒绝妥协时，市民将会被迫做出负面的、对抗的回应。例如，当人们希望咨询和了解所在社区究竟发生了什么事情的时候，经常就会被贴上“心胸狭隘的邻避主义者”（NIMBY）的标签（Wolsink，1994）。一些规划师声称，市民不懂规划，因此与其协商也徒劳无益。但真正的问题可能在于其认知和实施的“协商”方式。例如，开发商会见来自发展落后的社区居民群体时，并不会意识到会客室内的布局对来客而言非常不亲切友好（Davoudi 和 Healey，1995）。改变体系和重塑结构都需要从改变卢克斯（Lukes）所讲的权力关系的三个维度入手：正式权力关系，“幕后”（behind the scenes）的权力关系以及嵌入式的权力关系。正如福柯所说,权力关系影响着实践。因此规划的过程组织和议题本身都需要对权力关系做出回应。

这就意味着规划不只是纯粹物质性（substance）的工作，或者只是涉及具体的议题内容，比如如何建造足够的住宅，如何减少交通拥堵，如何保证供水等等。规划还应该包括界定议题的讨论方式，以及如何界定问题，如何形成解决策略的决议。对于地方环境规划而言，规划的“过程（process）”和规划的实质内容同等重要。这点在第一章讨论规划理论的政策分析学派思想中已有所反映。规划过程问题主要关注如何制定持久的政策与战略（见第二章），规划过程的创新和规划成果内容一样重要。现在，互动、协作的规划过程在空间规划领域越来越受到关注，因为该过程为调解多元利益主体间的矛盾，建立基于场所的制度能力提供了可能。

因此，本书所采用的方法是将空间和环境规划视作“社会进程”，过程涉及确定集体关注议题、问题界定、利用知识资源，形成解决方案，并最终形成将策略投入实践的理念。该行为与场所相关的特定人群相关，并由其完成。规划过程还需要考虑该地区独特的历史与地理沿革。此外，规划还是一个动态过程，因为人们在思考议题和采取行动时，也会改变其所认知问题、价值观和利益诉求。空间与环境规划不只是对现状问题的被动回应，还有可能能动地塑造、引导事件的进展过程，以及人们的观点与态度（Rein 和 Schon，1993）。通过形成解决公共空间内共享共存问题的思维方式和组织形式，规划有助于建立城市区域的制度能力。空间和环境规划并不独立于特定情境之外，规划的情境也不只是存在于规划活动“行为空间”（action space）之外的“包装盒”，而是体现在规划活动中，并通过这些活动建构情境自身。空间与环境规划实践通过特定场所制度化的历史，不同参与群体的认识和理解，以及议题的讨论过程，深深地植根于特定情境之中。规划与其背景相互作用，通过这种嵌入引导式（embedded framing）的双重互动，空间与环境规划实践反映出特定情境下的权力关系（power relation）和权力承载方式（carry power）。

由此，本书中所讨论的空间和环境规划不仅仅是技术或程序。也就是说，规划绝不只是编制总体规划和详细规划的技术方法，虽然这也是地方规划过程的部分工作；规划也不只是对于地方住房市场的技术分析以及对特定项目影响、资产状况和水资源潜力的技术分析，虽然这在地方规划中也很重要；同样，规划也绝不仅仅是罔顾城市变迁中政治和利益相关者的互动，由专家主导、“价值中立”的程序性实践，而是一项建立在特定场所中社会关系之上的社会进程。所以说，规划的过程需要综合考虑诸多因素：一是现有的技术、实践知识和理性；二是渗透到各个领域实践的不同价值观体系；三是专家和政府机构官员的积极协作以及二者与所有公共空间内共存共享实践相关者之间的协作。形成本书正是基于以上观点。

第二部分

城市区域发展动力

简介

第一部分将空间规划活动置于社会关系视角下进行分析。该视角强调了个体的能动性，但同时也强调“个体”并非孤立、彼此隔离。相反，认为“个体”存在于与他人的联系中，并通过日常生活不断构建这些联系。通过各种各样与他人的社会关系，人们逐渐形成话语体系和组织方式，而这些又成为地方的“文化资源”，用于识别地方环境的议题，形成解决问题的组织工作方式。人们之间的社会互动总是基于强大的结构力量，结构性力量塑造了社会互动，引导着人们的经济生活、社会事务、政治习惯与政治态度。社会变迁正是积极行动者和他人的创新活动（例如反思、维持、改变现状）、结构性的组织力量之间持续互动影响下形成的结果。

置于社会关系的视野下，规划就是一个互动过程，涉及参与者之间的交流。通过交流，议题、问题、策略和政策思路都被赋予特定的形式和含义。规划还涉及解释性工作。当前很多规划体系和实践中，对以往规划的解释性工作已经融入治理实践中，例如区划条例的程序和规划许可的规则。当今，我们面临的挑战是如何批判性地评估这些传承下来的结构性程序，并对其进行重构，使之能够更加敏锐地应对当今多元化的经济与生活方式，更好地协调人与自然的相互关系。

这一挑战对于空间规划行为来讲尤其强大而复杂、艰巨。一个场所，如社区、景区、城市、村庄、市域、领地等，其涉及的“利益相关者”范围很广。其中，一些利益相关者非常强势且善于表达其观点，而另一些往往则保持缄默，或者并不清楚其利益所在；一些人处于较有利的位置，可以借助其丰富的“关系资源”、知识和权力获取“话语权”，通过其特定的方式表达观点，从而影响政策、目标、投资和规则的制定。而另一些人则擅长召集实际的或者潜在的“同盟”，通过结盟扩大话语权，比如取得政府部门、土地所有者、“青年一代”或“权威科学家”代表的支持等等。不同观点可能存在，但是却很难介入政策争论中，因为这些观点与主流的对话体系相距甚远（Latour，1987）。因此，交流性空间规划工作的形式和内容成为多元社会群体中多维力量的斗争场所，将不同的结构维度引入政策制定与实施领域。因为主要参与者及其观点在各地的组合不同，各利益群体之间的斗争结果具有明显的地方差异性。然而，这些不同观点和“地方游戏”规则是由结构体系所构建,因此斗争结果同时也反映结构体系的强大影响。在此，还可能存在着一种系统性的趋势，倾向于将特定的社会群体、政策维度和理解方式排除在外。规划工作的个案可能产生新的典范与规则，而这又使其可以演化，并被更广泛的系统所接纳。第三章中讨论的“里昂新规划”就是如此，该案例已成为法国其他规划实践的典范。

如果地方偶然性事件和地方性解释对空间规划工作的开展十分重要，那么可能会出现一种观点，即无须考虑经济和社会发展变化的社会动力，也不必关注人与自然界的关系。这种观点体现在空间规划的互动性与解释性工作中，并受到许多规划师、规划理论家的推崇。有人认为，规划工作者不需要掌握社会学理论家解释社会关系动力方面的知识储备，而是需要学习和解释特定环境下的社会关系，从而在实践中发展理论。这种观点强调了唐纳德·舍恩（Donald Schon）的主张，认为理论应该建立在实践基础上，而非预先设定（Argyris 和 Schon，1978；Schon，1983）。在新古典经济学、马克思主义或后现代主义理论中都出现了一股思潮，即都通过扩大空间范围来简化情况的特殊性，而上述观点则体现了试图抵制与摆脱这一思潮的斗争。

然而，人们对规划的解释不仅受到先验假设的引导，还受所经历的现实实证的影响。但是，仅仅依靠实践进行理论化的问题在于，该方法往往容易忽视植根于人们思维和组织方式中“深层结构”的力量。而这将会导致人们在不知不觉中强化已有的权利关系，限制创新实践的动力。如果当前空间规划涉及的人群具有不同社会背景、思维方式和价值观，那么就需要一些工具来改变空间规划过程的参与者，从而可以回应地方环境潜在的“利益相关者”，更好地管理公共空间的共享共存。社会科学研究及其理论可以提供这些资源：包括对社会变迁动力的理论与实证研究，以及这些动力在时空维度的解释。此外,社会科学研究提供了智力资源，可以帮助人们理解“正在发生什么”，以及人们自身的“点滴经验”与其他地方所发生事情的联系，从而帮助人们认清在特定背景下所关注事情的相对重要性。在全球化的今天，这种理解方式特别有价值，可以帮助人们掌握日常生活所根植的权力关系。尤其是帮助人们了解“结构化进程”，即日常生活中所存在的“驱动力量”，帮助人们理解这些动力，理解是否有机会改变这些结构力量，或者为其所用，从而帮助人们改变卢克斯（Lukes）所说的“第三层级的力量”（见第二章）。

本书第二部分将进一步论述上文所述的“智力资源”（intellectual resource）。其主要目的如下：

（1）阐述制度主义方法在城市区域动力分析中的作用；

（2）提供一些思维方式，用以思考地方环境中潜在的利益相关方，思考语义体系和议题引起关注的方式，以及上述两个方面与结构力量之间的相互关系。结构力量在此代表一种根深蒂固的权力结构，影响人们认知“利益相关方”以及支持其观点主张；

（3）检验协作性方法应用于空间规划实践的案例和成效，尤其是那些通过引入各方利益相关者，从而实现广泛参与的可能性；

（4）将这些方法与早期的社会动力和地方环境理念进行比较。

进行这样的理论回顾本身就是一项挑战，因为很容易陷入（社会学、经济学、生物学）不同学科研究领域的已有框架内，或者局限于传统的政策领域（如社会、经济和环保部门）之中。如第一章和第三章所述，传统空间规划一直以来就试图克服不同领域造成的这些分歧，认识其在地方环境中的相互联系。商业与日常生活中的社会、经济、环境维度与人们对地方环境的态度之间存在着普遍联系，而推动当前思考的主要动力也源自对这一联系的认识。人们生活在相互联系的世界中，同时这些联系也将人们关联到不同领域，而制度主义方法则紧紧抓住人们相互联系的本质。

在此，需要做一些必要的分类，以便提供不同的“视窗”，观察当前人们所生活的“领域”中环环相扣的社会联系。本书第二部分正是围绕三个视角——“日常生活”（everyday life）领域、“商业活动”（business life）领域以及“生态生活”（biospheric life）领域（第四、五、六章）。每个视角都是从政策概念入手，这虽然在此前也曾出现过，但是，当前涉及社会集体关注的公共空间共存共享的管理问题，因此从政策概念视角入手所面临的挑战更为严峻。

以往研究时，往往忽略地方环境变化的社会关系，以及人们对此的态度和行动，而从政策视角分析则弥补了这一“缺失的维度”。这属于“治理”的范畴，即政治团体对于集体关注议题的识别及管理。本书第三部分则讨论“治理”的维度，特别是建立规划与治理交流性方法的可行性和启示。

第四章

日常生活和地方环境

社会关系

组织私人生活对于每个人而言都是一项巨大挑战。但是，很多政策文献都忽视了这一视角和维度，而是将人们生活与政府组织行为之间的关系肢解成为片段。然而，当人们在地方环境中展开日常生活轨迹，选择在哪里居住、工作，或者送孩子去哪里上学时，空间规划会从不同维度与人们产生联系。当人们审视周边世界以及经过的环境时,往往会从自身生活策略出发进行观察。例如：周边存在着什么样的机会？存在着什么样的约束和阻力？能够利用哪些资源？为何会感到沮丧？可以通过多重时间维度管理人们的存在方式——每天、每周、每年的轨迹，或者整个“职业生涯”和人生发展道路，甚至是一代人的时间等等。当人们开始思考“究竟需要什么”和“可以做些什么”的时候，就会意识到不同场所内涉及不同层面的利益相关者，这些场所包括生活、工作和休假场所，包括象征人们认同和文化的场所以及让人感到恐惧的场所。生活本身就很艰难，因为人们需要寻求经济生存方式，需要处理家务，需要为其他人提供社会心理支持，向家人、朋友和邻居履行自己的义务，参加各种组织，参与创新活动，进行职业或休闲活动……一些场所可以为以上活动提供适宜的环境，而另一些场所则可能会带来障碍，比如糟糕的地方交通、缺乏儿童游戏场或看护服务等。地方环境的变化（如建造新公园、建设新道路，关闭学校等）可能会对人们日常已形成的精细化生活模式产生重要影响。这些变化搅乱了日常生活，甚至可能威胁到人们对周围机遇和个性的认知。因此，看到人们对于地方环境质量的如此关注，以及对环境质量变化的抱怨比比皆是，也就见惯不怪了。

人们虽然都认识到自身和其他人中都存在着“多样性”，但仍然会将人们的行为，以及男女老少一般化。公共政策中面临的一个主要问题便是如何辨识这些多样性，同时还要确保公平。解决方法之一便是将每个人看作是自主的个体，拥有相同的权力（例如选举权），并由于偏好不同而存在差异。新古典经济学就基于这一假设，该理论认为人是有偏好的，并试图观察和归纳这些偏好，但却没有深究这些偏好如何形成。新古典经济学试图借助心理学理解偏好结构的形成。相反，社会学家，尤其是人类史学家则偏向于用另外一种方法解释。社会学的“印象”理论认为，人们生来就处于社会之中，其思维和存在方式都是通过与社会关系的互动形成，在成长和发展过程中人们在这些社会关系中找到自我。正是基于人们意识的“主体间的”特质，支撑了哈贝马斯提出的交流性行为理念，同时也巩固了吉登斯等人提出的社会生活制度主义解释方法（见第二章）。

制度主义者在承认个体参与者参照他人形成意识形态的同时，承认个体的意识形态和“自我感知”（sense of self）是由人们生活的社会所建构。该方法强调，作为个体，人们的意识和生活是在社会环境中，通过与他人的互动和持续交流形成。在此环境中，人们构建了自己的价值观和偏好。这一视角被哈贝马斯定义为“生活世界”（lifeworld）（Habermas，1984）。但是“生活世界”并不是一系列合乎逻辑的、融为一体的习俗、期望、观念和策略。社会非常复杂，受到多重影响，人们存在于各种可能的模式中。正如意大利社会学家恩佐·明戈恩（Enzo Mingione，1991）所言，人们生活在不同关系的组合中。其中，有些关系是与生俱来的，比如家庭关系；有些是人们被动接受的，比如与政府的关系、在学校和医院形成的关系、工作关系；还有一些是人们主动构建的，比如结识朋友、参加俱乐部、寻找志同道合的伙伴。当前，大多数人都生活在多元的社会关系中，并经常会面对关系之间由于需求矛盾而产生的冲突。

明戈恩认为，人们管理日常生活和发展“生活策略”（life strategies）中所遇到的问题，不仅仅是如何平衡各类需求，而是在于这些需求背后的原则本身也可能是相互冲突的。现代社会中的很多社会关系都基于“联盟”，人们可以选择加入这些联盟。联盟中建立的关系则依赖于组织规则和共同“利益”。但是，人们也可能被卷入一些无法选择、必须承担责任的社会关系，比如家庭、家族和亲属关系，而这些则取决于成员之间的相互依存关系。曾经有一种流行观点，认为现代社会用联盟关系取代了传统社会中相互依存的社会关系。然而，经济发展研究表明，社会关系和社会责任在创造或者抑制经济行为方式上仍具有十分重要的作用（见第五章）。女权主义研究则表明，妇女往往能在其控制的生活领域中，建立持久的相互依存关系（例如 Hayden，1981）。此外，随着正规经济似乎越来越难以满足人们的全部需求，许多人转而求助于相互依存的社会关系和社会福利谋生。因此在“生活世界”中，人们得以游走于各种关系资源中，从一种思维方式转变为另外一种思维方式，或者尽可能防止一种思维方式主导另外一种思维方式。现代社会特征常常被认为是“系统”和“结构”占据人们生存的主导地位，但其代价就是二者逐渐渗透到人们的“生活世界”中（Habermas，1984）。随着经济体制改革和新自由主义政策的流行，“系统”和“结构”的主导地位开始削弱，结果导致许多人既失去赖以生存的经济手段，也缺乏家庭和亲属的社会支持。

制度主义者则强调，人们生活在一个多元的关系网中，这些网络构成人们的生活世界。通过生活世界，人们界定自我以及与他人联络和共同生活的方式。人们在地方环境中的态度、价值观、利益和场所，以及在空间中的游走方式，利用建成环境和自然环境的需求，这些都是在其关系世界中形成。通过上述形成内容，人们逐渐建立在公共空间中处理共存问题的兴趣和方法，并谋求将空间转变为场所。人们互相进行分类和分组，区分“我们”和“他们”，尤其是与我们认为方式不同的“他们”之间进行区分。

通过这些过程，人们在“做什么”和“怎么做”的设想中，清晰地表达出其周边的抽象结构。每个人都掌握着权力资源，其结果便是，存在重要分歧的关系生活世界中，掌握较少权力资源的人最有可能被压制或者排除在外。许多土地利用的案例都验证了这一规律：一些社会群体试图利用土地利用管制或者“排他性区划”，将另外一些社会群体排斥在社区之外（Ritzdorf，1986；Huxley，1994）。有分析者将这种涉及区位的冲突叫作“藩篱政治”（Cox 和 Johnston，1982）。

目前，遍地开花的现代化进程改变了人们的生活和思维方式，甚至有时感知“生活世界”（lifeworld）的多样性也变得非常困难。然而，任何地方环境规划的实践，如果其目的是要满足人们的需求，防止肆意践踏其利益和价值观，帮助不同社会群体寻求场所中共存的工作方式，那么就必须积极介入场所活力和多样生活方式中。本章则是要阐述在传统规划中，是如何思考并体现这些议题的，并重点关注三个理念的转变：一是从对人和家庭的定量研究转向对社会网络和生活世界的分析；二是从对阶层和资源分配的正义性分析转向认识多样性以及多元维度的压迫和反抗；三是从基于“场所”的社区概念转向基于“日常生活”的社区概念。总之，是要评估具有广泛基础的协作性方法应用于管理公共空间共享共存的可行性。

人与家庭

传统上，规划师都假设人们之间没有特别大的差异——即标准化的单体。其中，最极端的便是勒·柯布西耶（Le Corbusier）提出的建筑和城市设计的标准量度，即其所谓的“模数人”（modular man）（Jencks，1987）。标准化的个体具有标准化的需求，规划技术据此应用于人数计算。规划师们想要知道，一个地方未来可能有多少居住人口，这些人会组建多少家庭，如何将其按年龄分组以及需要为此提供多少就业岗位、学校和医院。伟大的英国规划师帕德里克·阿伯克隆比（Patrick Abercrombie）就没有太多关注人和社会结构。在其提出的“先调查后规划”方法中也仅有一节涉及“人口”，内容包括“人口增加和减少的实际数量；职业和日常交通;人口密度”（Abercrombie，1933，134页）。而20世纪中叶，规划师最迫切关注的则是城市形态（Gans，1969；Boyer，1983）。

为了提供人口数量的信息，规划分析者开始借助于人口学，以预测人口在出生和死亡、不同迁移模式、家庭构成影响下的变化趋势。人口学家告诉了我们西方世界的大体趋势：人类的寿命越来越长，下世纪初，人类社会将会有越来越多超过60岁的老人。很多人超过80岁以后，将会面临健康问题，以及极度虚弱时的看护问题。由于职业女性决定降低“生育率”，孩子将会越来越少（Champion，1993）。这些数据清楚地表明教育、健康、社会福利支持和娱乐设施等潜在的服务和设施需求。然而，这些年龄和性别个体数量的变化趋势是基本生活单位——家庭变化的产物。需要再次强调的是，人口学家预测人口数量减少、家庭规模减小，传统核心家庭衰落，而事实上，大多数西方国家也确实都有段时间经历了平均家庭规模减小。在20世纪中期，这一现象被认为是每个家庭中子女数量减少而产生的结果。然而，如今却出现了拥有子女的家庭数量不断减少，但是单人家庭数量迅速上升的现象。而产生这种现象的原因，部分是因为在老年人在世时，其子女已开始组建独立的家庭，以及老人亡故导致夫妻关系终结。但这一趋势还包含了其他方面：年轻人只要有能力都试图建立自己独立的家庭，以及夫妻关系破裂、家庭离异。除去离婚后复婚的情况，单亲家庭的数量仍在上升。

这些趋势导致住房单位数量的压力剧增。此外，家庭所需求的住房单位类型通常区位要求不同，与某一地区住房库存所能提供的住房形式也存在较大差异。在20世纪50、60年代，许多西方国家的住房政策都是基于“核心家庭”（即父母带小孩的家庭）的庞大住房需求而制定。现在，许多国家的政策制定者和住房产业正在面临巨大转型压力，必须改变以往大规模住房项目的建设模式，转向提供适合经济条件不同的小户家庭多样化的住房需求。现在，同样还面临住房选址和交通设施的压力。例如，老年人如何到达其所需的健康服务和看护设施场所？年轻人如何能获得带来收入的工作机会？怎样寻找娱乐设施？有必要完全依赖汽车出行吗？人们会不会搬到其所需的设施附近居住？公共交通载客量是否增加以满足新需求？一般情况下，人们如何“使用空间”？

在此，举两个案例来说明以上问题在空间组织中的重要性。第一个案例：在未来20年，一些特定社会群体将会选择其希望工作和居住的地方，这种群体中绝大多数都是拥有熟练技术的产业工人和专业化的服务人员。一般而言，这类人群都接受过良好的教育，希望能够碰到丰富的工作机会，在工作上也花费大量的时间。因此，要提供所需的工作环境，尽可能减少时间的束缚，从而使其可以完成日常和年度的工作。普莱特斯勒（Preteceille，1993）和萨维奇（Savage，1988）等人认为：这些群体，即新一代的“服务阶层”（service class）更可能积聚在工作密度较高、服务及设施完善（包括多种交通选择），拥有高品质的社会、景观和生态环境的区域。因此，在未来几十年内，只有能提供这些高品质服务的地区才会面临建设的压力。而其他地区虽然也可能需要新的建设，但是相对而言，居住在此的人群则难以动员足够的资源来满足高品质服务的需求。

第二个案例则是关于家庭预测（household projections）的重要性。基于1991年人口统计数据，英国在1995年完成未来的家庭预测，并指出家庭的数量会增加。于是住房建设行业立即要求在发展规划（development plans）中增加住房用地的规模，关心住房社会需求的团体也支持这一提议。然而，住房建设行业主要是为中产阶层提供房屋，家庭预测结果则建议需重点关注单身家庭的住房需求，但事实上，并非所有单身家庭都希望购买住宅。因此，住房需求可能主要通过现有住房存量的租金上涨和增加承租率来实现。换言之，从家庭预测结果转化为不同产权类型住房的潜在需求，是一个复杂而充满争议的过程，住房产业相关的各类参与者都会介入其中（Bramley、Bartlett 和 Lambert，1995）。

人口学家也描述和预测了各种迁移模式可能产生的后果。人口在国家之间、城市区域之间以及城市区域内部的迁移都存在显著差异。意大利人和德国人希望长期在一个地方生活，习惯于在一所住宅中度过大部分时光。而一般英国家庭的居住地迁移则比较频繁，美国家庭则更加频繁。不仅如此，住房迁移中还存在三个普遍的趋势：一种是家庭在城市区域内部的迁移，一般是从城市中心区向城市边缘区迁移，并与其生活方式类似的人群集聚在一些社区；二是在国内迁移，即从经济萧条地区向经济繁荣地区迁移；三是在不同国家和地区之间迁移，从贫困国家和政治动荡地区向富裕地区迁移（Champion，1992）。人口统计学提供了分析住房需求总量变化的趋势，在许多地区变化已十分明显，同时也展示了当前人们生活方式的多样化。但是，有些趋势很难通过人口数据反映。比如，有些人（尤其是年轻人）根本不与家庭同住，而是在一年中“游荡”居住在不同的床位（Campbell，1993）。另一些人比较富裕或者已退休，则“变换”不同的住所,这些住所可能是自有住房,也可能租住房屋，一般而言这些住所往往分布在不同地方。还有一些人则根本没有住所，只能睡在大街上。或者，过着流浪般的生活，乘坐卡车四处漂泊，如同“新时代[①]”（New Age）旅行者的形象。

生活方式越来越多样化，已逐渐超越人口学家通过量化数据对其进行分类和预测的能力。在城市区域和街区层面，这种多样化事实上已融入日常的生活实践。于是，多样性的发展趋势构成了不同地区的特色。人们如何感知社会混合（social mix）及其所在

① 新时代是一种去中心化的社会现象，起源于 20 世纪 70~80 年代西方的社会与宗教运动。其涉及层面极广，涵盖了神秘学、替代疗法，并吸收世界各个宗教的元素以及环境保护主义。它对于培养精神层面的事物采取了较为折衷且个人化的途径，排拒主流的观念。

地区的发展趋势都需要纳入数量分析中。预测趋势的数据仅仅提供了一个有用的背景，据此佐证人们对所发生事件的感受，验证其对所处场所的认识。人口学可以提供一些线索，用来应对城市区域社会构成的变化及其发展趋势所带来的压力。然而，人口学的预测侧重于社会进程的结果。这些过程包括创造更加健康的居住环境、更好的健康服务，积极追求更加健康的生活方式；在社会大环境下，人们如何决定是否要孩子，处在什么样的社会关系中，采取何种方式与他人相处；引导家庭的居住生活方式和居住选址；获得住所和交通工具的机会，以及住房和交通供给的生产系统等等。人口学家所预测的趋势只是居住方式、生活设施（住宅、设施、服务和各种形式福利的可达性）和生活理念转变的结果。相反，制度主义方法则侧重于识别基于关系的社会动力，人们基于这些社会关系追求其生活方式，选择（或者缺少选择）住址和生活方式。如果要掌握场所中社会变化的动力，及其对人们的影响，就必须理解这些关系及其产生变化过程。

身份、网络和生活方式

以上认识在社会学、流行杂志、媒体、访谈领域引起广泛的争论。经常有人说，界定时代的特征，关键在于人们认识到社会多样性，以及灵活地感知自身的情感（Giddens，1990；Habermas，1993）。本节将会讨论人们思考地方环境问题具有重要意义的四种观点：第一种是女性角色和自我认知（self-perception）的变化；第二种是家和家庭的意义；第三种是生活方式和文化的发展趋势；第四种是工作的意义。

重塑性别身份

21 世纪一个最主要的文化变革便是重新审视女性的身份，认为女性在社会上和智力上都与男性平等。在工作、家庭生活、政治和娱乐中，女性都强烈要求与男性机会均等，并由此出现了服务这一目标的基础设施需求，希望削弱其作为男性生活和工作辅助者的角色。家庭是人们选择工作生活方式、提出公共福利需求的基本单位，女性角色变化对于家庭的社会影响直到后来才慢慢被理解（McDowell，1992；Little，1994a，b）。但是，女性对人们使用和评价"空间"与"场所"的方式已产生显著影响，同时也影响介入地方环境集体议题的人群，及其介入议题的组织方式。现在，女性普遍要肩负起工作和照顾家庭、家务两个方面的重担。这也导致女性每天要工作很长时间，采取复杂的行为活动模式。弗莱伯格（Friberg，1993）通过分析瑞典有孩子的职业女性的日常生活后，也证明了这一结论（见图 4.1）。

在女性生活的地方，专门为其提供的设施或者可达的交通方式会显著影响其生活负担。也正是由于此原因，女性更愿意为减少生活上的困难，来选择居住和工作的地方（Friberg，1993；Hanson 等，1994）。

然而，相对而言，在如何处理家庭关系、选择工作场所时，男性面临的问题更为严峻、更难以调和。这也导致家庭内部的关系紧张，尤其是在选择居住环境时会产生矛盾和冲突。在一些高失业率和低社会福利的社区（例如一些英国城市的社区）中，这一矛盾尤为显著。这些社区中的妇女经常涉入社区发展事务，讨论自身和其子女的安全问题。然而在更加富裕的社区，这些讨论则主要是对个人攻击和入室盗窃的畏惧，而非直接的生活经历。毫无疑问，这与贫穷社区不同，在那里女性天天都会经历安全方面的现实威胁（Campbell，1993；Wood 等，1995）。造成这种威胁的原因却是多方面的，远远超出环境设计和环境管理议题，与塑造性别身份密切相关。这些地方的男性原来期望每天离开居住社区，到工作地点体验社会生活，现在却被迫改变工作场所。他们试图寻找一些平台可以建立集体认同，以及原有工作岗位所提供

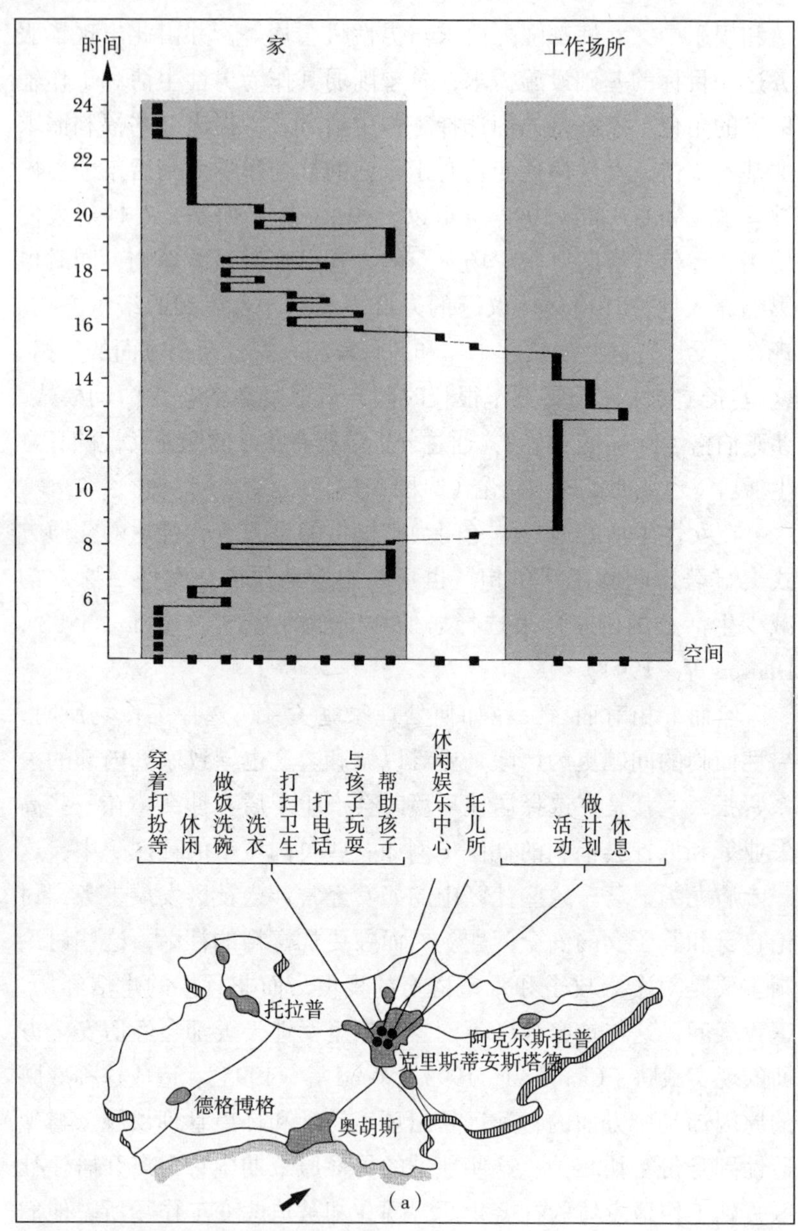

图 4.1　瑞典两种女性的日常生活类型

（a）代人照看孩子者

图片来源：Friberg，1993，155 页，161 页。

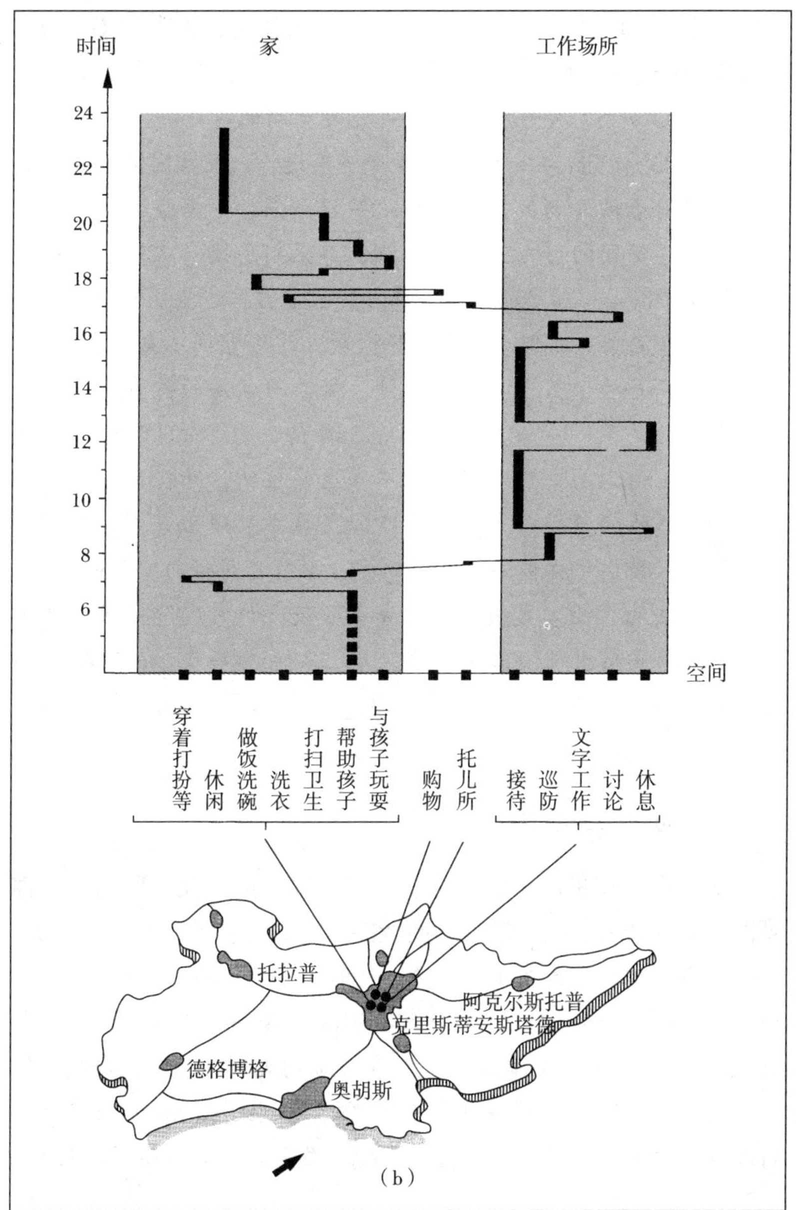

图 4.1　瑞典两种女性的日常生活类型（续）

（b）医生

图片来源：Friberg，1993，155 页，161 页。

的社会联系。坎贝尔（Bea Campbell）在其著作戈利亚特[①]（*Goliath*）中这样描述英国一些充满暴力的（riot-torn）社区中的严重问题：

> 住房（工人阶层住房）的公共空间的危机并不源于国会（people's congress），而是由于经济衰退，以及共同使用的公共空间资源被逐渐侵蚀造成的，年轻人强行占据公共空间，使得共享空间的男人、女人和孩子都感到恐惧，从而导致空间品质下降……传统而言，男性当然常常占据这些社会空间——他们在酒吧、餐馆、俱乐部中聚会，这些空间不具有包容性，往往只是为了男性享乐而设计。男性与住房的关系犹如其与家庭的关系——与其说是居所，倒不如说是出发和返回的目的地。他们的工作和娱乐都不在这些住所，而在另外一些场所。男性的社会行为可以在空间关系中显现出来，并为其年轻一代提供了样板。高比例的失业率改变男性与空间的关系，其合法的生活方式被破坏，失去了获得许可的阶段性离开方式——支付报酬的工作岗位。男人只能选择"宅在家里"，而另一方面，年轻一代则只能聚集在大街上流荡（Campbell，1993，320 页）

重新思考家和家庭

女性也正在重新审视"家"和"家庭"的含义。此前，女性操持家务的分工定位，使家成为女性主导场所，同时也是产生冲突、获取安慰与支持的场所（Hayden，1981；McDowell，1992；Altman 和 Churchman，1994）。于是，这也就引起公共政策中关于"家庭"、"住宅"和"家人"的概念问题。在传统的规划理念中，家庭、住所、家人和家族代表同一事物，并被概括为核心家庭模式，其中，男性负责养家糊口，国家负责提供健康、教育等社会福利（Wekerle，

---

① 戈利亚特是圣经故事里的一个巨人，他身形巨大、健硕，被后来成为以色列国王的牧羊人大卫在战场上杀死。

1984；Little，1994a，b；Huxley，1994；Gilroy，1993；Gilroy 和 Wood，1994）。在英国和美国的战后政策中，住宅曾是社会生活和非正式关怀的焦点，国家鼓励每户家庭都将储蓄用于购买和改善住房（Hayden，1981；Harvey，1985）。在很多社会中，确实有很多人的社会生活都是围绕着家和住所展开。对于一些拥有物质资源的家庭而言，住所为其提供了休息空间、娱乐空间、工作空间、远程信息交流中心、各种兴趣爱好的展示舞台和避难所。因此，很多人将其大量精力（有时被称之为"血汗投入"——见 Hall，1988）和收入用于住宅建设。通过家、家庭将自身与特定空间场所绑定，成为社会生活的组织基础。

但是，在许多西方国家，随着国家社会保障体系的衰落，传统家庭关系的解体，许多家庭生活面临许多新的压力。当无法预期得到一份保障终生的稳定工作时，人们就必须寻找一些其他资源，用于支付健康和教育服务。正如明戈恩（Mingione，1991）所言，这导致人们更加依赖来自直系家庭以外的非正式社会网络支持，特别是基于血缘关系构建的网络之外的支持。就其社会"可达性"、可获得的利益、应承担的责任义务和网络的空间"范围"而言，基于血缘关系形成的社会网络资源千差万别。尽管现在仍有一些群体基于亲缘关系聚集在特定场所中，但是更多的群体则有成员居住在不同地方。在许多基于亲缘关系的网络中，资源的获取和回馈是双向的。家人和亲戚可以提供物质上的帮助，这些帮助可以通过家庭资本或者其他形式的非正式服务，也可以通过获取知识资源和社会联系，还可以通过提供事情组织方式的经验储备，诸如共同抚养子女、修建房屋、管理企业或者安排婚丧嫁娶等。

按照明戈恩（Mingione）的观点，在现今情况下，如果亲缘网络变得越来越重要，那么导致人们之间不平等的一个主要因素便是由于可获得的亲缘网络所能提供的社会和物质资源差异。虽然，邻里和朋友关系，以及在俱乐部和与其他利益集团结成的联盟关系在一定程度上可以取代亲缘关系，但是前者相对而言不太稳定、难以持久。而专业和职业导向的人们则往往会觉得“购买”所需服务比依靠亲戚关系要容易得多，尽管后者似乎更能建立起相互信任的、地方性的社会网络，尤其是涉及需要看护孩子的地方（Mingione，1991；Savage 等，1988）。这种事业型家庭除了家和工作之外，在其他方面也表现得非常积极，工作时经常惜时如金、废寝忘食（Friberg，1993；Little1994a，b）。事业型家庭的需求给商业模式带来压力，要求商业能够提供符合其出行模式和时间安排的服务，同时也给社会服务（例如照看小孩）和公共交通带来压力。双职工家庭（two career）是上文中所讲的“新服务阶层”（new service class）的重要组成部分，他们所选择的区位要求工作机会多，能够提供丰富的娱乐和生活方式，基于共同价值追求建立社会网络，准入门槛“低”，并能够提供多样化的服务。如今的家庭必须要面临重要的选择问题，即花费多少时间和精力维系亲戚和朋友网络？以及花费多少时间和精力用于构建职业生涯？后者往往可以带来短期的物质回报（获得更好的工作），而前者则可以带来长期的安全感。人们如何解决这些矛盾，将会影响到其在地方环境中所追求的内容，也会影响其参与集体事务管理的态度与方式。

多样化的生活方式

如今，人们不仅由工作、家庭和朋友决定其生活状态，而且还可以自主选择生活方式，即做自己喜欢的事情，用自己的方式向他人展现自我。这些影响着人们的住宅偏好（当人们可以做选择时）及其配套装修，同时还影响其购买的商品和所追求的生活方式等等。和生活中的其他领域一样，人们生活方式的选择也是基于各种机遇的复杂组合，特别是社会传统以及通过媒体流行全世界的潮流和时尚。因此在全球各地，汽车作为生活方式象征和交通工具广受赞誉，而由于对运动和健康生活方式的推崇，则涌现出各类新的娱乐开发和住房项目，以及新的公共服务设施（如游艇停靠区和自行车道）。但是，这些新的生活时尚可能会产生新的冲突。例如，年轻人喜欢聚会，喜欢酒精与嗑药，这些激发了城市中心区夜生活的活力，但对老年人而言，则是充满威胁和敌意。两种人群斗争的结果便是年轻人在特定的时段占据特定的场所。除此之外，不同青年群体之间也可能产生敌对情绪。因此，当今英国城市中心区的管理其实是要实现平衡各方复杂的利益诉求，既要减少商店失窃、切断毒品交易，又要维持各群体间的秩序，形成富有活力的市中心以吸引顾客消费、机构投资（Bianchini，1990；Montgomery，1995）。

重新审视工作的意义

所有家庭都需要获取物质资源以维持生存，拥有住所，追求其利益。传统的假设便是，所有这些需求都是由正规经济体系中的工作岗位提供，同时辅之以退休金。同样，传统观点还认为，人们一生中绝大部分时间里都在一个企业中工作。结果便是“家、工作、娱乐和福利”之间的联系都在一个地方实现。但这一假设很快就已不复存在，即使是在充满活力的新兴产业和公司中工作的高技术员工，也仅可能仅在有限时间内作为“公司雇员”（company employee）（Handy，1990）。公司为了生存而不得不采取更加灵活的政策，公司倒闭事件频发，职员也被裁员，必须重新寻找工作。许多年轻人都觉得根本不可能找到工作，而在可获得的工作中，大部分又只是兼职岗位。公司开始鼓励合同分包或者在家办公，公司雇佣的灵活性同时也意味着雇员就业的脆弱性。新的电子通信技术进一步推动了上述进程，正如那些需要照看幼年子女或者肩负其他看护责任的人群，希望获得兼职和灵活就业机会一样，那些在市场上富有经验或劳工力量较强的职员，也更愿意从固定办公时间中解放出来。“薪酬工作”（Waged work）越来越难以成为获取物质资源的主要方式。有些人甚至认为，在其工作生涯中肯定会有段时间缺乏这样的工作机会。

除此之外，政府还鼓励人们创建公司，从专业知识转让到卖茶叶蛋，公司可以销售任何产品。这些小规模经营者更加灵活，可以将工作与家务结合起来。但是，他们同样需要通过非正式的途径，利用家庭成员所掌握的资源（Wheelock，1990）。在此，还出现其他工作形式非正式化的趋势，例如人们同时兼职几项工作维持生活，或者在接受社会福利的同时还从事一些临时兼职工作，补贴家用。有证据表明，在20世纪90年代的英国，贫困社区内通过非法活动取得收入的家庭数量正在逐渐增加，这些非法行为涵盖未明确申报的收入来源，甚至直接参与犯罪经济（Campbell，1993）。以怀疑的眼光审视发达国家，长期以来"非正规经济"（informal economy）以低准入门槛提供了大量商业和工作机会（见第五章）。现在，似乎更多的家庭涉入多元经营（pluriactivity），传统上多元经营主要应用于凯尔特人的小农场或意大利的农庄。但是，这种就业灵活性往往也伴随着超时工作和恶劣的工作环境。在西方经济体中，以前制定的保护工人利益、保障公平竞争的标准往往使得非正规经济活动转变为非法经济活动。

以上结果导致，家庭预算可能依赖多方面的经济来源，包括正规经济的工资收入、非正规的收入、亲戚给予的支持以及政府提供的社会福利。家庭之间在发展策略和通过关系网络获取物质资源方面具有较大差异，这同样也会引发邻里矛盾。例如，一个家庭可能会将所掌握的资源投到住房建设上，以增加其房屋的市场价值，提升其社会地位；另一个家庭则可能将住房支出维持在较低水平，而将积蓄更多用于子女教育和商业投资上。那么，这两个家庭在对待改善房屋周边环境和街道设施方面的态度肯定会迥然不同，由此会导致邻里冲突，并激励他们寻找与其生活方式、目标追求一致的社区。公共政策往往试图通过房屋产权和类型混合方式建立包含不同社会阶层的社区，从而克服社会空间的隔离（social-spatial segregation），但这些政策可能遭遇强烈反对，因为有些居民曾经有过与邻里发生争执的经历，而有的居民则担心其房产贬值，或房产代表的社会地位受损。地方环境规划因此需要特别注意这些，因为任何政策和提案都可能影响到人们的生活方式。

日常生活的社会关系

在公共空间共存共享的管理中，对于社会发展动力的研究有以下两点启示：一是意识到人们赖以生活的社会关系的重要性，在社会关系中人们得以界定自身愿望，同时可以提供物质、情感和道德支持。这意味着要跳出人口学范畴，转向人们所形成的社会关系，包括家庭成员之间的关系、与亲戚朋友的关系、在娱乐场所和正式工作场合中形成的关系等等，这些关系的形成有的通过正式的工作联系，有的通过政府倡导和一些非正规的途径。以家庭为中心，这些关系在空间和时间上都可能延伸很远。家庭成为社会生活中一个重要节点，正是在家庭内，各成员之间根据其关注重点，寻求如何将资源整合并加以利用。在此过程中，家庭成员之间的关系特质是协作互惠，而非相互竞争。推而广之，协作任务的工作技巧也是地方治理中的重要资源。由于许多文化中女性传统上担负管理家庭的角色，因此也就不奇怪，不论在发展中国家，还是发达国家，女性在社区发展项目中都能起到关键作用（Moser，1989）。

随着“家庭经济（*household economy*）”这个词语的广泛使用，家庭越来越被认为是重要的经济单位（Friedmann，1992）。同时,家庭还是提供社会关怀和社会支持的单位。完成资源整合管理，以及相互照顾，这些都是一个家庭的必备工作。但是，这项工作大部分仍由女性承担。由此可见，住宅不只是单纯的庇护所，还是工作场所，是一个依靠手工制作积极创造的场所。同时，还是家庭物质产品的存放点，是一个社会情境，是生活方式的象征和许多娱乐活动的基地。此外，家庭还是在外经历风雨后给人们带来慰藉的港湾，尽管在家庭成员中也可能暗藏着很多尖锐的冲突。所以不难理解，住宅及其周边环境远离“侵害”的防卫性要求已经成为许多城市对地方环境变化管理的首要任务，这些侵害包括新建开发项目、社区社会地位的改变以及盗窃和人身攻击案件的发生。这些环境变化议题涉及微妙的社会关系和社会多样性。但是，相应管制措施却可能造成更大的负面影响。尤其是土地利用区划法规，常常以提高地区整体环境质量的名义，减少诸多家庭的机会及多样性，所造成危害尤为严重（Huxley，1994）。

第二点启示便是，通过家庭生活的多种维度，我们可以了解不同的思维方式和组织方式。在对家庭关系、家庭活动和家庭教育，以及朋友和组织成员关系的“管理”过程中，建立了达成共识和组织活动的丰富技巧。这种技巧往往基于合作互惠原则，形成地方环境规划中有价值的合作资源，虽然这些资源很大程度上都被忽视。

社会生活中的权力关系

在复杂的生活关系网络中，人与人之间并不平等。一些人掌握更多资源，处在较为优越的环境中，可以任其追求和选择自己所希望的生活方式，这些人显然要比其他人更有权力。但权力并非只是体现在拥有资源，还包括凌驾于社会关系规则之上的权力，比如能够规定别人做事的规则以及价值导向。很多情况下，这种权力的主导地位更加明显，即卢卡斯（Lukes）所述的第一层级的可见权力（见第二章）。但这种权力也可能是隐性的，深植于人们的社会实践和思维模式中。

在任何情境下，权力关系都是基于以往的思维模式和社会地位延续下来的，并作为“结构”，影响和建构着人们后续的行为（见第二章）。地方环境规划工作的本身就是在“构建”公共空间共存共享的管理规则，并相应地影响着“谁得到什么”（见第三章）。一些规划实践试图表达和维持已构建的权力关系，而另外一些规划实践则寻求改变这些权力关系（Friedmann，1987）。转变方向之一便是通过物质资源的再分配来矫正不公平。规划文化中有一种强烈的理想主义思潮，认为规划的首要目标应该是解决物质上的不公平，减少弱势群体的“劣势”（Gans，1969；Hall 等，1973，Ambrose，1986）。这些目标和第二次世界大战后福利国家的意识形态之间有着紧密的联系。最近，这种对分配不公平的理解得到修正，开始重点关注“压迫”、“控制”、“排斥”以及产生这些现象背后多重的权力体系（Young,1990）。思考塑造权力关系的力量，有助于识别出关于地方环境质量实际或潜在的冲突中，那些占主导地位的潜在参与者、利益和集团。这不仅有助于厘清显性的权力关系，还有助于挖掘嵌入人们思维和行动中的深层权力结构。

已有详细的文献论著讨论社会关系和社会生活是如何构建的。本书在关注权力的维度，即如何将人们区分为有权者和无权者，同时也关注社会群体及其分类方式。这些分类方式并不仅仅出于利益的考量，过去出于政策目的常常以此为标准（例如以收入或者职业来划分社会群体）。在地方环境规划中，这种社会群体分类方式常常应用于社会影响分析和公众参与实践，用来识别市场需求、社会需要和不足之处。

多元权力关系

权力的一个明显维度就是获取物质资源，使个人、家庭与亲属富足的能力。占有物质资源可以赋予人们能力一定的权利，购买商品，取得影响力，实现其生活目标，并对他人施加影响。一些社会科学理论假设，人们获取资源的能力是个体差异的结果。支撑新古典经济学的假设就是个体都是为了生存而竞争的，“适者生存”符合人类的最大利益。政治学和社会学领域也引入这种观点，认为社会是由多元群体组成的，每个社会群体为了争取地方环境空间而展开竞争。根据收入、生活方式偏好、种族和文化，社会群体自然而然分化而成。美国的“熔炉”概念则生动地表达了来自不同国家的移民文化融合组成一个国家。在描述美国地方环境政治时，“多元主义”特别具有吸引力，因为，美国的治理结构赋予地方政治团体以地方土地利用的管制权力，而多元主义概念可以更好地辨识利益冲突时的多样性。正是基于在此概念，甘斯（Gans）和达维托夫（Davidoff）将其视角集中在那些竞争中处于劣势的弱势群体（见第一章）。

韦伯（Weberian）的权力关系

但为何有些个人和群体会处于劣势呢？有两种非常知名的思潮向多元主义理论提出挑战，强调阶级与系统的重要性。基于20世纪之交的中欧背景，马克斯·韦伯（Max Weber）意识到社会地位的重要性，韦伯指出社会被分成了不同的阶层。处于较高阶层的人通常更容易获取物质资源和社会地位。这种分化并不像美国梦所设想那样，是个人成就和努力的结果，而是生来就决定的。较高社会阶层的人不仅控制着市场中的机会，还控制着就业机会和地方环境（Giddens，1987）。实施控制的典型案例之一便是英国公务员这一行政阶层的产生方式，该阶层从公立学校和牛津、剑桥大学中就已开始，这些名校为其毕业生提供了享有特权的工作和社会网络影响力。社会生活不仅仅只是社会群体之间的多元竞争，更是一个不平等的竞争，较高社会阶层能够控制和维持对其有利的局面。在多元化的美国，社区在地方环境层面通过利用土地区划来实现社会分层，把那些不“符合”社区群体社会印象的人排除在外。在阶层更加根深蒂固的英国，精英阶层不仅可以出资购买具有排他性的环境，诸如乡间别墅、田园生活，而且还将整个规划体系转变为保护乡村的机制，从而间接地保护其享受土地贵族的生活方式（Williams，1975；Marsden 等，1993）。这种社会分化方式激励了社会按照收入、职业和教育程度对人进行分类。

在多元论和韦伯的概念中，由于一些群体优先获得社会经济生活中的优势机会，也就造成了不平等。取得控制权后，这些群体还会寻找各种方式来保持和强化其控制。因此，谋求解决社会不公的公共政策需要着眼于“再分配”，以帮助那些市场和社会中的弱势群体，能够获得与成功人士和特权者一样的资源和地位。战后英国颁布的住房政策就是一个正面案例，该政策试图为所有阶层提供体面的住房，这一目标具体体现在按照较高的室内标准建设住房单元（Parker Morris 标准）以及与之配套服务的全民教育医疗设施（Ward，1994）。

马克思主义的权力关系观念

马克思理论则挑战了上述多元主义理论和韦伯的观点。按照马克思理论，阶级地位不仅仅来源于社会历史，还动态地产生于资本剥削过程（见第一、二章）。在工业革命早期，正是基于资产阶级的利益，将工人工资维持在较低水平，并挑战前工业时期的土地精英阶层；同样基于资产阶级的利益，在资本主义发展后期鼓励中产阶级发育。这些中产阶级得益于资本主义的财富积累，支持提倡资本主义利益的政府。资本家还支持国家为工人提供住房、教育和医疗，因为这可以减少单个企业的工资成本，也符合资产阶级的利益。同样，支持经济结构转型、产生高失业率的经济政策，也符合资产阶级利益。如韦伯理论所述，“工人阶级”的利益不仅仅形成于改善其社会地位和生活条件的斗争中，还在于取得政府运行控制权，从而限制资产阶级确定政府议题和政策的权力。这些理念将“工人”利益与“资本家”利益、“人民”利益和“商业”利益对立起来。致力于改变这种状况的政治运动，往往将其政策目标定位在生产关系上，而不是解决贫富差距，因为贫富差距只是被视为特定资本主义生产关系的产物。因此，住房供给和管理地方环境变化脱离了资本主义（私人和市场驱动领域）的控制，由保障工人利益的政府所掌控。就结构性的生产关系而言，这一过程使得人们的利益（包括经济利益）趋于一致，减少了资本家和劳工阶层的多样性。然而在社会主义国家，以及 20 世纪中叶西欧的社会民主策略中，阶级利益的观念主导着政策争论和政治意识形态，这也反映出一个重要的、持续存在的事实——那些掌握生产方式和经济组织方式的人，对于管制其他人的思维和行为方式同样具有浓厚兴趣。这些人通过控制物质资源对政府施加影响，以及意识形态来掌握权力，构建其他人生活中的相互关系。

挑战多重主导结构

20世纪70年代，多元主义、韦伯以及马克思关于社会秩序的观点在社会学理论和公共政策领域中引起广泛的关注和争论。这些讨论在今天英国地方环境规划教材里仍有提及（Kirk，1980；Cockburn，1977；Ambrose，1986）。但是，随着经济与政治组织领域对权力的过度关注，上述争论也面临挑战，而被迫转型，甚至被忽略。而其他权力来源的特征不再用物质资源分配不公来描述，而是更加关注于主导、压迫、限制，以及显性和隐性的歧视和排斥。

近年来，许多西方国家都有很多克服歧视的倡议。将地方环境向各种有身体障碍人群开放的倡议正在改变着街道布局、公园设计和自动扶梯标识。将女性声音引入商业、政治和学术领域的倡议也已对人们的思考和行为方式产生重要影响，其原因正如之前所提到的，女性经常会将协作实践的经验引入到商业管理和政府治理中。多数情况下，女性往往能够重视观念的变化，从而逐渐推动其他思维和行为方式的发展。组织中的弱势群体来自于不同收入和社会阶层，已逐渐成为一个有影响力的群体，不断提升着人们的民主意识。所有这些都有力促进了在实践中，更加敏锐地感知社会分工中的多重维度。

但这些变化过程是缓慢的，以往如何会出现忽视“隐性”利益，如何改正，这些问题仍然存在较大争议。马克思主义等观点主张，这些问题根植于社会动力结构之中，西方社会是按照诸如父权制或者种姓制等制度化的结构原则组织起来的。如果是这样，那么公共政策即使赋予那些被排斥的社会群体以话语权，给予他们相应的资源和地位，也不会对其有多大帮助。这种观念与马克思主义分析一起，共同推进革命性的变革潮流，要求从当权者手中夺取权力，重塑制度和文化。但另外也有观点认为，无论偏见和歧视多么严重，社会变迁始终都是一个缓慢的过程。尤其对很多女性来说，她们更倾向于相互支持的合作模式，而非那些竞争性的政治与经济推动力。因此，通过渐进的合作性步骤推动变革可能比激烈地推行策略更加持久，也不容易将特定人群边缘化。按此思路，当前面临的挑战便是要在不产生新的歧视问题的情况下，解决现有的歧视问题。

研究权力关系的制度主义方法

制度主义方法研究社会生活中权力关系时，试图避免将权力界定为某一阶级或者某类成员的特有属性。该方法继承马克思主义的观点，关注人与人之间的关系，但是更强调权力形式和权力关系的复杂性。制度主义方法特别关注关系网中权力分配的方式，以及人们如何通过关系网获取物质、社会和文化资源。社会不公产生的原因在于人们可借助的关系网络资源方面的差异。人们当然可以努力与拥有更丰富资源的网络建立联系，以“创造自己的命运”。但是，这些能力却受继承因素的影响，人们“生在”特定场所的关系网中，所以在获取资源方面天生就存在差异。此外，很多关系网中都存在着一些障碍，这些障碍有意或无意地排斥着一些试图进入者。这种排斥对持有特定文化和宗教信仰的群体而言可能是合理的，因为其都源于亲缘关系。但是，如果这种排斥的网络向特权阶层提供那些大部分人都希望享有的资源时，那就是严重的问题了。因此，应当实施策略推动社会变革，鼓励开放关系网络，消除引起不平等的排斥性网络。

一方面，这些潜在的、多维度的社会分工，会产生不平等问题；而另一方面，这些潜在的社会多样性又非常重要，二者之间的矛盾给管理公共空间共享共存带来了巨大的挑战。因此，关于地方发展政策的策略咨询往往由于利益纷争而难以进行，或者被一些利益集团主导，而一部分人积极参与咨询过程最后所实现的往往也只是少数人的利益。

以上问题并不仅仅只是关乎“利益”冲突。如果只涉及利益冲突，那么这个问题可以借助新古典经济学传统词汇中的个体及其“偏好”分析就可以解决。显然，差异存在于其现有的状态中，根植于其赋予的语义，以及对事物和关系的价值判断和表达方式。这种区分方式与人们所习惯的分析单位相抵触。即使在家庭内也经常存在性别和代际的差异，正如福雷斯特（Forester）强调的那样，在规划实践中如果要想给予不同声音以话语权，那么规划编制者本身就需要具备“倾听”的能力，这不仅仅是为了表达物质利益诉求，而是要了解人们“感知”和“关心”的事物，包括那些在成长于偏见和排斥环境中，作为局外的“另类人群”所感受到的愤怒（Forester，1989）。意识到日常生活中权力关系的存在，对于本书第三部分将要讨论的协作性地方规划实践具有非常重要的作用。

社会多样性与社会极化

如果有证据表明社会不公平趋势仍在持续，那么受到歧视的人表现出愤怒就仍然具有合理性（Pinch，1993）。我们的社会政策很多都是来自于韦伯和马克思的社会概念，即社会中大量普通家庭没有体面的居住条件。应对措施便是希望通过大量供给住房，来缓解社会的不平等。到20世纪60年代，学者和政策制定者了解到很多城市社区的具体情况，该方法也越来越被证明并不有效。在这些社区中，人们生活在极度的社会歧视中，处于极端的弱势地位。尽管国家出台了以人为本和基于地方的措施，努力改善这些人的生活工作条件，然而，至少来自美国和英国的证据表明，在20世纪80年代，社会上成功者与失败者之间的差距在不断扩大（Pinch，1993）。

所给予的机会以及谋生方式和生活状态方面的不平等仍在持

续，这对于富裕的西方社会而言是令人不安的现象。20 世纪中叶所做的努力是为了改善大多数人的生活条件。但为何有些人没能从中获益？如果大多数人都有机会享受到相对丰富的资源，为什么事实上仍有一些人没能享受到这些资源？政策制定者如何回应这些问题将对后续的政策产生重大影响。有些人从个人成就视角来审视社会组织，认为这一问题的根源在于有些人性格怪异和教养不够，难以融入社会。那些通过努力奋斗融入社会的人也更加倾向于这种观点，同时也有很多人会将差异看作是社区或学校中能动过程所产生的结果，而没有意识到这些观点本身也设置了"融入"社会的标签和障碍，社区里的其他人很可能很难接受标签、克服障碍。提供公平机会的公共政策，其主要职能之一就是要破除人们无法回避的障碍，如种族、性别、生理能力、文化和生活方式（见 Little，1994b；Gilroy 和 Woods，1994，关于女性政策；Thomas 和 Krishnarayan，1993；Thomas，1995，关于种族）。

然而，获得机会和资源的不平等，不仅只是个人生活策略和社区标签化的结果，还是上文所讨论的权力关系的产物。权力关系使得每个个体在追求其有意义的生活时，所面临的困难和压力的程度有很大不同。每个人都继承了一些资产，同时也承接了一些负担和障碍，所有这些都取决于其出生时所处的关系网络，及其成长的场所环境。正如韦伯和马克思所言，导致不平等的环境会随着代际遗传，并非能轻易通过个人努力来克服，而强调性别、种族偏见的学者则进一步强化了这一观点，从而产生了旨在矫正不平等问题的政策，这些政策的实现手段包括抨击思维方式中的偏见、改变行为和语言方式以及将此前排斥在决策之外的群体引入平台。解决不平等问题因而成为文化转型中的一项重要工作，改变着人们看待自己和别人的方式。

自 20 世纪 70 年代以来，这些政策在盎格鲁撒克逊国家（Anglo-Saxon Countries）的主要受益者是此前被排除在外的中产阶级。但是，有些人没有受过教育、缺少工作机会，缺乏稳定和丰富的亲属关系网，生活在充斥着犯罪和毒品文化的社区中，有些人经历了社会福利削减，城市基本服务质量下降（由于市场化政策改革使得很多基本服务都需付费），这些人的资产仍在减少，阻碍其机会获取的藩篱依旧存在，其肩上的负担日益沉重。正如平奇（Pinch，1993）所言，产生这种情况的具体原因，在各国、各地之间都有很大差异，这取决于所在国家和区域的经济健康程度、福利制度和劳动力雇佣情况，以及导致收益和工作获取机会不公的文化和路径。但是，有一现象不容置疑，即被“主流”社会“边缘化”的人数在不断增长，由此导致“底层”人群的现象层出不穷，主流社会家庭不断“获取”和保持其资源，形成主流的文化习俗，而底层人群则处于社会边缘或被主流文化习俗排斥在“外面”（Jencks 和 Peterson，1991；Boorah 和 Hart，1995）。随着工作和生活前景日渐黯淡，以及所有家庭和家族必须更加关注自身生存和再生产，这导致许多人带着恐惧的、敌视的眼光看待那些被“边缘化”人群及其可能生活的区域。这种恐惧是双重的：一方面是害怕被犯罪分子袭击，害怕被不同的价值观侵蚀；另一方面是害怕自身陷入与边缘人群相似的困境。这种恐惧产生了强大的社会分歧和社会隔离的驱动力量，拥有机会的社会群体试图搬到与其社会阶层类似的街区居住，由此造成学校学生、医院病人和地方政府支持者和竞选者在社会构成上的变化。在美国城市中，社区层面上的“社会空间分离”进程拥有悠久的历史，从中心城到郊区的“白人群飞①”（white flight）就形象地印证了这一分离趋势。而相似的趋势在当今英国城市中也开始出现，有些人开始迁入符合其理想生活模式的居住地（Findley 和 Rogerson，1993）。

这些趋势与地方环境规划的政治和实践紧密联系在一起，反映了社区活跃分子所提出的保护社区质量的需求和倡议中。社会极

① “白人群飞”是一个源自美国的术语，开始于 20 世纪中叶，主要用于描述欧洲裔美国人从种族混杂的城市地区大规模迁移到郊区或远郊地区。

化因此是一个动态的、正在进行的“社会—空间”分异进程，其实现方式则是通过产生多样化、差异化的标签，并用于被排斥、边缘化的社会群体。当公共政策关注对象主要是集聚在特定场所中最贫困人群时，这种进程会更加明显，1979 年后的英国住房政策就属于此类情况（Blackman，1995）。那些很少有机会参与主流政治和经济制度建设的弱势群体，其在空间上往往是高度集聚的。而将集聚在特定社区中的人群贴上标签分类，就像是许多大众媒体所称的“社会底层人群”，这往往会掩盖多样性背后的原因，即为何这些人会生活在特定的场所，为何难以获得工作教育机会（Gans，1990；Campbell，1993）。关于“排他性的社区”的研究往往会得出以下结论：个人环境、生活策略与机会具有明显差异，因此在面对困难时，往往会有很多应对策略（例如 Wood 等，1995）。有的地方，不论保险公司还是分期抵押公司都认为其风险高而支付能力低，而不愿碰触。所以，在这些地方，社区合作往往得到繁荣发展，从扶助贫困到积累共享资源，用于互助的非正式机制得以建立。

但是，贫穷社区内的多样性同样也可能引起矛盾。种族矛盾通常在这些地方都非常尖锐，并造成受虐族群的日常家庭生活非常困苦。与此同时，一些控制社区的机制并不令人满意，非正规的债主往往处于非常强势的权力地位，强大的家族或帮派事实上形成一种依靠暴力的地方治理模式。如果公共政策希望给居住在这种环境的弱势群体提供更多机会，那么不仅要克服以往政策所设定的排斥性障碍，同时还要认识到此环境下生存的群体，其生活策略中复杂的、隐匿的各种社会关系维度。诸如“底层”这样的标签仅仅是进一步强化了社区排斥性的藩篱，而掩盖其中的细部差异。

社区与日常生活

当然，一些评论家认为，现代社会中滋生的社会极化和对抗问题是“社区”（community）解体的结果。政治家、市民和规划师经常怀念过去那种生活，所有人居住在一起，彼此熟悉、相互信任。在英国地方环境问题讨论中，通过都会提及对社区的固有印象。例如，有关社区的提案往往会取决于“社区”的影响；建设项目也由于可能威胁到现有社区而被否决。城市和乡村地区的社区都会有很多机会，参与各种“社区发展”运动。虽然“社区”这个词一般指的是“住在同一个地区的人群”，但其含义却远不止于此：它首先表示一个经过整合的、基于场所的社会，即德国社会学中所指的礼俗社会（Gemeinschaft，见第五章）；其次，它还隐含着与市场和政府相对等的含义（Williams，1976；Mayo，1994）。

基于场所社区的理念长期存在于规划思想当中，该理念包含对乡村生活的向往，人们的生活、工作、教育、休闲和共同事务管理等都发生在一个基于场所的世界中，人们生活在联系密切的社会网络中，共享道德秩序、文化含义、价值系统和行为方式。虽然从个体层面来看，人们得到的资源和机会可能存在差异，但他们却假设生活在共同的道德世界和感性世界之中，拥有共同的“习性”（habitus）（Bourdieu，1990），“每个人都知道他们的位置”（Williams，1975；Wiener，1991）。这种乡村牧歌生活在城市中被城市社区的意象所取代，人们在此互帮互助，共担责任保证街道安全、照顾小孩（Wilmot 和 Young，1996；Jacobs，1961）。采矿村和其他“工业城镇”（company towns）同样也有基于场所的社区，人们在此共享工作关系，建立本地的食宿文化，并抵御外来文化影响（Frankenberg，1966）。

这种理想的、基于场所的社区文化和道德秩序往往更多是一种浪漫幻想而非历史事实。正如威廉姆斯·雷蒙德（Raymond Williams）于 19 世纪和 20 世纪早期，在许多农村地区的实际社会关系分析中所展现的那样（Williams，1975），当时的城市“社区”中也和今天一样存在矛盾和暴力，与此前 19 世纪进入城市社会时的情况也没有很大差异（Hall，1988）。在这些一体的、基于场所的社区中，通常都充满限制、气氛沉闷，服务于维护阶级和性别的压迫。因此，借助此前理想化的社会组织，既不切合实际，同时对许多人而言也难以接受，因为它切断了人们与社会建立广泛关系的机会。

然而人们仍然要在公共空间下共同生活，一般也会与邻居建立比较密切的关系。邻里间的合作能为应对日常生活中遇到的很多挑战提供解决方案。同一区域、城市、社区、街道的邻居往往都有共同关注的事情，尽管他们并不共享“道德秩序”和很多社会关系。人们逐渐发现，为什么共享公共空间有利于人们合作，从而找出共同关注的议题。这并不意味着他们重新发现了礼俗社会，而是说重新找到基于场所政治团体（*political community*）的意义。如果这些人能够共享设定的共同价值观、“道德秩序”，那么他们之间的敌意可能只是暂时的。建立政治群体需要在增加信任和理解的同时，意识到多样性和差异性的存在。

“社区”这个词语带来的第二个意象便是反对主导力量。我们所讲的“社区”，往往指的是与国家、市场或“资本的力量”相对立的概念。正如在礼俗社会概念中，通常把个体置于基于场所的道德秩序里，因此“社区”的这一意象将不同个体整合为一个利益团体、市民或“普通人”，与强大的外部力量相对应。“社区”表达的是人们希望过自己所要的生活，希望生活领域不受商业组织和政治机构领域的侵扰。当然，那些试图动员商业和政治领域从而拥有权力的也是普通人，同样也会关注管理日常生活，关注亲朋好友的“普遍”市民，但与此同时，他们还需要协调正式工作与生活的其他维度之间的关系。

另一种表达共同关注的方法虽然具体表现形式不同，但是都强调通过一种更加具体的途径，即人们通过应对每日生活的挑战，形成各自的策略和利益诉求，而不是强调人们作为市民或普通人的利益。“每日生活”这一词原则上是指所谓的日常生活（Lefebvre，1991），但还可以进行扩展，包括人们对每天究竟要做些什么的思考与关注，以及对于物质需求、道德目标和情感需要的关注。尤其是后者，塑造了人们对生活目标的期望和渴望。这种观点对以往将工作与生活其他方面人为分离的做法提出质疑，同时也抨击了政府部门分割的服务方式。这种观点多年来不断得到印证，后来被当代女性运动赋予了新的动力（Ottes 等，1995）。在斯堪的纳维亚，北欧国家的一些学者通过一项合作研究项目，为此方法提出一个口号，叫作《每日新生活——方式和途径》（The New Everyday Life—ways and means）（Nord，1991）。这也说明女性更加清楚地意识到现今"分离的每日生活"（split-up everyday life）中的问题：

> 作为功能主义城市规划方法的结果之一，就是导致了清晰的、物质空间隔离的问题。这里是住宅，那里是托儿所，这里是工作场所，那里又是祖母所住的医院。每个机构都能很好地单独解决居住、照看问题，但是，所有这些却以一种复杂方式将时间与空间组合堆砌在一起。
>
> 然而，这却不仅仅是一个地理和物质层面的距离问题，还存在着更深层次的隔离。福利社会应该强调人们在考虑工作的同时，还需要将其他诸如家、市场、公共机构等生活中的元素联系在一起，其中每个元素都有其特殊规则和逻辑，需要一一了解。女性的时间和精力很多都花在将这些现实生活片段中，同时也提醒人们这些元素是相互联系的整体。（Nord，1991，11-12 页）

上述分析导致了对"中间层面"（intermediary level）的讨论，即链接私人生活和正式公共场合的层面（Nord，1991；Horelli 和 Vespa，1994）。在此情况下，这种非正式的政治群体对于实际组织生活、工作和抚养活动的作用而言，就如同其选出代表组建政府一样重要。

因此，"社区"的诉求可以视为在政策论坛和剧场中，对其生活策略和"每日生活"关注议题的正式声明，政治团体通过这些论坛和剧场表达其诉求，集体行动在此进行组织。"中间层面"不仅涉及对人们生活、工作、再生产和休闲等生活整体性的认识，还包括对现今社会中，缺乏大规模组织力量来完成这一整合工作的担忧，而现实中这些困难的整合工作主要由女性承担。在接下来的几十年，地方环境规划的一个关键问题便是在城市区域空间战略和社区空间组织中如何能够减轻上述负担。市场已对此做出回应：城镇零售业综合体在城市边缘区不断涌现，这一形式很好地迎合了上班族、驾车者和中产阶层父母的需求。

这种转变摒弃了以往的理想化的生活方式，承认了生活策略和生活世界中的社会多样性。然而，来自不同背景，拥有不同关系资源的人仍然希望与邻里合作，从而减轻其遭遇的时空障碍，或者克服自身的孤独感，建立新的社会关系，或者基于其他原因。因此，通过每日的生活，人们可能在区域、城市、城镇、乡村或街区内找到一个公共领域，来探讨共同关注的话题，并与同样关注此话题的其他人沟通交流。而这种沟通与交流活动所面临的挑战便是寻找适宜的合作方式,处理“邻居”之间的不同视角和意见，培养结构转型的能力，改变那些使人们日常生活变得艰难的权力结构。而社区动员就是建立协作共识丰富经验的领域（community mobilisation）。

社会生活与地方环境

在当前社会，工作的社会化趋势可以总结为人们生活方式和家庭形式的理念从同质性向异质性的转变。伴随着人与场所之间的关系日益紧密，当今的社会科学和城市规划理念也比 20 世纪中叶，更多地意识到社会的多样性和差异性，同时也认识到人与场所之间越来越密切的联系。尽管社区曾被认为是不同社会群体和谐相处的场所，共享社会秩序，包含了人们赖以生存的主要关系网，但现在，人们的关系网和支持系统在许多层面都得到扩展。邻居们都生活在不同的“生活世界”（lifeworlds）里，与所居住社区的关系也可能只是在街上偶尔遇到一些邻居。面对社会多样性，许多人可能畏惧与不同特质的“其他人”碰面，或者混居在社区中，为此有些家庭可能会在住房选址时，考虑保持或者创造适合自己的生活方式和生活策略，而这也形成了新的城市区域空间分异。这些动态分异过程进一步加剧了社会碎片化和社会冲突，缺少物质资源和社会关系来实现其生活理想的人将会逐渐被排挤在外。社会极化与社群排斥成为一个相互促进的过程，通过给不同人群贴标签，以及通过差异化地控制介入正规经济和社会福利的机会来实现。经济结构转型使得劳动更具有弹性，社会福利调整则减少了“纳税人”的成本，在此情况下，人们又需要重新借助家庭合作、亲戚帮助、朋友支持和社区网络来获得物质资源和情感关怀。这一转型的重任往往会落在缺乏物质和社会资源的人和妇女身上（基于女性传统的社会地位）。由这些变化所导致的一项后果就是日常生活运转和再生产的应对措施变得非常多样化和复杂化，而且对于地方环境中的公共服务与设施变化非常敏感。

这种社会发展趋势为地方环境规划提供了以下启示：首先，人们不能简单按照人口学或社会学标准，将人群分类以满足利益与价值的多样需求。其次，更不能假定价值体系与生活组织方式相似的人群会集聚在特定的场所中居住。未来在许多地方都将会出现社会多样化，这一结果是积极的、可见的，但其过程却是悄无声息、隐性的，而在一个场所中的人群也可以通过其关系网吸纳其他场所人群的观点。那么这一变化对公共空间共享共存意味着什么？基于这种空间会形成什么样的场所？这些问题显然不能简单地通过标准化的区划纲要或社区设计导则解决。在管理地方环境变化过程中，重要挑战之一便是要辨识特定地区涉及的多元主体关注什么，并相应提出服务于大多数人的管理方法，同时还要尽可能地包容不同的利益诉求和价值观。只有这样，将规划体系中的理念、观点转变为程序性的、合法的、经济上可行的工具才有意义。即便如此，也还需要进一步调整以满足特殊的地方发展目标。

近年来，在公共空间领域，人们面临的挑战愈加复杂，这并非只是因为已认识到的社会分异程度问题。社会分异过程本身就是充满变数的。当人们发掘新的生活理念，不断探索新生活的方式，或者解决物质资源的新极限时，就会产生住宅类型或者居住地点的新需求。当人们沿着新的路线、乘坐新的交通工具去旅行时，会在不同的时间和地点购物，新的房地产、零售业和娱乐产业也应运而生。这些产业通过设计新产品，在不同的地点提供新的建筑结构来应对需求的变化。当原居民排斥这些新事物时，不仅仅会产生冲突，还可能改变城市区域的空间结构。这就使促使人们重新关注和思考城市空间结构，但是又不能只是借助过去的印象，诸如层级化的中心地、由城市中心向外辐射的土地级差，以及被绿带环绕的田园城市等（如阿伯克隆比 Abercrombie 的伦敦地区空间战略，见第一章）。而现在人们认为城市是一个流动的、多节点的、多层复杂的结构，因此需要找出描述城市活力的组织理念需要努力加强思维想象力，更好地理解“社会空间”。

在场所意义、环境质量评价及实现途径等方面，“社会空间”动力反过来又可以导致大量冲突。而在这些冲突中还夹杂着人们多样化的利益诉求和生活战略目标，及其关系承诺和畏惧，对失去物质和社会资源的畏惧，偶遇到不同类型其他人的畏惧，以及遭受盗窃和攻击的畏惧。一个地方的游乐场所很容易就能被联想为小偷扒窃或者吸毒者聚集的场所。恐惧与道德和审美一样，都不能用工具理性语言进行解释。因此，需要重新调整这些议题的讨论方式，从而能够认识到人们关注事物的不同维度，还要采取相关方认可的公平和合法方式，调停和解决冲突。

地方环境变迁的冲突不仅仅存在于人与人之间，而在更广范围承载的经济与政治组织的力量则会影响议题的建立与讨论方式。这些强大的抽象系统很少关注人们日常生活中面临的困境，其原因部分由于这些困境过于频繁反而被忽视，并常常被贴上私人空间和女性世界的标签。这就意味着公共政策应该像关注环境影响和商业盈亏分析那样关注社会影响分析。但是，如果社会影响分析仅仅是对群体利益或个人偏好进行工具化的技术分析，那么就很难了解人们基于“日常生活视角”所关注的议题。因此，需要改变分析方式，引入更加积极的讨论过程，从而吸纳“地方知识”（见第二章）。而这就需要一个公共的领域、论坛和平台来进行讨论，在此平台上，可以充分辨识不同的观点，并允许人们自由地发言和倾听，建立充分的信任，从而可以将讨论内容转化为实践。建立一种关系能力，从而可以开展基于理解和信任的公开讨论，这是重建西方社会政治团体所面临的重要挑战。

然而，在这种讨论中，只是对那些成员可以进入论坛做出简单的假设是远远不够的。一个空间不仅仅关乎当地居住者的利益，以及通过关系网络与居住者有联系的人的利益，而是会对其他地方的人也会产生影响，影响其生活策略中可利用的资源，以及可能面临的障碍。在地方环境规划中，常常会出现这种界定利益相关方的范围问题，并体现在诸如受地方排斥的土地利用 LULU（locally-unwanted land uses）和邻避 NIMBY（not in my back yard）等专业术语中。没人希望在周边建立一个垃圾处理厂，但每个城市的确需要这样的基础设施。一些人想要住在平和宁静的地方，从而将吵闹的骑车者和卖艺者隔离在社区街道外。一些人想要保护景观环境和开阔空间，但这样做也会使另外一些人更加难以获得可支付住房。人们想使自己的花园四季常青，坐车到处兜风，享受各种的复杂电子设备，但是这样做也会消耗和污染人类及其子孙后代赖以生存的资源。现实中,很多规划冲突以“我们”和“他们”的形式发生，就好像是不同群体间的冲突，这也促进了排斥性的公共策略。如果采取这种形式，地方民主将会沦为主流群体排挤弱势群体的工具。

然而，这些环境方面案例同样也清楚地说明，冲突不仅存在与“我们”与“他们”之间，同时，也存在于我们内部。对此问题的认识将有助于建立民主的辩论方式，即辩论应该是包容的，不会将差异边缘化。在许多美国中心城很多衰败城市社区中，以及在前南斯拉夫激进战争和“种族清洗”的语汇中，都展示出试图通过排斥隔离来改变社会多样性生活的情景。在类似压力下，地方治理机制也存在这种风险，特别是那些具有相当自主性的地方。这也对地方环境辩论过程的伦理问题，以及权利保护的体制机制设计问题提出疑问。这些议题将在本书第三部分进一步讨论。下一章将会将会转向商业和经济方面，讨论二者如何与地方环境产生联系，以及如何基于制度主义视角，采用适当的组织方式解决这些问题。

第五章

地方经济、土地和财产

空间规划和经济活动

本章讨论经济组织和商业活动中出现的对地方环境质量的关注。西方工业资本主义特征之一便是经济活动和日常生活相分离，包括时间（在企业和办公的工作时间内上班）的分离和空间（去工作地点上班）的分离。同样在西方理性主义的背景下，现代生活将物质增长和技术进步视为福利水平测度的标准（见 Ekins，1986）。通过社会技能、公司管理和货币形式的发展，工程技术（交通与通信、节约劳动力的机械设备）的改进，物质资源得到了极大的丰富，并重新塑造了人们的日常生活及生活策略。这些技术渗入我们的"生活世界"（lifeworld）之中，形成了追求物质进步的哲学，追求经济的持续增长，这也为经济组织主导公共政策，以及在政策中优先考量经济维度提供了意识形态上的支撑。

追求经济增长和关注地方环境质量二者间的关系一直模糊不清的。受新古典主义宏观经济学观念的影响，经济组织已经成为国家政府和国际贸易合作的重要前提。区域经济也被解释为由国家政策所建构的国民经济子系统（Richardson，1969）。空间规划有时用于促进和适应经济活动，有时又用于管制经济活动，彰显其他的价值观，尤其环境保护或社会公平。用经济学的语言来讲，空间规划的目的在于矫正市场内部的失灵（经济成本），或解决市场活动的外部性问题（社会成本）（见 Bishop，Kay 和 Mayer，1995；Harvey，1987；Evans，1985）。本章的主要内容是，地方经济生活的组织对于国家整体经济的作用远比宏观经济学所倡导的重要，在现今全球化的经济生活秩序中，地方环境质量和制度水平对于城市区域之间的竞争而言尤为重要。

经济生活与日常生活、场所质量之间的关系在20世纪上半叶的规划思想中就有所体现。基于盖迪斯（Geddes）“场所—人—工作”（place-folk-work）理念，帕德里克·阿伯克隆比（Patrick Abercrombie）认为，规划的重点在于提倡“美观、健康和便捷”（Beauty，health and convenience）。“便捷”这个词是用来概括经济生活的氛围，但同样也作为描述综合服务设施的概念，当然这主要从工人的视角出发，但同样政府与纳税者也从不同城市建造方式所花费的经济成本的视角，对此做出回应：

> 如果美观和健康阻碍了经济的便捷（convenience），那么也应受到谴责。便捷性最能清晰展示城镇规划的优点。私人所有的小规模场地规划，其缺点是……房地产建设项目对通过的交通路径会产生影响：如果没有对河流入水口和滨河建设的控制，所有投入河流整治的资金都是徒劳。还有，如果不研究职住之间的便捷性，而单独为了健康改善住房条件也是徒劳。城镇规划总体目标是通过各种方式使得城市成为一个便捷的工作场所，其实施手段主要是通过设计和改变其商业区、工业区、铁路设施和水岸线，这样可以为经营者节约资本，为居民减少通勤时间和精力。而相对次要的问题才是，具体建造哪种类型的固定资产，房地产的具体选址与工厂企业之间的关系（Abercrombie，1944，108–109页）。

这一观点在20世纪50年代基布尔（Keeble）为规划师编写的教科书中得到了进一步的发展（Keeble，1952）。首先是以人为本，即以城镇居民为出发点，然后计算出需要多少个工作岗位（以家庭中的男性户主为主），以及由此需要为工业和服务业提供的土地规模。影响这一时期规划实践和规划教材的假设是，未来能提供充足的就业岗位。根据凯恩斯宏观经济政策中的保障“充分就业”（见第一章），合理综合区域再分配政策和地方建设企业行为将会保障所有人就业。而在理论上，这些观点很好地契合了新古典主义区域经济学的经济基础理论（Richardson，1969）。区域经济学模型也为 20 世纪 60 年代城市系统模型的发展提供了基础（见第一章）。二者都假设存在一个经济基础，从而可以产生就业、家庭和对服务业的需求，以及在服务行业产生更多的工作岗位。建模者接下来假设层级式的城市形态，以此为前提，布置交通流线、居住区位置和不同工业区的位置（例如 Black，1990）。

直至 20 世纪 70 年代，区域和城市规划师们一直都认为，由于凯恩斯政策可以保障经济稳健发展，所以已经完全不需要经济衰退救助。而随着其后又一次出现经济大萧条，英国的地方政治家、劳工代表和地方商业团体再次面临着地方经济衰退的威胁。分析家们现在承认，20 世纪 50、60 年代是西方经济史上的一个特殊时期，由于彼时经济持续增长，所以并不需要考虑经济发展的前提条件。而如今，对经济活动的周期性认识比以前更加深刻，如康德拉杰耶夫（Kondratieff）的经济发展波动周期理论，即经济发展总被周期性的衰退和萧条，或从工业经济（福特制）向后工业经济（后福特制）的转变所打断（Amin，1994）。然而无论何种解释，都难以避免这种经济重构对城市景观和城市社会经济生活所带来的影响，这些城市建立在工业资本主义之上，运用工程技术，并基于受帝国保护的市场基础（以英国为案例）。然而大萧条时期，工作岗位逐渐减少，企业和港口设施被废弃，留下了大片被废弃、受污染的地区（Massey 和 Meegan，1982）。

应对上述城市区域问题的政策，主要关注地方经济再生的方式。传统的将一系列经济活动聚集于一个地区的经济政策已经不再成立。这导致了一个政策结论是，地方经济仅仅依靠宏观经济政策是很难为本地创造足够的就业机会，因此必须积极创造地方经济生存的内在条件，即维持现有企业的同时吸引流动资本。地方经济需要自身活力，这一认识基于当前日益增长的经济活动流动性。即使在扩张的经济产业部门，如信息技术、远程信息处理、生物工程、金融服务业以及休闲产业中，城市经济相关人士也发现必要与其他区域竞争，才能吸引和留住企业（Harvey，1985；

Bacaria，1994）。城市间的经济竞争在20世纪70年代末的美国初具雏形，而十年后在欧洲得到蓬勃发展。激烈的城市竞争给地方政治家带来很大压力，迫使其必须对政治捐客提出的创造就业机会、优化地方商业环境的要求做出回应，同时要在促进地方经济发展中也要扮演更加积极的角色。地方经济发展策略往往以增加地方资产为目标，并伴之以富有活力的城市营销（urban marketing）。自20世纪70年代起，这些城市经营手段就成为区域间竞争的重要“谋略”，得到广泛提倡（Piore和Sabel，1984；Blakeley，1989；Ashworth和Voogd，1990）。场所营造的任务于是也就聚焦于城市质量，并将其作为重要的经济资产。

当前，应对新经济形势的政策需要更加关注场所中的经济活动，谨慎地思考地方策略可在多大程度上促进地方企业的生存和健康发展，以及这些策略是否可行。同时，也意味着政策不仅需要考虑空间组织、城市设计、土地与基础设施，还需要考虑劳工技能和培训策略，居住环境质量和新兴产业熟练员工的文化资产；发展商业和企业管理的技能；以及随着公司发展和寻找到市场商机时，获取金融投资的能力。同时，这也意味着地方政府应熟悉不同行业的企业所面临的竞争压力和市场机遇，了解由此而产生的地方政府政策支持的企业需求。此外，还意味着地方政府还需了解区域内哪些行业的企业会在何时停业，并知晓由此产生的可能后果。在英国，梅西（Massey）对于失业多种因素的创新研究提出（Massey、Meegan，1982），应该跳出传统经济基础模型（该模型认为区域经济发展与其核心的主导产业密切相关）来思考地方经济，将城市经济视作多层级的、复杂的经济联系网络，这些网络将企业与不同空间范围的产品输入和市场连接，并受到多重动力的驱动。在这种多元的“开放系统”中，地方经济发展策略需要了解各经济部门的不同竞争情况，并解决企业在本区域经营期间应当如何为地方获取部分利益（Campbell，1990；Cochrane，1987）。地方经济发展策略还需要更加积极主动，而非仅仅基于社会与环境因素，对经济活动进行管制。

部门化的地方经济发展方式最初似乎忽略了地方环境管理和土地使用开发管制。然而，现在对地方环境的管理又开始重新回归，其原因有三：第一，土地、建筑和基础设施的供给仍然是吸引和留住企业的重要因素，而且这也是地方政府所掌握的、提升地方经济的有限手段之一，尤其是在比较集权的英国，资助和培训项目一般都由国家和区域政府所控制（Turok，1992）；第二，已经越来越多的人认识到，“高质量”的地方环境是重要的“资产”，城市质量具有市场价值，能够提升吸引投资的竞争力（Harvey，1985；Ashworth 和 Voogd，1990；Kearns，1993）。第三，在对城市区域的众多投资中，很大一部分投资流向了土地和房屋，这使得房地产开发活动作为地方经济发展的一个重要维度，成为地方发展的焦点。

至少在英国，关于地方经济发展的许多文献都从公共政策视角回顾了诸多涉及的议题。本章从企业的视角出发，在解读地方经济发展方式的基础上，提出可能的政策回应。本章将从地方经济和房地产发展两个维度进行研究，其目的在于说明地方关系为何对经济组织如此重要，尽管现有经济组织倾向于“解除”企业与其所在区域的联系。本章还将辨识企业在某个地区潜在的“利害关系”，从而说明研究地方经济和房地产开发行为的制度主义方法包括哪些内容，并提出运用协作性方法制定公共空间共享管理的地方策略案例，从而成为促进经济发展的制度能力建设要点。

什么是地方经济？

自给自足、出口导向还是开放体系？

城市区域的经济生活可以通过很多方式进行概念化，这些会体现问题和政策讨论的日常用语和地方政治辩论中。从人们家庭的视角而言，经济可能意味着一份工作或一些工作机会。直至今天，这仍是英国规划实践的主导观念。地方经济发展的主要任务被认为是为本地人提供就业机会，测度地方经济健康与否的标准便是失业率。而对那些商店所有者或资产投资者而言，“经济”可能只是一个地方的整体资产水平，它影响着人们的消费水平以及商店和办公室的租金水平。对其而言，估算地方生产总值（GDP）或消费者购买力，可能比计算失业率更为重要。就此而言，土地利用规划政策在理解经济时可能会更强调“经济”或“商业”。

随着新技术发展，实现了所期望的“经济增长而岗位减少”（job-less growth），以上两种测度方法开始逐渐分离。在英国，重新建造的钢厂和工程技术公司现在是世界上最有竞争力和最有生产力的，但却只需雇佣少量的劳动力。工作岗位增长的领域主要是服务业，但服务业中很多都是低薪、低技能的工作岗位。正因为如此，在制定地方经济发展策略时，会涉及支持公司的类型以及期望的结果，而这往往会引起政治纷争。

而另外一些地方经济的思考方式则是源于区域经济地理学。正如第一章中所述，早期区域经济学家经常设想一个自给自足的城市经济，农业和采矿业是该城市经济的基础，并衍生出制造业以满足农民和工人的需求，而紧接着又产生了服务业。这种观点成为霍华德“田园城市”（Garden City）理念的基础（见第一章）。而环境学思想又重新采用这一理念，关注发展自给自足的地方经济，以防止掠夺别处的资源，减少垃圾的生成和向外排放（Beatley，1994；Ekins，1986）。

此后，源于“出口导向制造业”的基础产业理念很快就取代了自给自足的经济发展观念。基础产业理念支持区域再分配政策和20世纪中叶的其他工业发展政策。此外，它还构建了一套规划分析体系，包括城市物质空间设计、城市系统分析（如在第一章所述）。在英国20世纪50、60年代的区域发展政策中，工业从“拥挤的地区”（尤其在伦敦）疏解出来，为其他新建的、正在扩张的城镇提供“经济基础”，或者作为龙头产业重新激活已经衰败的老工业区。法国也有过相似的政策，其政策关注建设新的“增长极”（Growth poles），以平衡巴黎对周边产业过于强大的吸引力（Perroux，1955）。

然而到了20世纪80年代，由于引入工业自动化和经济重构，制造业提供的就业岗位开始减少。而这也就产生另一种思想，即认为服务业本身可以成为地方经济发展的“引擎”。如今许多分析者将服务业分为两类，一类是服务国际或国内范围的“生产性服务业”，一类是以区域内人群和企业为支撑的“消费性服务业”（Moulaert和Todtling，1995）。因此，全球金融首都（纽约、伦敦和东京）将为世界各地提供服务的金融业作为其经济基础。然而，由于技术创新以及国家层面放松管制而形成的更加激烈的竞争环境，这些服务业自身也明显受到经济重构影响，其结果导致金融服务业就业岗位大量减少，而在其他服务行业由于通信技术的进步，则导致劳动时间的削减。由此可能产生的连锁效应便是，以金融服务网点为重要支撑的办公区和市中心很可能像此前工业区一样，受产业重构影响产生空置的场所和建筑。在如今全球化的环境中，新的信息技术和远程通信技术发展迅猛，因此很难找到一个产业领域是持久安全的。

这种界定经济基础方式的变化，说明人们已经认识到没有一个固定的模型可以概括城市区域经济。每个模型都“依赖”于主要经济活动及网络的组合，都以其独特方式与地方连接。当前城市区域的问题在于，作为地方经济基础的企业可能存在于特定的关系网中，而城市区域空间对关系网而言并不那么重要。一个城市在特定时间提供的运营条件只适合某一类企业。当市场环境或者当企业关系网的需求发生变化时，城市提供的条件对于企业的价值可能会相应发生改变。因此，企业不再是地方经济的固定要素，而是地方资产短暂的、动态的使用者以及地方就业、经济繁荣的贡献者。但是，这并不意味着企业的地方关系不重要。一个地方有可能会给企业的生产网络提供附加价值，从而促进已有企业繁荣发展，而新的企业趋之若鹜。而这种地方资源有可能是当地的劳动力素质，也可能是吸引企业所需熟练技术工人的地方环境，还可能是当地深厚文化知识和技术底蕴以及场所中建立的关系。这些场所中的资源有助于科技研发、识别和开拓新市场和引进新技术等。基于上述情况，关注重点也由特定产业部门的经济分析以及如何吸引行业的重点企业，转向区域中企业有最初生产到最终消费的“产业链”(production filiere)或“价值链”(value-added chain)上来。企业可以在产业链中发展商机，但很少有企业能够控制整个链条。然而，地方经济发展策略能够帮助本地企业和外来企业寻找增加其生产经营“附加值”的方式(Camagni，1991；Camagni 和 Salone，1993；Amin 和 Thrift，1994)。

开放体系的“附加值”：制度主义视角

这种方法主要反映了从制度主义视角出发理解地方经济发展的动力。在经济分析中，制度主义方法主要运用区域经济重构的政治经济学和制度经济学(Hodgson，1993b)。前者主要分析资本主义生产的模式变化，由“福特制”生产方式中的大规模生产、垂直组织的企业形式转变为灵活的生产关系，企业之间形成扁平化的水平网络关系(Boyer，1991；Amin，1994)。制度经济学家则关注于经济活动的制度条件，与政治经济学家一致，其也关注生产进程中的制度关系变化。在传统政治经济学思想中，研究者强调从福特制生产形式转向更加灵活的组织形式，前者以层级式的大规模生产为基础，而后者则强调不同企业集群形成宽松的、网络化的契约关系，从而满足更加挑剔的市场，生产出具有差异性的产品(Amin，1994)。相比于特定的经济组织，关于“福特制”和“后福特制”的特点及其相互转换的讨论更加激烈。但有一点则得到共识的，那就是全球经济关系对个体企业未来发展的影响力度不断增强，生产关系将会趋向更加灵活，企业从过去垂直的、整合形态转向灵活多样的“外包”(out-sourcing)式。

同样，在制度经济学的文献中，也越来越重视区域经济，认为特定场所内的社会可利用资源是生产过程中“附加值”的关键因素（Granovetter，1985；Amin 和 Thrift，1995）。各场所之所以有着不同的关系质量，不仅因为工作环境的不同，还因为人们日常生活的网络差异。这也就产生了智力资源、社会交往和文化习俗，从而可能激发或者限制特定的经济发展。上文所述的这些特殊社会环境和人际圈，在阿敏（Amin）等学者对制鞋业的研究中得到佐证（Amin 和 Thrift，1992），在意大利经济活跃的艾米利亚－罗马涅区（Emilia Romagna）区域进行研究（Camagni 和 Salone，1993；Harrison，1994a，b）以及萨克瑟尼安（Saxenian）对美国硅谷和 128 国道等地区（Saxenian，1994）的对比研究中也都有相关论述。这些研究强调了地方经济发展的三个关键点：首先，基于地方的固定资产与场所的社会和政治状况相关，这些资产可以帮助企业获益，也可能使其面临囧困；其次，这些资产在形式上相互关联，形成一个场所的制度能力（institutional capacity），即场所社会网络中可获得的主要关系资源；第三，地方制度能力的高低对许多企业都很重要，并由此关系到国家经济的整体表现。这一认识，即使在英国，也已经上升到经济政策层面，并得到商业群体的支持。这些商业群体非常关注商业的外部环境质量，就如同居民关注就业机会和地方购买力。

由此出现一种自相矛盾的现象，即企业处在灵活的社会网络中，不愿意为资源或者市场被禁锢在特定的场所中，但同时却很关注一个地区的制度支持能力和关系资源的丰富程度。这些资源部分是需要长期观察的品质，例如劳动力市场特征；一部分则是激发知识在地方自由传播的知识资源和信任关系。这两类资源都基于场所中更为广泛的社会关系，而这些社会关系又被“嵌入”特定的地理和历史环境，以及思想和组织的地方文化中。正如 20 世纪 80 年代意大利艾米利亚－罗马涅区（Emilia Romagna）和东北部的威尼托区（Veneto），富有活力的工业区概念体现出地方关系资源的丰富程度在促进地方经济发展中扮演了十分重要的角色

（Amin 和 Thrift，1992）。

以上分析可以得出一个结论：一个地区在全球经济中的竞争地位，取决于其发展历史和当前区位。该结论实际上否定了通过积极转变思路和建构新关系资源的可能性。然而，制度主义方法实际上改变了地方经济发展策略的重点，从“物品”供应（例如特定的就业机会、培训场所、物业单元、基础设施等）转向建构地方制度能力。这反过来又需要集中于地方新知识、新关系和新文化导向的建立，发展“地方的智力资本和社会资本”（Innes 等，1994）。重建地方的制度能力还涉及重新梳理（剥离或重新嵌入）日常生活和商业活动之间的关系。

在此背景下，制度主义方法研究地方经济的价值在于，其关注点超越企业或者行业部门,而是扩大到企业发展的关系网。所以，政策也开始聚焦于建立公司之间、公司与场所之间的联系，其建立联系的实践途径即包括一些诸如地方采购、安排培训等具体措施，还包括建立更加丰富的关系网络，从而使得地方对于企业和其主要关联机构更具吸引力。同时，它还通过金融流通和区域资产消费（如道路空间、供水和环境质量等），研究企业活动影响地方的具体方式和途径。就业市场也可以从这种关系视角进行分析，例如通过检测企业所招职工的类型以及人们获得工作岗位的方式，可以获知该地方关系资源的特征。制度主义方法还进一步强调，在企业经营活动的网络中，其市场竞争优势也应该包括关系网络，当企业遇到困难或需要承担风险时，能从这些关系网络中获得支持与帮助。这也意味着，提高地方关系的密集程度可以吸引企业留在本地，帮助企业生存与发展，而其实现路径则包括建立和完善制度的软环境，从而有助于企业建立持有的信任和互助关系，尤其是与地方治理机构之间建立良好关系。作为回报，企业也会认识到需要为其环境行为负责，并在其商业利益中做出对地方的“道德承诺”。企业会发现，无论出于内部运转考虑，还是为了丰富其融入地方社会的关系网络，都应与所在的场所建立协作性关系。由此，企业会逐渐认识到，经济领域与日常生活不可分割。

非正式经济关系

地方经济不仅仅包含正式注册的企业集合（Williams 和 Windebanck，1994）。如果经济活动指的是所有产品生产和交换的方式，那么也应纳入其他形式的经济组织。在零售业领域，有很多非正式的经营案例，包括慈善捐赠品义卖、汽车尾箱销售和周末市场，以及前工业化时期就已出现的临时性市场。一般而言，政府都试图对这些行为进行管制，以确保其健康和安全，保障交通和公平竞争，当然除管制之外还也会有一些新的治理方式。产品和服务的提供也是这样，很多非正规经济活动会转变为正式的经济关系，以获得政府许可，从而通过正规化获取新的市场商机。

此外，还存在很多非正式的贸易和交换（Pahl，1984）。人们可能会以互惠方式来提供服务，也可能通过非正式支付的手段来提供服务（比如小规模建筑装修工作、保洁或其他家政）。而在一些高失业地区，实物交易可能发展出非常复杂的制度形式，比如通过自家菜地上种的蔬菜来支付汽车修理款项（例如，Williams，1995）等。通常，在地方环境运动中，越来越重视寻找其他方式，将经济关系概念化和实践化（Ekins，1986）。

由于这些经济活动是非正式的，处于管制"之外"，因此其规模和特质往往是隐性的。通过，非正规经济基于经济和社会两方面动机的综合结果，其中互惠和协作必不可少。社区的非正规经济要平衡两方面的压力：一是要追求经济效益，这是商业活动的主要目的；二是担负对社区成员的社会责任感（McArthur，1993）。非正规经济可能会故意保持小规模的、隐性的状态。如果缺乏信任（例如在福利和市场商机之间的平衡游戏），个体投资创业者将会失去非正式的市场商机。非正规经济虽然常常被忽视，或者被认为是边缘化的行为，甚至被贴上"黑市经济"（black economy）的标签，但是，却成为贫困家庭的重要收入来源，也为很多人提供了有价值的服务。在发展中国家，正规经济通常仅能够提供很少的城市工作岗位，而人们也已经逐渐认识到非正规经济是经济增长的重要来源，还是提供物质帮助的重要方式。现今的国际援助政策也比过去更加积极地看待非正规经济活动。而在西方国家，如果失业率居高不下，政府则也可能与第三世界国家一样，需要对地方经济中的非正规经济活动持积极态度了。

然而，不是所有正规的企业都会去寻求与地方的合作，而在缺乏管制的情况下,正规企业也会采取自利和剥削性的策略。同样，并非所有的非正式经济关系都是有益的：其中一些只是在过程和技术上绕开管制，但还有一些更复杂的犯罪经济活动网络，寄生在正式的管制经济活动中，通过盗窃、“内部交易”、非法物品交易（多为毒品）来获取利益。在地方经济发展的讨论中，往往会忽视那些产生腐败行为的关系网络，尽管这些腐败行为会带来很多负面影响，而地方土地和不动产的投资也很有可能来自非法活动的收入。犯罪网络提供的不仅仅是获取财富的路径，而且还会将人们的行为和利益模式固化，使其成为正规经济和地方治理机制的对立面。一些群体会发展“政治领地”以控制的特定经济部门，例如寻求娱乐业的保护伞，或在施工场地实施破坏和偷盗以敲诈“勒索”。当然，也有一些非法人员可能做的还不坏，会向其社区投入资源。一个极端的例子便是，黑手党的钱流入到了西西里岛地区，成为毒品获利和其他相关“收益”的“避风港”。这些非法经济活动通常是非常精密的，并以微妙的方式影响着地方环境和管理政策。而规划部门对此要么不知情，要么默不作声。这些现象在现代城市中越加明显，大家都已意识到毒品与犯罪经济活动之间的联系：会影响中心城区、商业区和一些社区的安全，而解决这些影响可能意味着经济效率的损失。而且，试图解决这些非法问题的主导力量可能也是由非正式的权力关系所直接操控，或者间接地采用侍从主义政治（Eisenstadt 和 Lamarchand，1981）。由于政治团体的利益主导者试图将其与各种社会危害（例如毒品传播和犯罪）的负面影响隔离，于是“社会—空间”的极化现象得以加强，但是这种隔离拉大了社会差距，从而阻碍了相互之间的沟通和理解，使得问题更加恶化。

因此，地方经济并不是像新古典区位理论中假定的那样，是一系列内部相互支撑的、整合的关系集合体。而是参与经济交易的企业与个体的集合，每个参与者都有其关系网，并通过该网络输入产品和输出市场，并与所在地的社会发生关联。企业（或者个体）的供给渠道、市场与其他企业的社会网络通常在其所在的区域之外，从而将其绑定到难以控制的权力关系中。在此情况下，企业逐渐学会竞争与协作。竞争迫使企业不断寻找新的比较优势，调节生产成本，从而可能导致更加灵活的雇佣方式，以及更加灵活地与供应商签订合同。协作方式则可以鼓励企业建立相互支持的网络。在帮助地方网络发展和制度能力建设方面，公共政策也可以发挥作用。如果社会网络能够集中于一个地区，只要这个地区的企业在竞争中处于有利位置，那么该地区经济就会繁荣。但是，如果地方关系又不能支撑其富有活力的经济创新，或者较大规模企业不能够发展出较多地区内部的联系，那么企业将失去竞争力，地区的经济发展也不容乐观。

地方经济、土地、不动产市场和规划条例

地方经济关键要素之一就是房地产市场以及所有权关系、使用者需求、投资和发展行为，这些可以塑造本地区空间环境的供给。在地区劳动力市场，企业可以利用本地区的特殊技能或者特定薪酬比率的人力资源储备。与之相似，地区土地市场也整合了各种类型企业的空间和投资需求，形成差异化的空间质量和价值。然而，很少有分析说明房地产“部门”是如何适应地方经济的（但是请见 Turok，1992）。同样，在规划文化中，直至现在，也很少关注房地产市场的本质和功能，以及其如何受到土地利用管制的影响（Healey 和 Barrett，1985）。这部分是出于观念上的原因。在新古典

经济理论中，房地产市场是由消费需求驱动的，并反映在价格上面。市场被假设为能够回应各经济部门不同类型需求的变化，经济行为可以基于地方经济部门的分析来进行预测。马克思主义则强调了土地所有者在拉动资本主义生产或工人住房土地供给方面的潜力。马克思主义认为，土地所有者会将产出的部分获益占为己有，从而迫使土地价格上涨，并由此导致工资和生产成本也相应增长。因此，工人和资本家都倾向将土地收归国有或管制土地所有者的行为，来限制土地所有者的权力（见 Healey，1991a）。

历史上，很多地方的土地利用规划体系早期都源于抑制房地产投机行为，形成有秩序市场的期望（Weiss，1987；Sutcliffe，1981；Ward，1994）。在德国，19 世纪“发明”（invented）了土地利用区划以管制城市扩张（urban extension），规范基础设施的供给（Sutcliffe，1981）。而在洛杉矶，“社区建设者”（community builders）提供了拥有公共服务的地块划分，引入区划（zoning）则是为了保护其正当权益免收土地投机者的侵害，因为后者往往出售一些难以提供公共服务的地块与社区建设者竞争（Weiss，1987）。但是，当引入区划体系后，尤其有意限制土地供应（例如 1947 年英国采用的城乡规划体系）则导致土地开发收益在土地所有者之间分配不公。那些规划中划定为开发用地的所有者得到意外的获利，而那些被限制开发的土地所有者，其依靠土地增值获利的梦想则破灭。受第二次世界大战之后影响，英国的房地产市场不太活跃，此时通过了《1947 年英国城乡规划法案》（Ward，1994），该法案提出了“一劳永逸”的整体解决思路，即将土地发展权收回国有，除非由于已有规划修改造成的土地价值损失，否则国家不再补偿土地开发权的损失。在其他许多国家，虽然近年来也在不断地对土地补偿措施进行各类调整，其整体而言其规划体系仍保留了补偿措施。而在英国，争议更大的问题则是，谁应该得到“不劳而获”的不动产增值收益。这已成为一个意识形态领域的足球，被两派观点踢来踢去：一派观点认为，不动产增值应该归功于私人开发行为，应由所有者和开发商获得利益；另一派观点则认为，土地增值是由公共管制造成的，因此其获益应归公众所有（见 Healey、Purdue 和 Ennis，1995）。

然而，自规划引入后，其在市场管理中的角色普遍都被忽视。将规划与房地产市场之间的关系故意神秘化往往会给规划的起源罩上一层面具，因为规划管制重新体现出国家对产权所有者权利的严重限制，所以，最好将规划体系作为在所有不动产所有者之间公平分配利益的行为，其主要基于规划和“公共利益”原则，而不是基于任何形式的不动产市场利益（Foley，1960）。这一立法原则在英国更为明显。正如本章开始所引用的阿伯克隆比（Abercrombie）的观点，20 世纪 50、60 年代的规划体系一般基于福利国家的概念，普遍关注市民和企业的利益，关注空间的使用者以及环境质量。而在实践中，规划实际上为不动产投资和开发提供了无风险、受庇护的环境，并帮助培育和发展出一些国家和区域的开发公司（Ball，1983；Healey，1994c）。大多数空间规划在操作时极少关注开发行为的本质，也不注重与规划行为相关的房地产投资与开发行业的“制度能力”，总是设想土地市场会遵循规划所示的土地用途和开发强度，或者希望通过公共部门介入，在私人尚未涉足的地区鼓励土地开发。

自 20 世纪 70 年代，以上这种设想就受到被不断出现的地产“繁荣与衰退”周期的冲击。因为在地产繁荣时期，往往会放松管制政策，由此导致投机性的开发总是与规划管制相伴而行（Logan 和 Molotch，1987；Berry 和 Huxley，1992）。正如巴拉斯（Barras，1987）所说，房地产开发总是趋向于周期性，当市场房地产供给短缺时，总会产生短期的爆发式增长，而此后由于房地产过量生产，又会导致市场停滞。这种开发过程的内部周期性会被更大范围的经济和投资活动周期所放大（Barras，1987，1994）。而房地产投资一旦与金融机构其他形式的投资衍生品结合，这些循环周期就变得尤为重要，其结果导致房地产的开发、投资和估值与其他形式的投资紧密联系在一起。在20世纪80年代后期的全球性房地产泡沫中，更明显地凸显这种趋势。此时的房地产繁荣部分是在回应经济发展的周期，及其对空间需求的增长。但是，受到从生产部门流入的国际资本推动（尤其是在日本），这种需求被无限放大形成巨大的房地产泡沫。在英国，银行业管制放松也进一步推动了这一金融投资热潮。管制放松导致银行部门内竞争加剧，竞相为开发商和房屋购买者提供低税率的贷款，这些都导致房地产价值蹿升,引发了公司和房贷家庭的不动产债务大量增加。最后，随着经济周期结束，过度供给也随之结束，导致房地产行业的急剧衰退。尽管在英国，这种情况表现并不算太极端，但是在西欧和亚洲则一直重复出现。

上述结果影响深远。经济繁荣带动不动产的价格上涨，给企业和家庭留下了难以兑现的投资。在许多地方，房地产价格泡沫破裂让家庭和企业十分谨慎地对待房地产投资，使得开发资金由丰裕转向匮乏，建筑业突然变得非常萧条，与家庭房屋买卖相关的中介服务也随之进入萧条状态。此外，在许多国家，银行、储蓄贷款机构和其他金融部门对于不动产基金项目过度狂热，由此导致大规模的不良债务，使得金融服务业自身严重受损，给国民经济也带来严峻后果。出现这种情形,也就不奇怪房地产市场运行，至少在英美国家，正在受到越来越多的政策关注。房地产投资和开发行为正被逐渐划定为一个经济“门类”，其生产关系被定义为“房地产业”。新的政策启示所产生的影响之一就是逐渐发挥空间规划的作用，至少在英国，空间规划为房地产开发和投资营造较为稳定的环境（Healey，1994c）。

空间规划的关注点尤其集中在规划体系所反映和倡导的房地产开发和投资多元利益的差异性方面。在一些地方，通过控制城市土地供应，公共部门牢牢掌控房地产市场（如荷兰，瑞典）。而在其他地方，土地利用规划则是确定土地市场价值的工具（如德国）。在有较强工业传统的城市区域，规划体系的作用是保证土地的充足供给，以满足工业和居住需求，其实质是基于使用价值来确定房地产需求。但是，在另外一些地方，规划体系的政治则常常反映出将房地产作为一种投资的价值观，或者至少认为房地产是一种安全而品质优良的资产。罗根（Logan）和莫里奇（Molotch）在 1987 年提出，这种租赁政治（rentier politics）主导了绝大多数美国城市。规划体系作为促进地方增长型政体的工具，可能会增加房地产的价值。这种政体不仅仅鼓励土地价格上涨，使得工业和低收入住房的土地供应减少，而且还从限制土地供给的规划系统中获益,并容忍对规则的选择性破坏。这种“促进增长型”(growth promotion）政体非常容易受到投机性增长的影响，一般出现在土地所有者、投资者和开发商竞相从土地需求与价值增长中获取利益的地方。在英国，这种关系更加复杂。规划体系在一定程度上仿效了长久建立的“大规模土地所有者”策略，这些所有者往往基于保持土地价值较高的方式，来供给城市土地（Adams，1994；Farthing，1993；Massey 和 Catalano，1978）。20 世纪 80 年代规划管制的新自由主义倾向，以及鼓励在工业与港口闲置土地上进行房地产开发的城市更新（urban regeneration）项目的蓬勃发展，在一定程度改变了以上英国传统的规划策略。土地市场对于土地所有者、建设者和开发者的不确定性，是 20 世纪 90 年代英国重新认识以规划为导向的城市规划权威性的一个重要潜在因素（Bramley、Bartlett 和 Lambert，1995）。

在 20 世纪 80 年代，许多地方的经济发展政策都极力追求不动产投资，将其作为经济发展的象征。然而，这些政策都没有考虑到，这一投资热潮与地方经济发展的真实需求之间联系非常薄弱（Turok，1992；Healey，1991a）。投资流动更多地体现一个特定时段内，不同投资渠道间的相对优势，以及寻求市场进一步开放的政治哲学。只有在资金枯竭，留下烂尾项目，新旧房产项目空间空置时，才会明显反映出房地产市场不是必然受到地方需求状况所驱动（Harvey，1985；Fainstein，1994；Berry 和 Huxley，

1992；Pryke，1994；Keogh 和 D' Arcy，1994；Barras，1994）。

而对此现象的更好解释则源自制度主义方法在房地产研究领域的迅速拓展（Ball，1986；Healey 和 Barret，1990；Krabben 和 Lambooy，1993；Adams，1994）。该方法强调空间的生产与消费之间的社会联系。对房地产市场发展动力的理解应与其他经济部门相类似的方式，即需要理解在土地发展过程中，由土地所有者、开发商、投资者、购买者、承租人和租售者构成的关系网，以及这些关系网如何与政府进行的管制和投资过程相联系。此外，还需要关注以上过程的动力机制，及其在不同时间和空间上的差异。最后，制度主义方法还关注于房地开发行业内部的制度联系，以及如何嵌入地方特有的情境中（比如土地所有者类型），同时还对国际、国内的开发和投资活动保持开放。其结果就是存在"房地产市场"，能够提供地段、建筑和地方环境，从而创造和维持经济发展中重要的"环境质量"。在此分析模式下，空间和土地利用规划逐渐成为房地产市场管制的关键要素，而其管制模式则塑造或者建构其管制对象关系的演化路径。这样的规划不能再视为一种反作用力"抵消"市场作用，而应将其纳入市场，成为市场的重要组成部分。地方规划不应只是保护"社会"利益而对抗"经济"利益，也不只是保护社会需要而对抗市场需求，保护环境质量而对抗利益驱动。实际上，规划应该而且正在被纳入地方经济管理事务中，一方面联系投资活动，主要关注土地供应和基础设施的提供（尽管经常被联系到地方经济发展的其他方面，比如培训和商业发展），另一方面则体现出对开发项目选址、形式、时序的管制。

20 世纪后期发现，地方经济体是充满活力的、微妙的和差异化的。房地产相关部门，尤其是房地产开发企业，是地方经济的重要参与者。地方经济和空间规划政策能够创造地方的经济财富，创造地方市场机会，建立支撑地方经济发展的制度能力。空间规划的管理体制（包括开发管制和促进开发两方面）在塑造房地产开发行业的形式方面起着重要的作用，同时也给其带来了发展的机遇。行业内部的参与者也充分认识到这点，开始围拢在规则制定和资源分配的决策过程中（Adams，1994；Healey，1994a）。地方政府部门在经济发展中扮演了积极的角色，这点明确地反映在公私部门的伙伴关系中。房地产行业与政府之间的互动和协作有着悠久的历史，而来自各方的压力也将鼓励这一关系的继续。

但是，协作对于地方经济体、地方政治团体或地方环境而言并非零和游戏。在行业内部总会有各种利益矛盾，比如所有者、投资者和使用者之间的矛盾；短期和长期之间的矛盾；区位之间的矛盾；大小企业间的矛盾；联系密切的公司与其他公司之间的矛盾。服务于少数主导企业利益的政策，可能不会为地方经济带来创造财富的能力。同理，强调经济利益最大化的政策，可能难以解决影响日常生活和生物环境的开发成本问题。地方政策和策略的挑战在于，找到与产业的互动方式，帮助它减少市场失灵带来的"内部成本"，与此同时抵制部门内部特定利益的垄断地位。这在"企业家式的开发者"（entrepreneur developer）方式中有所总结，在20世纪80年代撒切尔治下的英国和里根治下的美国，这一方式是经济活力的标志。这些企业家被视作先行者，通过其富有想象力的建筑开发来启动项目，并展示经济转型的方式，这些项目不受管制的约束，同时还能享受政府的补贴（Thornley，1991；Fainstein，1994）。但这样做的后果，不论是在经济成本（对房地产行业和整体经济而言），还是在社会与环境成本方面都是灾难性的。一个备选方法就是慎重制定政策条款，从而在提升创业经营环境的同时可以协商投资回馈条款，形成塑造地方房地产业制度能力的明确策略（Healey，1995；Bramley、Bartlett 和 Lambert，1995）。

地方经济发展策略和空间规划

地方经济发展策略由来已久。对于创造本地就业机会和维持地方商业活动、服务地方经济而言，地方经济发展策略具有重要价值。本章已说明发展策略还具有更深层的意义：能够增加基于场所的经济资产，从而为国际、国内和地区的经济发展做出贡献。在这些资产当中，环境质量非常重要，它包括物质和社会的基础设施、房地产供给以及场所的社会和环境质量。但直至今日，人们很少意识到，场所中制度关系质量的重要性，只有通过这些关系，知识资源才能流入和流出企业。此外，房地产开发与投资活动也被认为是地方经济发展的关键因素。但是，各个场所中的地方经济及其制度关系具有明显差异，这主要取决于场所特定的地理、历史条件及其外部经济政治条件所赋予的机遇。地方经济发展策略面临的挑战便是要在尊重地方独特性的同时，避免地方传统的束缚；在利用外部机遇的同时，限制可能出现的垄断和剥削。由此得出，经济策略的目标在于提升经济能力，提高人类综合福祉，而不只是区域间竞争，这些区域竞争往往你失我得的零和游戏，因而饱受批评（Lovering，1995）。

要实现这种互惠策略的理想状态并非易事。这需要提出一种策略，具备为地区内大多数企业运作增加“附加值”的能力，同时还需要使地方经济获益，如资产增值和就业机会增加。由此带来的第一个挑战是，地方经济不同门类之间将会发生利益冲突。因为，如前所述，开发商利益和生产者利益通常是对立的，大规模的外来投资企业与本地小型服务企业间的利益可能也具有明显差异，非正规部门的经济活动可能会减少正规部门企业提供类似服务的机会。如果类似利益冲突得不到调解，那么企业的经济发展机会，及其所依靠的生活方式就会不知不觉搅在一起。另外，支持一个经济部门的利益集团可能会和其他利益集团发生冲突，从而难以建立广泛的协作联盟，为地方制度能力建设提供一种有效方法。这也说明，深刻认识地方经济生活及其制度基础，对于建立可持续地方经济能力的方法而言非常重要。

第二个挑战甚至更加艰巨。地方利益集团希望企业能够留在当地，这样可以促进地方消费，并为当地人提供就业机会。但是不能假设这是某地企业行为的自然结果，就如此前发生的情况一样。鼓励企业雇佣本地人、运用当地资源，这需要与企业进行积极协商才能实现，此外，本地的员工和供应商也应做好准备，以便抓住这些机会。城市区域的制度能力建设，然后再加上娴熟的谈判技巧，一般情况下能有助于向企业“截取”部分利益，造福地方经济。但是，企业活动对地方而言并不见得都是好事。企业引进新的生产流程一方面可能会导致地方上部分车间关闭、就业机会减少和土地闲置，另外一方面，也可能增加地方基础设施的负荷和环境承载的压力，从而直接导致环境资产流失，或破坏重要的环境关系。

地方精英们在追求地方经济增长时，常常会忽略上述负面影响。在经济状况不佳的地方，经济收益似乎比社会和环境成本更加重要，由此导致经济发展项目往往会进入审批通道，“快速”立项建设。但是，这种发展途径现在越来越难以为继，因为随着环境关系认识的提升，地方经济发展的负面影响也越来越受到关注（见第六章）。相互竞争的经济团体、社会团体和环境团体都可能对这一途径提出质疑，从而引发关于政府行为合法性的纷争和危机，这对于地方制度能力建设而言极具破坏性。源于环境争论的“可持续发展”概念暗示，可以探索一些方法实现经济和环境利益之间“正向相加关系”。同样，通过鼓励协作和建立共识，而非加剧冲突的制度建设，也可以实现利益共赢（见第七和八章）。但是，如果存在以上理想模式，其具体实现形式则要依据地方特性以及国际和国内的政策环境，从而将经济活动限制在环境可持续的指标范围内。无论如何，地方政府对其辖区内企业是具有一定引导作用。如果地方特色和制度能力是企业的资产，那么回馈地方经济，减少负面影响的企业行为将不仅仅为企业带来“良好声誉”，而且还会成为资产，为其带来经营收益。与企业协商时，这种认识将会增加地方政府的信心。

近年来，受欧盟区域发展政策的大力支持，欧洲的地方政府也普遍在地方经济发展中变得更加积极（Batley 和 Stoker，1991）。然而，直至今日，空间规划还未成为关注的焦点。新自由主义将规划体系批判为经济调整的官僚化束缚。正如在第四章所述，在英国，规划体系的捍卫者则反对这一观点，并声称规划是为了实现社会正义或环境价值。这场争论逐渐固化为规划与市场、经济和资本力量的斗争，由此也导致一些地方政治家和官员抵制与商业部门的协作（Cochrane，1987）。

一些新自由主义者现在认为，土地利用管制体系可能是必要的，但空间策略则并非如此（Thornley，1991）。对于在全球化关系中活跃的企业而言，区位和地段也是资产，可以作为商品进行"交易"（traded）。按照此观点，地方只是一种被企业剥削的资产集合，而企业则根据国家和区域间不同地段的比较优势做出选择。项目的"社会成本"（social costs）、利润平衡和缓解负面影响等问题，都可以融入经济发展战略，并通过因地段而异的管制来解决。只要管制规则和决策清晰，那么只需要通过简单的区划就能给每个地段提出一套清晰且必要的"管制要求"。一些环境主义者试图将环境议题转化为经济计量语言，而清晰界定规划要求的方法降低了"交易成本"，因此深受这些环境主义者的喜爱（见第六章）。

然而，这一观点却忽略了事物所在地点对于区域内部关系的影响。不管是从企业视角，还是从区域内与企业共存的视角，区位都非常重要。一些企业可能会寻找一些特殊区位，例如需要选择面积较大的场地投资建设大型的车间，或者在现代化的工业和商业园区来形成具有特殊市场标识的"地址"，或是选择一些地方能够在产生污染时不被周边邻居过多给予谴责。在开放的、缺乏管制的土地市场中，这些区位还可能进一步演化。但是，在大多数案例中，企业也会发现这些选址往往是当地政府积极"生产"的结果，这些地方政府往往会利用空间策略来获得在新址上进行特定生产经营活动的政治许可，同时也会积极协调基础设施与开发（见 Needham 等，1993；Wood 和 Williams，1992；Healey 等，

1996）。而企业也会考虑地方环境质量，尤其是那些劳动力和购买者对环境质量很挑剔的地方。这些环境质量既包括运送人员和物品的便捷性，还包括休闲的舒适性、地区的城市外观和感觉、吸引社会交往的非正式社会环境，以及特别重要的市中心的环境质量。

而从一些缺乏空间管制的地方所得出的开发经验则清晰地说明，新的选址、新型的生产和分配方式可能只是留下一些空置的办公和经营场所，使得这些资产贬值。在英国的零售业和办公领域，这一现象特别明显，允许在城市边缘兴建零售和"商业"综合体的地方，其市中心的商业活力往往削弱很多。未受管制的开发还可能破坏已有的资产。例如。许多设计糟糕的酒店项目会毁掉整个海滩的自然资源。这种经济发展方式不是建立地方经济的关系能力，而是在破坏其具有核心竞争力的资产。

这种观点也说明：城市区域内的场所质量不仅仅是一种重要资产，还是城市区域关系能力的重要组成部分。这就意味着，在地区具有灵活性的世界中，需要具备持续塑造社区空间关系、获取路径的能力，从而可以创造新的场所，处理那些受新开发项目影响而被废弃的地区，支持城市结构中新的增长点，并保持已有的重要节点，使其免受由于类型变化和区位调整而引起的负面影响。因此，地方经济策略比以往更重视空间要素，而不只是解决企业内部的经济效益问题。如果地方政治团体在立法时，将所关注开发社会和环境成本也一并考虑，那么地方经济策略的空间维度将进一步得到加强。

房地产市场以及土地用途管制

由于空间规划在管制房地产开发和投资机会中的重要性，以及在管制开发企业免受市场失灵而遭受损失的重要性，所以空间规划也成为地方经济发展的关注焦点。通常认为，城市通过其内部不同地段的市场竞争，形成了整合统一的土地市场。价值最高地段往往是地区的中心节点——市中心，同时由中心向边缘土地价值平稳递减。土地用途则由市场根据支付能力来进行分配，很多城市经济学的标准教材仍在讲授这一模型（例如 Harvey，1987）。

而当前现实中的房地产市场则远比教科书所讲的内容复杂，首先，房地产市场不是统一的，而是根据交易中不同类型的产权而被分割成不同部分。具体的分割形式则与特定的国家经济的制度沿革有关。例如在英国，至今都还存在着居住区、工业区和商业区的明确划分，其中商业区还包含办公和零售业的开发项目。近来，土地所有者和开发商在实践中将土地用途混合在一起，提倡开发功能混合的项目,或是将一个项目在不同功能间转化。因此，原本功能化的土地市场逐渐丰富起来，可能包含多种类型的房地产市场。以住宅领域为例，高质量的住宅和小户型可支付住宅对于消费者来讲完全是两类分离的市场，尽管开发商可能会在这两类开发项目之间转换。而总部办公基地和小型服务业企业的孵化器也是完全不同的产品。城市的房地产市场因此是由一个个微型市场集合而成的复杂综合体，每个微型市场都有其产品界定和比较价值优势。城市区域内的土地价值的空间分布并非一体的，而是分散在每个类型的细分市场中，不同的价值比较优势反映出每个细分市场供需状况的空间可达性。一些企业和家庭仅仅关注特定社区的地产和房屋，而另一些社会人群则会关注较大地区范围内特定类型的、或者特定区位的房地产。例如，选择可以保值的优质住宅。或者,一个企业会比较不同区位商务园区的质量和价格。甚至，住宅也可以进行跨区域的比较，尤其在一些地方，有大量的雇员希望跨区域就业迁移，因此希望其住宅可以保值。

在新自由主义的文献中，通常假设房地产市场是受消费者需求驱动。对于 20 世纪 80 年代的许多土地所有者和开发商而言，这一假设支撑了其持续建设行为，认为房地产价值持续升高反映出房屋需求未得到满足。然而，这一观点忽略了房地产作为投资媒介的作用。在本章开始部分已经讨论了房地产投资的重要性，以及投资与使用需求之间可能会产生分离。房地产市场，即使是其中的一个门类，也可能受到土地所有者、投资者和使用者之间相关冲突的力量所驱使。市场中介、不动产投资者、交易者和开发商各自的利益都不相同。有些不动产基于所在地的家庭储蓄和本地企业投资而修建，而另外一些不动产则可能为国际投资者所有，或者由跨国公司来进行开发。

国际范围内，不动产投资收益的波动，可能对城市区域内部特定市场门类的房地产价格走势产生重大影响。而这又会带来价格的浮动，从而影响到其他市场门类中，因为房地产所有者总是试图“捕获”新的机遇。这种影响作用并不反映整体的地方市场情况，而是反映出关系之间相互影响而泛起的涟漪，由此可能导致相当程度的不稳定性和不确定性。当整体的房地产价格呈现上升趋势，那么这种不确定性就为企业家提供了投机的沃土，从而可以先于他人抓住新的机会。英国20世纪80年代房地产行业就充斥着这种案例，有些投机者起先依靠投机快速增长，而后又走向破产。然而,这种过度的投机性行为往往造成房地产的过量供应，留下烂尾建筑工地，导致房屋价格降低，房地产业不确定性增强，未来很长时间开发停滞。投机的、投资驱动的市场（尤其是英国的案例）无规律的波动，不仅产生极端的价格暴涨，还导致对真正的需求变化反应迟缓（Barras，1994；Fainstein，1994）。这些情况都可能与一些诸如荷兰的国家形成鲜明对比，这些国家的公共政策刻意保持低而稳定房地产价值（Needham 和 Lie，1994）。

因此，一个区域内的房地产市场是不同关系的聚合物。土地价值模式不只是体现从高峰向周边扩散的光滑曲线，而是由所有者通过选择合适区位，确定在细分市场中的使用功能等方式来积极建构的，所有者希望“抓住”可能使其资产增值的任何机会。然而，随着新的商业区或居住区的涌现，老旧房屋逐渐被限制，所有者“追逐”的价值也逐渐变得更加不确定。正如出行方式和密集活动区域的地图所展示的那样，城市逐渐变得多中心化，而非单中心，或者层级式的节点（见第四章），所有的房地产市场经营者都面临着地段价值和房地产需求的严重不确定性。这也对房地产评估技术产生重大影响，现在越来越难以得出一个公平的价格（Lizieri 和 Venmore-Rowland，1991）。这一变化也反映在对于规划框架的需求方面，制定规划原本是为了稳定市场，弥补市场失灵。但是，如果市场行为本身就是有开发和投资参与者网络积极能动构建的结果，那么规划政策就有机会影响这些参与者的社会网络和社会关系的建构本身。

如同地方经济一样，土地和不动产市场也逐渐被依附在更广泛的关系上，而不是只在城市区域内部进行整合。然而，一个市场部门的活动总会影响到其他市场部门，因此在区域内不同的房地产市场利益间总会产生冲突。马克思主义所强调就是土地所有与生产资本之间的矛盾（Massey 和 Catalano，1978），实际上也是许多资产使用者和投资者之间的矛盾：前者总想以较低成本选择一个合适的房屋类型，而后者则追求房地产投资收益的最大化。从 20 世纪 70 年代起，英国的许多企业开始将其所有的不动产视为一项投资，并在公司账户中相应增加其所占比例，从而导致即使 20 世纪 80 年代早期的经济萧条时，仍然增加了维持房地产生产所需的资本。但是，接下来的 20 世纪 90 年代早期，经济开始衰退，房地产价值暴跌，企业也由此受到重创。许多企业，当然也包括家庭也随之认识到，解决房地产市场的稳定问题会使其获益。最终，有些人寻求实现不动产开发价值，或者希望出售因经济形势变化而空置的房屋，在此情况下，希望政府能够能提供富有机会和灵活性的市场环境，同时也希望在解决开发进程中的障碍，例如，明显存在的土地整备、基础设施供给和污染土地治理问题。

本节认为地方房地产市场并不敏感，或者可以整合起来实现自我管理。长期以来，人们都持这样一种观点，认为地方房地产市场很容易产生“市场失灵”（Harrison，1977；Scott 和 Roweis，

1977）。如今也愈加意识到，需要帮助地方市场形成更加稳定的环境，而要使得市场稳定性增强，就需要鼓励人们购买、投资和开发。此外，还需要丰富不动产的类型，解决地段供应的不足，拆除闲置的房屋，重新利用废弃的地段……所有这些都不是“一劳永逸”的行为。如前文有述，经济活动一般而言都是短期行为，由这些短期行为形成前后连续的过程，在此过程中新需求取代了旧需求，不断地塑造着城市区域的空间组织，并进而改变着房地产价值和市场的机会。这就需要对场所内的市场关系和房地产业发展情况有一个更加细致的理解。发展本地房地产市场的制度能力是“场所营造”（place-making）所面临的一项重要挑战（Healey，1995）。

而完成场所营造任务需要规划界转变思想。以往规划更趋向于将其角色界定为保护场所免受投机者欺诈，捍卫社会需求或环境质量。本章探讨的便是地方经济和其房地产市场都需要战略管理。而这需要对企业的本质和地方经济关系（包括房地产开发企业的特性）进行深入了解。因为商业活动有可能会破坏社会关系，削弱环境能力，所以地方治理能力面临的关键挑战在于如何与商业利益集团（包括房地产利益集团）进行讨价还价，在适当限制其商业活动的同时，还要保障其繁荣发展。

地方治理与地方经济：积极主动的角色

本章探讨了地方治理在某种程度上对当前经济关系起着极为重要的角色。这已不是什么新鲜事物，商业利益和地方政府之间总会形成某种联系，而其形式则需遵循地方的政治历史。现在比较新颖的是地方治理的导向和组织形式，当前的重点是基于公开的、战略性的方法，来促进全球化经济背景下城市地区的商业活动。该方法可以溯源至 19 世纪英国的“城市慈父”（city fathers）理念，该理念提倡大力促进城市发展，如纽卡斯尔和伯明翰（Ward，1994）。后来这一理念在 20 世纪中期被社会福利和保护环境质量的思潮所替代，而后者经常被视作与经济活动相对立，或者蓄意限制经济活动。而当今思潮的重点则恰恰相反，更加强调构建健康经济活动所需的条件。这也就意味着需要从区域内已有企业或可能引进企业的视角来看待世界。地方治理的一个主要功能便是帮助企业克服阻力和市场障碍，以改善企业内部运行的条件。而这一功能完成的质量将会影响到“特定的场所”在多大程度上会给企业行为提供附加值。而这反过来又会影响区域总体经济氛围以及在国内和国际集团层面上对经济总量的贡献。

在区际内和区域间的投资竞争中，要想提高经济行为的净产出，就必须培养企业建立“知晓地方、了解全球”的能力，以更好地理解场所中不同企业的混合方式，从而辨识出能够帮助企业“增值”的地方资产和关系。这在企业“产业链”和价值链的优化方法研究中已有所体现，这些研究试图分离出场所对这些链条所起的重要贡献（Camagni，1991；Camagni 和 Salone，1993；Korfer 和 Latniak，1993；Amin 和 Thrift，1994）。该方法利用制度主义视角来审视企业与企业之间、企业与其所在社会环境之间的关联。关于企业技术转移、高科技研发区域和研发工作的研究，突出强调经济创新的社会嵌入性，以及场所在提升创新氛围中的角色。许多地方技术转移措施的案例都关注于物质资产提供（如科技园），而忽略场所中制度和关系质量，说明这些措施并未促进企业之间相互配合，并限制了“地方知识”的形成。由此，导致这些案例说明经济创新与房地产市场之间的关系既不重要、也不直接。然而，房地产投资与开发需要纳入地方经济活动的分析中，并采取与其他经济行为相类似的思维方式，从关系视角对其进行分析和理解。

向地方治理行为传递的一般信息就是，经济活动需要从“商业世界”角度进行理解。按照此观点，企业所在的场所质量是物质资产和特定环境质量、劳动力市场、公司网络和市场机遇、空间组织和制度关系的聚合物，其中制度关系是产品、市场、机会与约束等信息相互流动的渠道。根据这一观点，可以在一定程度上理解“经济利益相关者”的范围和其策略，这些相关者即包括本地的利益相关者，也包括外部的利益相关者。这也有助于了解经济参与者背后的动力，及其能够动员起来实现目标的权力关系。地方治理要实现经济发展任务就要建立起特定的资产，而更为重要的则是要完善地方的“关系基础”。

但是，这也将赋予地方治理充满挑战的角色，为了支持商业活动，需要了解商业实践领域的各个方面，并建立各种类型的协同工作安排。由此，也就暗示出地方治理应该起到互动和协作的作用，也很容易在地方政治精英和商业精英之间，建立一种新型的“社团主义”关系。这可能在短期内会补偿地方企业用于提供就业机会，推动地方经济健康发展所付出的成本。但如果地方经济发展总是只关注于区域中的经济利益相关者，那么便可能忽视和遏制其他的经济创新点和企业。在20世纪90年代，很多英国城市在地区经济空间联盟中，都出现了这类狭隘的社团主义新模式。如今，地方经济的更佳选择是制度能力建设的灵活形式，该形式可以包容新的关系，吸纳来源更广范围的知识流动，还能够灵活地进行调整。该方法同样需要明确不同经济网络的权力来源，以及在协作背景下这些权力关系可能影响到商讨策略的方式。另外，还需要防止剥削和压榨，防止公司获取不当的补贴，杜绝内部交易，防止个体通过腐败行为获得“市场机会”。

商业与地方治理之间协作关系的制度设计问题，与关注经济活动“社会成本”的需求一起融入日常生活的社会关系和生物系统中。由于企业在物资生产以及通过就业和利润产生物质财富的过程中担任重要的角色，因此企业拥有超出政府和公众设想的支配权力。在市民对企业缺乏信任时，更容易清晰认识到这些权力。企业的动机受到普遍质疑，提供社区服务的企业也被认为是基于自利的目标，试图获取更多潜在的剥削利润。而更新一步的方式则是将倡导经济活动与减少社会成本的协商措施结合在一起，或鼓励企业“慷慨地”为地方做出贡献。但如果非常缺乏对商业的信任，那么这一行为本身也不会增进理解。这就预示着人们需要培育互动关系，以使商业网络、日常生活的社会网络和治理能够相互贯通融入公共领域，从而增加彼此之间的相互理解。这种相互融合在传统经商者的日常生活中已经存在，现在需要的只是建立制度框架，允许在城市区域中更广泛的关系网络中实现双向互动。这并非易事，因为商人（尤其在英国）通常不熟悉政府，难以“学会在公共场所发言”（Davoudi 和 Healey，1995）。但在日常生活中的道德态度、物质目标以及对生态环境关注的背景下，如果新的信任关系能够得到发展，将允许地方治理为强大的经济利益相关者提供支持。

这也引出一些疑问，比如互动的过程、协作实践的形式以及系统的制度能力指标，从而可以发展合适的制度能力。这些问题将在第三部分中进一步讨论。地方制度能力建设努力的结果将会表现为特定的关系形式、经济联系方式、日常生活和城市区域的生态维度、特色文化的思考方式和组织方式，以及地方经济多样元素植入地方的特定方式。正是这些结果形成并“建构”了本地的经济资产、物质属性和社会策略，并将利益相关者的关注点集中于经济组织和商业活动领域。

第六章

在自然界中生活

环境主义者的挑战

前两章均强调了社会和经济生活的物质维度，强调物质环境质量和社会关系的重要性，这些社会关系基于日常生活和经济环境的地方场所，虽然并不局限于特定地点，但却在其中接入导出。“自然界”也采用相似的组织方式，人们与其互动从而建构出社会关系，作为贯穿在场所中的生态关系，有时候被紧紧依附在高密度相连、空间集中的生态系统中；有时通过气流运动、水流系统和动植物运动方式而在全球范围内流动。环境主义的格言——“全球思考，地方行动”可以应用于日常生活、经济活动和生态关系的各个方面。

但是当代环境哲学的演化对此提出了质疑，认为忽略了对商品、市场和社区需求与分配的物质分析。所以，为了那些没有话语权的人群、其他物种和后代，应该聚焦于道德责任。应该将思考点转移到经济活动、日常生活和自然界的互动关系上，关注于经济能力和日常生活关系中可能存在的需求极限。同时，当代环境哲学面对世界经济与政治秩序的力量时，提出意识形态和策略的不同概念，同时也提出一个很难回答的问题，即这些与那些、当代与未来人们的优先权问题。

最重要的是，当代环境保护理论尽管拥有许多分支和流派，却都对科学技术进步的物质主义观点提出挑战。21 世纪西方社会的主导思想认为，通过技术和科学的发展，人类社会的福祉能够通过增强对所生存自然环境的控制力而得到提升。在这种观点中，自然界作为人们为了自身利益而压榨的“资源”，同时还作为人们要控制的“危险”来源（Douglas，1992）。

当代环境保护论强调物质发展的局限性，以及目前人们生活方式的道德维度（Beatley，1994），此类质疑并不新鲜。纵观现代西方思想领域，还有其他关于人与自然关系的观点。在英国，对于自然的观点深受土地贵族前工业文化的影响,这些人认为“乡村”是一种遗产,由过去独特的社会关系和景观所塑造,并呈现其特点,需要传承给后代（Newby，1979）。这种思想对20世纪早期的规划师产生较大的影响。在自然科学领域，“自然界”的概念在以下二者之间摇摆不定：一是强调生态关系和场所之间复杂的相互依赖性，在这些场所中人们作为一个物种嵌入并生活在这些关系中；二是强调人类不断努力，试图与其他物种区分发展轨迹，相对于自然界其他生物，人类力量不断壮大、竞争力不断增强（Worster，1977）。前者关注道德责任感、经验知识和其他物种的权利，后者则支持人类对于“自然”的优越感和主宰地位，以及在社会关系中的竞争实践。

第二种观点反映在科学唯物主义的自然理念中，成为支撑西方经济学传统的主流观点（见第二章）。随着该观点在20世纪中期名声起，也逐渐占据生态科学的主导地位。生态学将自然界看作是由栖息地中相互联系的物种组成，而非彼此独立的自然物种和物质力量的集合。生态研究所面临的挑战与地理学和空间规划学都有相似之处，需要回答人们如何理解不同地域背景下物种之间的关系，这一思路对于地方环境管理也有一些启示（Worster，1977；Simmons，1993）。城市作为系统的概念是在20世纪60年代从生态学先驱的思想中借鉴过来的（见McLoughlin，1969）。但正如认知社会关系也有很多方式一样，关于生态关系的诸多观点之间也存在着争论（Worster，1977）。其结果便是产生了一股研究思潮，强调栖息地物种之间的协作和和谐共存关系。然而，20世纪生态学的主流观点仍是强调竞争理念和适者生存。到了20世纪中期，生态研究的重点则又集中于分析生态关系，希望可以以此来理解竞争的动力。大多数生态学家认为，竞争动力主要是由“能量流”所驱动，而获取能量的终端是太阳。科学研究侧重于通过生态系统来测量能量流，以识别出能量流动过程的“效用”如何。人们不难看出这种实证调查与提高农业生产效率之间的联系。

科学化的自然界研究，及其工具性的目的，都是基于客观知识的语言描述。自然界的客观化和西方的进步理念、个人偏好最大化、市场竞争的经济理念是一致的，因此生态学和新古典经济学结成了坚定的同盟（Worster，1977）。但是，在这些主流观念周围，还有一些关于生态关系的非主流观点。这些观点强调了物种间协作关系的重要性，也呼应了第四章中所讨论的、相互协作的社会关系。在20世纪的西方思潮中，这种相互协作的观点处于边缘位置，占据主导地位的是个体自主做出理性选择的效用观点。也有一些其他的生态学观点也强调了人类和其他物种一样，存在于自然界中，但是其感知世界不是采用物质方式，而是运用精神方式体验自然，并将此作为人们情感生活的一部分。自然界给予人们以“慰藉”、荣耀感和畏惧感，将人们与“卓越”相连（Burke，1987；Myerson 和 Rydin，1994）。因此，人类与自然界的关系不仅包括物质维度，还包括道德和哲学（metaphysical）维度。

这种广泛传播的观点再次浮现在人们对于环境的思考中，并在挑战“客观科学”和“技术性手段”时，在当今社会科学和哲学领域中找到支持者（见第二章）。人们现在不仅越来越清晰地认识到，科学知识本身就是被社会塑造的，在思考如何认识和理解事物时，不应抛开道德和情感的维度，还认识到，科学和技术不仅温情脉脉地承载着进步和福利，还带来了力量和危险。德国社会学家乌尔里希·贝克（Ulrich Beck）在其论著中也强调这点，认为人们现在处于“风险社会”（The Risk Society）时期，因为人们很难以工业资本主义秩序化和确定性的指标来理解当前的世界，由于拥有比过去多很多的自主个体，所以人们生活在由自然力量和科学本身所带来的危机风险中，前者如地震、火山爆发、飓风、干旱和暴风雪，后者则包括核爆炸、杀虫剂和毒品的危害、水坝溃堤、油轮沉没、污染事件（Beck，1992）。正是这些人类活动的负面影响给我们敲响了警钟，需要将“风险”（risk）一词，由含蓄表达的高风险、高收益的可能性，转变为与“危险”（danger）互换的词语（Douglas，1992）。

20世纪后期，环境保护主义在西方社会的环境政治和政策上产生了重大影响，环境保护主义通过对“客观科学 ”和“理性经济 ”的批判得以壮大。科学研究也促进了环保主义的发展，通过实证，展示了在世界的一个地方的行为如何影响到其他地方的环境状况（例如，英国发电站排放废水影响到北欧的酸雨和树木健康），如何破坏地球的整体生存环境（例如，污染对臭氧层的影响）。这些认识都通过讲解自然奇迹和人类各种破坏行为的电视节目，而得到广泛传播。新的环境保护论强调，人类利用环境的能力是有物质极限的（人们赖以生存的资源有可能遭到破坏），人类处置环境的权利在是有道德限制的（不尊重环境也会损害尊重自我的能力）。人们了解到，个体、企业和地方团体的行为能够改变全球的环境条件。通过环境政治，关于地方环境质量的争论已经远远超出自然科学知识范畴，还坚定地将道德和审美议题用新的方式引入争论中。环境政治关注地方环境变化带来的广泛影响，强调在评估行动和影响之间的联系时注重生态、水文和气候关系的重要性；迫使人们思考为什么要关注一些影响，即使这种关注将会限制其物质利益；也使得人们意识到物质、道德和审美与自然界之间的关系，通过这些认识，人们开始考虑到与其共享地方环境的其他物种的权利。

当探讨到公共空间中共存的问题时，所有这些关于环境的新观点与第四、五章讨论过的其他观点会产生冲突。地方环境议题中的“利益相关者”激增，强势的政治掮客们企图用经济学或自然科学的语言来束缚其利益相关者的范围和多样性。但这些问题不断超出了专业语言的控制范围。那么，关心地方环境的政治团体如何识别出需要解决的问题以及应采取的方式。

本章将考查社会与自然界间关系建构的多种方式，以及是如何影响人们思考自然环境生态关系的重要性和空间规划作用的重要性。本章聚焦于在空间规划中长期关注环境问题的英国，阐述了为了将争论限制在熟悉的权威语言中，而进行的不懈斗争；阐述了为何唯物主义科学和经济学假设的策略会不断遭到失败。这些挑战将新的议题引入政策议程之中，这些议题包括已有经验的可持续性，人与人之间、人与自然之间，涉及代际、其他物种权利的议题,复杂权利义务的相互关系。本章最后总结了这些新理念、新观点给治理带来的挑战。

空间规划中的环境概念

空间和地方环境规划一直以来就被认为是环境的监护者，尤其在传统规划与特定乡村风貌保护目标相融合的英国更是如此（Newby，1979；Marsden 等，1993）。在思考场所时，规划师总会意识到“物质”环境的存在。对于帕特里克·阿伯克隆比（Patrick Abercrombie）而言，这点用物质形态和自然景观的“美观”概念表达（Abercrombie，1933）。

规划传统在解释环境和自然界时，本身就受到关于生态系统和人与自然关系的广泛争论思潮的影响。然而，直至最近，对自然环境的关注以及被挤到主流思想的边缘，而建筑形式则成为讨论的中心。自然界、农村和乡村生活通常被概念化为城市的幕布与背景（Healey 和 Shaw，1994）。这种观念可以轻而易举地就将规划传统等同于城市形态（见第一章）。19 世纪和 20 世纪早期的规划思想者和实践者们，主要思考如何管理城市快速发展的问题，由于受到建筑学和工程学传统的影响，其关注重点为物质结构的安排。最终，组织和管理城市的新理念与人们的美好理想（例如与自然界建立便利交通、获得休憩场所、远离污染）融合在一起。有些规划师，如阿伯克隆比（Abercrombie）则将城市生活模型回溯到前工业时期，点状的城市聚集区彼此相连，分布在广阔的开敞景观中，按照霍华德的理念这种生活模式也被称之为“田园城市”。其他人则追随现代主义规划师勒·柯布西耶（le Corbusier），向往技术先进、以机动车为基础的现代化城市。这些城市中，建筑物井然有序，在地面上留出大片开敞空间，空气和光线在高楼大厦间自由流动（Hall，1988）。

在这些城市形态的意象中，都提出创造城市生活新模式的设想，自然界尽管并未引起足够重视，但仍在其中扮演一个重要的角色，自然系统（清洁空气和洁净水）被视作健康的前提。“开放空间”（open space）通常被解释为朝向天空，遍布芳草、鲜花、灌木和树丛的场所，被视为社区的重要生活设施和城市战略的必要组成部分。孩子们需要在开放空间中玩耍，城市居住者需要提供新鲜空气的“绿肺”，以逃离城市的污染和压力。英国首个绿带建设的主要原因就是作为“伦敦居民的绿肺”（a lung for Londoners）（Ward，1994）。可见，20 世纪中期的城市规划意识到需要保护城市生活所需的各种资源（如食物供应、建筑材料、能量供应）。自然环境因此被认为是资源和设施的储备，为城市居住者提供必要的服务。但其功能远不止如此。帕特里克·阿伯克隆比（Patrick Abercrombie）在其大伦敦规划中（见图 1.1）提出需要保护乡村，以使得“人们视觉感到愉悦”。

这些思想与环境的科学主义和唯物主义观点相距甚远。阿伯克隆比（Abercrombie）对城市与乡村、人与环境之间的关系持更抽象的观点。城市依赖自然正如人类依赖母亲养育一样，而城市作为成年人（男性！）必须承担起照顾和守护自然环境的道德责任，正像丈夫应该对妻子应尽义务（正如阿伯克隆比理解的性别关系一样！）。这也使得一些强硬政策，如市镇与乡村分离、控制城市蔓延、设置绿化隔离带具有合理性：

> 英国的乡村…是谷神锡里斯，一位拥有良好教养的妇人，她每年按时（或应该）哺育其后代！因此，如果城镇不应侵犯乡村的道理如果正确的话，那么人类就不应该运用管制手段迫使乡村满足城市的需求（Abercrombie,1944,178-179 页）。

在英国，对于从事物质性规划的规划师而言，自然界不仅仅是被抽象化的资源和背景。但是，作为背景，自然也不只是美丽的景观，而且还对支撑富有活力的城市生活起着重要的作用，是人类的港湾。所以，城市居民有道德、有责任，为了现在和将来，保护自然界的完整性。正如当时在西方思想和法律实践中，认为男人要为女人的生活负责一样，“人类”已经控制了自然，所以也要为自然负责。这一论调与英国土地贵族传统的资产管理思想保持一致（Lowe、Murdoch 和 Cox，1995）。

自然界的物质、道德、情感审美概念的相互关系，对自然的道德责任以及保护自然将其作为留给未来的宝贵遗产理念，这些早期思想都预示了许多当代需要关注的环境议题。然而，这些理念仍然充斥着技术进步和人类进化的现代主义观念。人类“掌控”自然，同时也对自然负有责任。当人类脱离自然母体长大后，就不再受制于“自然”。

在战后一段时期，由于规划界越来越关注应对经济增长的挑战，所以在很多情况下，关注环境的道德维度被逐渐边缘化。规划技术被主要用来解决自然环境系统的约束和极限。在英国 20 世纪 60 年代末和 20 世纪 70 年代初，对“次区域”的研究就体现出这一理念，这些研究主要为了界定新开发区域的选址（Cowling 和 Steeley，1973；Ward，1994）。经济发展被认为受到排水系统、基础设施的可获得性、景观特征等因素的限制。自然承载力约束被视为“发展的上限”，代表了城市增长的成本障碍。因此，发展区位的选址的主要工作也就是克服约束、降低发展成本。

通过科学方法分析生态系统占据了主导地位，与此同时，城市系统也被作为依靠交流渠道联系在一起的行动集合，往往通过区域科学方法对其进行分析（Chapin，1965；Chadwick；1971；McLoughlin，1969；同样见第一章和第五章）。自然环境的概念被缩窄为物质和审美资源的集合，这些资源是现代生活所需要的，因此应该得到保护和保存。然而在 20 世纪 60 年代末期，规划界所依靠的物质增长成本假设，也越来越受到公众的关注。瑞秋·卡森（Rachel Carson）在著作《寂静的春天》中对增长代价（核爆炸引起的全球污染的恐慌）做了有力的描述（Carson，1960），气候、水资源损耗和污染所带来的跨区域影响也开始引起大众的关注。与此同时，战后西方经济稳定增长的终结也对经济增长本身的可持续性提出质疑。

20世纪70年代，一本极具影响力报告——《增长的极限》（The Limits to Growth）出版，该著作由自称为“罗马俱乐部”（Club of Rome）的一群人写作而成。在美国，对公共政策影响的第一个证据就体现在1979年颁布的《联邦环境保护法案》中，该法案要求重大公共项目都需进行环境影响评估（EIAs）。在德国政治领域，环境保护的意识形态伴随着“绿党”（Green Party）政治而得到大力发展（Galtung，1986），在澳大利亚，工会运动也涉及环境问题，禁止环境不友好项目的施工建设（Stretton，1978）。到20世纪80年代，新环境保护主义在欧洲成为一股强劲的政治力量，影响了欧盟的政策。然而，其政策内容却与英国关注乡村景观的前提完全不同。新政策主要关注生态系统的质量和可持续性，关注生态系统与水系统、大气污染之间的关系，关注地方活动（以酸雨和臭氧层的破坏为标志）及其全球影响的互动关系（Beatley，1994；O’Riordan，1981）。

在英国，这些影响在20世纪70年代逐渐销声匿迹。在国家政策层面曾对环境问题有过几次讨论。增长极限的关注以及公共政策领域技术与物质的重视，主要在地方层面受到挑战，这些挑战主要表现在规划体系的运行机制以及就变电站和道路设置而进行的公众质询中。正如格罗夫·怀特（Grove-White，1991）所言，设立规划体系主要是来“缓解”经济发展与环境保护之间的矛盾（Lowe 和 Goyder，1983；Grant，1989；O’Riordan、Kramme 和 Weale，1992）。在这一时期，专业规划领域趋向于从社会公正角度出发，讨论规划本质和目的，关注再分配问题（见第四章和第五章）。而更为实用的观点则避免讨论规划的总体目的，而是强调规划在项目和程序制定过程中专业的角色，即如何“将事情完成”（getting things done）（Healey 等，1982）。因此在英国，规划专业在融合“新环境主义”（new environmentalism）时并没有充分的前期准备。然而，环境生态理念正通过对积极管理“乡村”资源的重新关注，逐渐进入英国规划实践。

乡村在英国文化中有着特殊的地位，代表和体现了英国的重要特质，这就如同市中心在意大利和法国意味着公民文化。乡村对于英国人而言，不仅意味着景观环境，还体现了一种生活方式。这种景观环境是指英国的核心区域，那里有绿地、树篱和遍布四处的高大树木，牛羊从中穿过，在那附近有村庄、茅草屋、牧师住宅和教堂。在这种理想化的乡村图景里，人们之间关系和谐、相互协作，照顾着自己的田地和村舍花园，享受着乡村漫步和村庄仪礼，生活在一个浪漫的礼俗社会中（Gemeinschaft）。

这一图景其实是由 19 世纪的诗人、导游和景观设计者“创造”出来的，之后又受到专业化中产阶级的倡导，如今则成为高度城市化国家的田园梦想（Williams，1975；Marsden 等，1993；Wiener，1981）。捍卫这些图景的力量主要源自一些强大的社会群体，诸如“国家土地所有者协会”（Country Landowners Association）和“英国乡村保护委员会”（Council for the Protection of Rural England）。这一“梦想”（dream）为英国景观保护政策提供了有力支持，这些保护区域包括绿带、国家公园、自然风景区、野生动物区和特殊科学研究点等。然而，正如在第四章中提到的，这一乡村梦想与英国 19 世纪和 20 世纪早期乡村生活的实际情况并没有直接的联系，更不能反映出当时的社会现实（Williams，1975）。理想化的乡村更像是城市通勤者和商业经营者希望在技术上能离开城市，而在头脑梦想的家，而实际上，乡村正逐渐成为农民试图寻找新商机的场所，以便应对农业过剩的经济挑战（Marsden 等，1993）。

这就是帕特里克·阿伯克隆比（Patrick Abercrombie）及其 20

世纪 40 年代英国的规划师同伴们试图竭力辩护的“乡村”概念。当时的英国国家政策也在关注如何确保高水平的家庭农业生产，二者结合在一起，其结果就是出现了保护农地、防止开发的强势政策承诺。到 20 世纪 70 年代，事实已经清楚显示，城市增长区域已经跨越用来限制其开发的绿带。另外，曾经被视为乡村看护者的农民正变为乡村的掠夺者，砍伐树木和灌木，施用化肥和杀虫剂污染水源。但与此同时，农民也在抱怨城市游客并不尊重乡村景观，而对肆意破坏房产和庄稼牲畜等问题负有责任。这就导致了乡村管理实践的增长,并将生态知识和自然科学引入规划领域中。直到 1980 年，对“都市边缘”（urban fringe）进行管控以及保护农地的同时保存乡村景观特征成为英国规划政策的主旋律（Elson，1986）。

在一些方面，这些英国传统规划思想和实践为解决现有环境议题提供了坚实的基础。其中包含着对环境的深刻理解，认为环境不仅仅是被剥削或保护的资源，而且还具有道德和审美的作用。同时强调对自然环境关系实施地方化管理的重要性，而土地利用规划的功能则成为守护自然的一种形式，承认需要保护其他物种免收人类活动的侵扰，例如保护物种栖息地就是英国规划实践中为人所熟知的案例。尽管在 20 世纪 60 年代城市系统理论的发展中就已关注生态系统，但是却没有什么实际进展（即使在英国），传统规划很少能理解生态、气候和水文系统的本质就是生物圈之间的关系。人与自然关系的理解中充斥着人类能够并且应该掌控自然界的观念。然而，这些理念在新环境保护主义的曙光中受到质疑和挑战，但是这些质疑在概念上并不相同，观点上也不一致，饱受内部争论的困扰。

当前环境政策中的争论

20 世纪末环境运动席卷整个西方思想界，而其构成则包含多种思潮，不同思潮之间甚至常常还有冲突。不同方式竞相角逐，极力主导政策的争论。当前环境保护论在政治和政策上能有如此影响，其灵活性是其中一项重要原因。它呈现为对资本主义生产方式的强烈对抗，这些资本主义生产方式既包括强调物质主义的西方思想，也包含将环境视为金矿和垃圾场的社会和个人行为。同时，也可以仅仅表现为策略上的调整，以便于更多考虑长期利益，调控经济和社会发展。前一个观点通常表现为警示性的，敦促人们若是要拯救自我和整个星球，就必须根本改变目前的体系和行为方式（Giddens，1990）。而后者则可以视为环境保护的技术任务，即期望找到一些方法，可以延续以往生活方式，同时又减少资源浪费和污染排放（Stretton，1978；Sandbach，1980；Sagoff，1988）。

提姆·雷奥丹（Tim O' Riordan）则抓住环境的各个维度，提出“双极”（two polar extremes）概念，即“生态中心论”（ecocentric）和“技术中心论”（technocentric）（O' Riordan，1981）。这种划分延续了探索环境表达方式的争论。“深绿”（Deep Green）的环境保护论者认为，培养人与自然之间的和谐关系，应在公共政策和个人行为中居于首要地位。应该从根本上改变人类行为，停止现在的掠夺和破坏环境的实践。而“技术绿”（technogreens）阵营的观点相反，主张应将环保优先目标与其他政策目标相协调，尤其是要与经济增长目标相协调。在关于人与自然关系的生态学讨论中，这一争议一直存在。

随着环境争论逐步成为公共政策的焦点，强大的政策团体认识到其潜在的影响力，以及对现有实践的巨大挑战，所以也重新定义了环境领域的相关概念。与此同时，政策争议逐渐由雷奥丹的“双极”观点，转向更加包容的“可持续发展”观念。可持续性的理念在环境领域中的发展，也有着富有远见的先驱。其中，最有影响力的便是布伦特兰（Brundtland）报告——《我们共同的未来》（WCED，1987）。该报告认为，尽管需要适当遏制经济增长，然而在经济发展和自然环境系统之间仍可以实现互惠包容。以下便是有关可持续发展的表达：

> 人类具有可持续发展的能力，从而既能满足当代人的需要，又不对后代人满足其自身需求的能力构成危害。（WCED，1987，8页）

该报告明确将自然环境系统的状况与破坏自然的人类经济和社会关系联系在一起。基于全球视角，它强调所谓"发达"国家和"发展中"国家的相互关系。前者倾向于将其繁荣给环境造成的负面影响输出到第三世界的贫困社会和环境关系中，那里的穷人都在为生存而挣扎。这也就赋予第一世界国家一种道德责任，即尽可能减少对环境产生负面影响的生产行为，同时为第三世界国家提供资源，帮助其处理环境负外部性带来的负担。

可持续发展理念既考虑了生态问题，也反映了社会问题，提供了一种环境友好型经济发展的可能，同时也呼应了20世纪早期阿伯克隆比等规划师提出的守护环境遗产理念。同时，也还反映了许多非西方国家的道德哲学和风俗习惯。

这就鼓励了一种观点——正是由于现代西方社会的文化特色，所以才会对代际间资源管理和自我存在方式可持续性方面保持沉默。这种奇特的沉默，源于如下两方面因素的融合：一是现代主义对于人定胜天的信仰，二是资本主义经济利益最大化的追求（见第二章）。在此背景下，也就不奇怪应对新环境主义挑战的纷争不断，并继而出现令人费解的回应，以及对围绕概念界定而产生的真实权力斗争。尽管社会、经济与自然界的关系已成为人们首要思考的内容，但是更为重要的一个普遍性问题，就是人们文化和社会的活力（Jacobs，1991）。

到20世纪80年代末期的英国，新环境保护主义的影响从部分施压政治领域转移到主流政治思想中。其结果便是，政府官员、专业人士、专家和政治家们试图基于其所处的政治环境，希望将竞选理念和政治辩论技巧、可操作的项目结合在一起。所以，新环境议程的主流对话和具体内容也因不同政策议题而具有较大差异。在西欧，各国家政策争论都通过欧盟而保持密切的关联，欧盟在环境政策中扮演主要角色，在政策辩论中，有四股环境保护的思潮或者说争论都在极力引起政策的关注。每股思潮虽然都开启很多新方向，但同时也都根植于已有的语言环境中，从而导致地方环境变迁管理中不同的政策优先权。

环境作为资产储备

其中一种理念源于从新古典主义经济学中，且正好契合当前新自由主义公共政策的实用性思维模式。环境被作为资产的集合和储备，可持续性则意味着维持和加强这种资产储备，而非损耗（Pearce 等，1989）。只要任何损失的环境资产能够因创造新环境资产而得以补偿，这就可以确保了经济发展可以继续推进。和个体责任原则一致，污染者应该为其造成的环境负面影响买单，从而解决环境的负外部性问题。环境管制因此也就成为通过与开发者达成协议来协商补偿的方法（Healey、Purdue 和 Ennis，1995）。环境资产损益的计算可以运用现有经济学中"成本—效益"分析方法，并可以将该方法扩大至非货币类物品（如野生生物保护和景观遗产保护）的价值评估中（Cowell，1993）。环境审计在评估地方资产储备中扮演者重要角色（Glasson 等，1994）。

计算资产储备得失的相对权重需要环境经济学家的聪明才智（Turner，1993），这种计算往往采用平衡和损益的语言。政策也可能会寻求更为系统化的操作，以鼓励企业和家庭消费更少的资源，产生更少的废弃物。通过价格政策来实现政策目标，比如鼓励使用无铅汽油的价格激励政策，或采用道路收费以合理控制机动车进入拥堵和污染的城镇中心。这种需求管理政策旨在督促人们转变行为方式，但并没有为总体环境状况设定任何量化指标，因此避免对增长极限作专门描述。政府通常会关注这种政策的分配结果，这些政策一般都会增加相对贫穷人群和相对弱势企业的资源使用成本，由于这些群体拥有相对较少资源，资源价格机制对其影响更为明显，因此政府往往需要为其提供补贴，以使这些弱势群体摆脱困境。新的行为方式反过来也会产生产品和实践的新需求，从而在经济发展中提供了创新机会，并因此促成了经济增长。在此方式下，通过使用管制和金融政策工具，经济“增长”能与生态保护可持续性地共存。尽管仍有一些困难，如哪些空间领域的资产应当纳入计算范围，如何计算经济发展造成的环境损耗等，但是地方环境管理设置了减轻与缓和环境需求的规定，所以在管制政策中仍具有重要地位。

该方法具有一些优点：强调发展活动的负外部性，通过市场行为调节。但是，将环境商品化不仅仅在技术上有困难，在道德上也难以实现。技术问题主要存在于对环境资产的持续界定，即哪些可以被算作环境资产，应该怎样进行评估等。如果按照所有资产之间是可以互换的原则，那么一片原始森林的消失能够用一些新的运动场来替换吗？是不是有些资产是我们生存所必需的，因此“不能被剥夺”？皮尔斯（Pearce 等，1989）认为，有些资产应当作为“重要的自然资本”来对待，不能被剥夺。所谓的“遗产”就应该被认为是具有这种特性。那么，“绿带”或者有着“明显自然美感”的地方呢？如何才能成为不能剥夺的资源呢？我们应该将“绿带”作为保护城市周边自然资源的工具呢，还是仅仅作为管理城市增长和城市边界土地市场的一种机制（Elson，1986）？人们所认为重要的资源是通过经济分析或自然科学分析得出的吗？还是由其文化传统和主观信仰所决定？如果是这样，人们如何将这些维度引入评估中？更进一步而言，如果生态关系非常重要，那么用“贮备”和“资产”这些术语描述生态圈的关系是否合适？水文系统的质量能否被视为商品？森林覆盖面积、污染等级和城市中鸟类栖息的相互依赖关系能否被视为商品（Owens，1994；Beatley，1994；Goodin，1992）？研究个体偏好的经济学如何解决文化信仰和语义系统的问题？难以用经济学语言来回答的环境问题为其他思想和观点提供了政策空间。

环境系统和承载能力

自然科学，尤其是生态分析，提供了另一种专业语汇。生态学的中心议题就是“关系”，强调物种与栖息地的关系、生态系统之间的相互依赖性以及生态、水文、气候和地理系统之间的相互依赖关系。科学并不能提供简单的答案，在生态学科内部，关于各种关系的驱动力以及存在何种关系的激烈讨论一直持续。然而，这种方法将“系统极限”一词引入政策争论中，系统极限是指生态系统承受污染、损耗和压榨的能力。由此，也就导致对地方环境和城市区域“关键自然承载能力”的重视。在面临科学的不确定性时，这种方法也和道德观念联系在一起。如果难以确定一个项目或政策可能影响环境承载力的程度和范围，那么最好站在“安全侧”，这也体现出预防性的原则。如果对环境破坏的范围存有怀疑，那么最好不要实施这个项目或政策（Williams，1993）。

就这些争论而言，环境可持续性的目标主要侧重于维持环境系统（systems）。这些生态关系网络系统有着自我更新和演化的能力，但如果其栖息地遭到破坏，或由于吸收过多废弃物而导致过度的使用和损耗，那么环境系统将遭到破坏。因此，政策研究需要确定关键的“自然临界值”（natural threshold），并应当通过政策管制和积极的环境管理措施来加以保护。这些临界值成为环境遗产“不可或缺”的元素，应当一代代传下去。环境审计使用这一政策语言，主要是关注于系统质量和负面影响之间的因果链条。一个有趣的案例就是加利福尼亚州自然群落保护规划（natural communities conservation planning）。在此案例中，由于一个科技专家小组提出建议（Innes 等，1994），导致规划关注重点由单个物种保护方法，转向“自然聚落”（natural communities）的整体性保护方法。就此观点而言，“地方性”成为关注焦点，即“地方性”在多长程度上与主要的自然系统（如水塘等）联系在一起。公共政策的焦点也成为管理区域内的经济和社会活动，并尽量回归到临界值范围内。“限制性”的语汇取代了“交易性”的语汇（Owens，1994；Healey和Shaw，1994）。需求管理也因此被赋予更加重要意义，即潜在地涉及各种层次活动的减少。同时，该方法它还引发了对通过目标设定减轻污染等级政策的关注。近年来，英国在地方空气质量和废弃物回收目标中的创新反映了这一方法（详见，例如Petts，1995）。

在城市区域内，如果自然环境系统的临界值已难以承受继续发展时，对环境系统保护就应优先于任何其他政策目标。此类典型案例有很多，例如，为保障沼泽湿地水资源平衡而制定的佛罗里达州“州规划体系”（DeGrove，1984）。关注分配结果的政治团体也应提供资金，用以保护那些因发展受限而承担负面影响的群体。

这种方法似乎社会科学的制度主义方法非常接近，更多强调关系而非事物，强调要以相互关联的视角去看待现象，而这恰恰是经济学方法所忽视的。当个体行动在自然状态下受限时，该方法要求采取某种形式的集体行动和团体回应。但该方法同样也有问题。生态学家、气象学家和水文学家们发现，识别和认同关键的自然临界值是非常困难的（Worster，1977）。这些临界值在多大程度上存在依赖于特定环境中的具体情况，因此需要在地方调查中投入相当多的科学研究（O’Callaghan，1995）。而造成这种科学难题的另一个原因是，自然系统与人类行为一样，也是动态的，会随着情况改变而演化和适时调整。这也就提出了一个问题：哪种系统形式才可以被认为是自然的？20世纪90年代中期经历了异常的天气状况，这是“全球变暖”的结果还是“自然现象”？英国的哪种景观、澳大利亚的哪些丛林可以被视作是“自然的”？采取措施保护这些环境的合理性是什么？

这些不同的议题引出关注自然界的文化维度。关于自然“整体性”的观点不仅仅是科学的，而是源于对景观和自然秩序的抽象认知和审美感受。在当前使用的自然科学语汇中，往往都是在处理客观建立的事实，人们常常会遮掩这些抽象联系。自然可以被视为"客观存在"（out there），人类活动是管理自然而非破坏自然，这点与经济学视角相同。经济学将自然视为商品化的资产而加以利用，而不是被人类追求效益最大化而滥用。这些自然科学和经济学的话语体系也充满价值观、个体观念以及人与自然的关系理念，因此使得其研究的客观性归于无形。这些学术研究成果实际上是"事实生产"的社会过程中，经过人为精心加工的产品（Latour，1987）。然而，在环境政策的公共讨论平台中，这些"客观性"正在受到显性和隐性因素的持续挑战。公共空间共享共存的管理问题，其关键议题之一就是如何整合科学争论和公众讨论，但同时又不过多陷入科学内部的争论过程。

环境作为"我们的世界"

在上述背景下，生态中心或"深绿"的观点拥有一定影响，因为其出发点基于道德制高点而非科学实证。人类被认为只是自然物种之一，并和其他自然物种一起共存于自然界的。上述观点基于生态学传统思想中的协作流派而非竞争观点，用以强调自然物种之间的和谐关系，以及及时适应地方环境的重要性。詹姆士·洛夫洛克（James Lovelock，1979）提出了"地球行星"（planet earth）或"盖亚"①（Gaia）的意象，这是一个隐喻，用来描述一系列精心设计的平衡生态关系。前工业时期通常被认为是一种理想的状态，那时人与地球的关系更加亲近，人们精心保护土地、照顾动物。生态中心论的核心不是一种分析方式，而是尊重与关心自然的道德感，反映了人类对自然的归属感以及与自然系统之间达到平衡的殷切期望。其他物种以及物种间的地方关系，应当与人类关系一样受到人们的尊重。人类这一物种的唯一不同之处在于反映自我生存状况的能力。这种能力的道德责任要求人们在对待其共同

① 盖亚是希腊神话中的大地女神，拥有非常显赫且德高望重的地位。她是古希腊神话中的大母神，创造了原始神祇和宇宙万有的创造之母，所有神灵和人类的始祖母神。西方人至今还常以其名"盖亚"代称地球。

的自然界时，应追求保持而非破坏自然界的相互关系和生存方式。因此，“可持续性”意味着，人们要超越生态学家和经济学家的需求管理策略，重塑思考自我的方式、经济生产模式、生活方式以及人与自然的关系。很明显，资本主义社会组织方式及其技术和物质收益大多是不可持续的。因此，地方环境管理不仅仅是关注自然物种的繁衍，关注资源保护和各种废弃物的回收利用，还意味着人们必须要准备采用不同的生活方式。环境保护论的建立也同样强调“权利”的重要性。如果人类拥有权利，那么其他物种也应如此。英国很多动物保护群体和组织都倡导这一观点，如动物权利保护群体，皇家鸟类保护协会（声称为鸟类说话）。

这种观点在早期激进的共产主义运动中就有先例（Beatley，1994；Beevers，1988）。埃比尼泽·霍华德（Ebenezer Howard）在其梦想的“田园城市”中也反映出这样一些观点。而这种观点当下的价值在于，以一种占据道德高地的语气说出来，同时充满与自然的情感和道德关系而非物质关系。这种观点伴随着激烈的争论，怀着坚定的信念进入政治领域。但是，这种过分激进的方式也导致其具有一定的局限性。因为，这种观点并不包容西方社会大多数人的价值观和生活方式，而是倾向于以原教旨主义的立场说话，严格区分自我和未受启蒙的其他人。它虽然提供了一种基本视角，但是其实现路径在当今世界中似乎非常艰难，且不具有建设性。因此，尽管它为地方环境政策争论引入了更大范围的利益和关注，特别是其他不同自然物种的“声音”，但同时，其做法也是以影响人类物种内部很多人为代价。

环境作为文化概念

第四种环境保护思潮认识到，如何看待环境并非完全基于地球环境的客观事实或基本原则，而是受制于人们看待世界及其所属地方的方式。人们的观念是在与社会互动的过程中形成的，并与其他习惯和理解方式密切联系，这种观点也主导了“布伦特兰报告”（Brundtland Report）。该报告试图把关注环境的生物维度和人类社会关系的可持续性结合起来，同时也关注人与自然互动关系所导致的不同类型结果。报告中首先提出问题：“人们现在的生活方式”能够持续多久？不管从全球角度还是从不同场所来看，社区和阶层将会持续很长一段时期。其次，报告中还考虑到人们应如何生活的道德理念。人们不应该仅仅根据新古典经济学理念而倡导人类福利的最大化，而是应该让各类人在不同的社会情境中都能够欣欣向荣地生活。人类生活在社会关系和文化中，并在此建构人与自然的关系。提高生活质量不仅仅涉及物质福利的事情，还包含丰富精神和情感，并涉及权利和义务的讨论。

这种观念可以被视为人文关怀的社会主义事业的拓展，自19世纪以来，这一事业在西方国家中有着重大的政治影响。根据此观点，新环境保护论从战后持续提倡劳工利益优于资本家利益的政治思想，转变为更加丰富地理解人类在自然界的生存方式本质，以及理解以尊重和协商的态度和价值观看待赋予人类美好生活的自然界。与关注生态的原教旨主义不同，该观点更具有包容性，认识到当前社会中社会关系形式和文化的多样性，试图包容现代社会中多元的生活与思维方式。由此带来的挑战便是要人类文化中以及人和自然界之间的关系中，发掘互相支撑的、可持续的共存生活方式，而非集体性地破坏自然（Blowers，1993；Beatley，1994）。

上述观点将新环境保护主义界定为一项文化工程，而非技术或科学工程。人们在决定是否以及如何进行测度和计算之前，首先需要明白如何思考自己，理解人们在自然界中的位置以及人类社会和价值观等。人们需要明白，为何人类对环境威胁如此敏感，为何人们认为环境的一些属性是“不可剥夺的”、令人担忧的。人们需要知道，在设定具体保护政策前，如何需要向通过集体讨论，确定需优先考虑的地方环境特定品质。这些争论在任何一个以环境为议题的公共政策探讨中都会出现。例如，争论变电站和快速路的选址，争论水资源管理或能源政策，讨论城市生活质量或乡村保护等等。这些争论的价值在于其明确地将生态和其他关注议题联系在一起，从而提供了更多可能性，在物质、道德、情感和审美等各个维度“全面地”解决环境议题，同时也反映了人类和生物圈的互动方式。日常生活重新回归，成为与生态关系相互关联的社会关系流的一部分（Nord，1991）。延续本书的制度主义视角，可以让人们将人与生物圈的“关系网”看作是和其他关系网的整合，并帮助人们认识自身在社会情境中的行为如何影响环境遗产。因此，可持续性项目被明确作为道德性项目，用来维持人类自身和代际之间的繁荣。

这些环境争论不仅扩大了政策考虑的范围，用新的语汇诠释了许多议题，还将可能讨论的地方环境议题引入政策对话中。这里所指的政策争论不仅包括政策讨论使用的语言，还涉及组织理念、关键的隐喻和叙事主线（Hajer，1993；见第八章）。在这些讨论中有清晰的主导趋势，这些趋势主要由政府和政策精英推动，希望通过“修正”而非“颠覆”政策议程和实践的方式，来更好地回应关于敏感环境的、日益增长的政策压力。因此，也更加强调技术解决办法和经济调整（补偿交易）的可能性。这些政策思路根植于经济学和自然科学，主要利用环境容量和自然承载力的方法，并在20世纪90年代中期主导了英国的公共政策。这些传统思想为当前西方经济体提供了基本原则，如环境减量原则、污染者付费政策，以及在自然环境限度内进行需求管理和预防性原则。但是，它们却否认环境议题的文化维度，及其包含的道德和审美问题（Hajer，1995；Owens，1994），而事实上，很难将这些问题排除在外，不仅仅是因为文化维度、道德和审美往往决定着问题的本质，特别是决定着自然资源及其价值能力，还因为当前社会中已广泛存在的趋势，即对科学和技术的智慧失去了信心。所有上述问题共同开启了环境争论，这些争论原来都是隐性的，但现在已经逐渐明朗起来，包括政策的、政治的、标准层的，以及政策评价方面的争论。意识到这点，同时也认识到环境主义在政策议程中任何实质性的进步，都意味着需要说服每个人以不同方式的思考和行动，因此也就导致在环境政治中，特别强调公众参与（Blowers,1993）。此外,也逐渐兴起基于环境考虑的申诉权利。这也提出了关于制度能力的问题，即能够提供一个合适的平台和程序，用来讨论或者明确建构人与自然关系的不同方式。

环境争论和空间规划

空间和土地利用规划体系关注何时、何地、按照什么条款要求进行开发，因此也就不可避免地涉及当前人与自然界关系的反思中，但规划已有的经验同时也可能抵制这些思考。出于此原因，新的环境保护政策体系在发展时，常常会与现有的规划体系产生冲突（Glasson 等，1994）。

土地利用变更和开发的申请肯定会影响到自然界，以及人类评估自然的方式，与此同时，空间规划师一般都会深陷于环境生态的各项诉求（至少在英国是这样）。因此，很难在土地利用规划实践中撇开环境政策问题。颁发地方开发许可的实践总是要评价申请项目对地方环境质量的影响，地方发展规划也要平衡开发行为与自然环境系统之间的关系。如今，地方规划需要在各种诉求中斡旋调解，并将环境争论的内容转变为规划要求。这也意味着，不仅仅要将新的议题和优选项引入地方争论中（例如，促进生物多样性、减少汽车尾气排放），还要纳入新的语言体系和争论风格，从而改变过去几十年形成的中规中矩的依法行政风格（McAuslan，1980）。因此，土地利用规划体系本身经常也会成为“问题”，从而可能导致其在地方环境变迁管理中被边缘化，也可能导致土地利用规划体系做出根本性转变。英国政府也一直摇摆不定，一方面在抵制欧盟评估环境影响的新政策措施，因为原有规划体系在这方面已做得非常好，另一方面，也同时引入新的环境管制实践

（Glasson 等，1994）。地方环境管制责任落在规划体系和新成立的环保署（Environmental Protection Agency）工作范围内，环保署是由先前的国家河流管理局（National Rivers Authority）和皇家污染检测机构（Her Majesty's Inspectorate of Pollution）合并而成。欧文斯（Owens）在探讨英国土地利用规划体系所面临的挑战时，曾建议新的环境争论可以像"特洛伊木马"那样，潜入规划争论和实践中，促进其转变（Owens，1994）。然而，正如先前所言，规划体系在传统上可能早已体现出对环境的严重关注。就像其在一般环境政策层面一样，在地方规划领域，争论也逐渐被占据主导地位的政策语言所掌控，新概念也可能会用旧话语方式来重新对其进行解释。

那么，新的环境争论到底为管理地方环境变迁带来了什么样的问题？在一个层面上，由于更加密切地关注生态保护，由此导致所有涉及材料方面议题的思维方式发生改变：保护成为新的优先选项，不管其被理解为一系列的环境质量，亦或重要的生态能力；在考虑开发选址和规划条件时，增加了新的标准；强调了在任何土地利用和开发方式调整的申请中，都需要特别考虑减轻对生态环境的负面影响；建议政策要界定重要的自然承载力"领域"，并制定该领域相应的标准和目标。规划政策同样应该提倡以环境需要为前提的发展。由于一些开发项目（如地方垃圾处理厂）和新的再生能源开发项目可能会产生相应的副作用，这些规划方面的调整就可能带来更多的冲突（Hull，1995）。因此需要进一步就补偿措施进行协商讨论，以补偿受到开发项目负面影响的群体。

这些压力也促进了规划思维方式的改变，使其明确关注开发项目对不同领域影响的争论。在美国，地方规划实践关注开发商权益保护和限制之间的平衡协调，并形成了关于协商开发成本和影响费用的复杂实践经验，以解决大范围的环境影响（Cullingworth，1993；Healey、Purdue 和 Ennis，1995）。在 20 世纪 90 年代的英国，由于国家政策变化的激励（DoE，1991），形成了类似的协调实践，通过提供基础设施、地方社区服务和自然环境资产等方式，与开发商协商减轻其项目对环境负面影响的措施（Whatmore 和 Boucher，1993；Healey、Purdue 和 Ennis，1995；Elson，1986；Cowell，1993）。

然而，在界定影响方式和规模时，这些实践却揭示出相当多的不确定性。这种讨价还价明确体现出一种平衡和用补偿来弥补损失的方法。但是，该方法的正确性基于一个原则，即负面影响的产生者——"污染者"应该为其开发项目的后果支付费用，从而鼓励开发商要尽量减小其负面影响的规模，同时也希望能够减少对生态能力的"需求"。

在开发控制、街区和社区开发指引方面，环境议题已经纳入房屋建设的导则和设计之中，从而可以允许采用太阳能供热、减少取暖能源消耗、鼓励内部垃圾循环利用。环境议题对于缩小社区隔离，从而实现能源减耗的协同效应也日渐关注，由此也对传统分区隔离的土地利用区划提出挑战，这一传统区划模式主要是第二次世界大战后，为保护居住区免受烟尘、噪声和气味等工业污染而形成的。新的规划语汇中现在则强调"混合用地"的必要性（CEC，1990）。

在英国准备制定新一轮发展规划的大背景下，这些标准得到加强，并成为正式的法规政策。在最新制定的许多规划中，环境议题进一步得到推进，"环境"被扩展为一个单独的主题，与经济、住房等其他议题并列。污染管理和再生能源项目选址问题将会和乡村保护、建成环境保护、城市设计等政策一并讨论。到 1990 年开始，可以看到规划的整体战略在慢慢发生转变，开始反映新的环境思考方式。而到 20 世纪 90 年代中期，在政府更新后的政策导则激励下，这一转变已经汇聚为一场运动，大量规划中已经包含关于环境可持续性的战略声明。这种潮流也转化为具体的政策，开始规定开发项目选址必须在公共交通服务范围内，更加严格地限制城市边缘区的无限蔓延，从而保护市中心。为应对 20 世纪 80

年代兴起的去中心化发展动力，提出一个新的城市结构模型——“紧凑城市”（compact city）。“紧凑城市”最早可以回溯到20世纪中期，当时的规划师提出一种由绿带包围的传统城市模型（Breheny，1992）。然而，在后来的实践中，很少有规划能继续推进承载能力的理念，以及减少承载压力而对开发进行管理（Marshall，1992；Healey和Shaw，1994；Owens，1994）。而在当前的英国规划实践，正在沿着“承载能力”（carrying capacity）的方向，坚定地强调规划的争论，正在明确地迈进（Williams，1993）。

尽管这些进步非常缓慢，但是，政府政策和地方规划文本中也开始强调环境的限制和极限，而这一转变也引起土地开发利益集团的普遍关注，希望借助可持续发展的理念，共同推进环境保护和经济发展，实现二者的互惠互利。但随着政策落实到具体的实施层面，这种设想越来越难以实现。

也许新关注环境议题影响最大的就是空间战略规划层面，这部分要归结于认识到“承载能力的限制”。如前所述，美国对战略规划兴趣日益浓厚，其背后因素之一便是对于增长“管理”的关注，以保护敏感生态系统中的主要环境极限（Innes，1992；Nijkamp和Perrels，1994）。然而在欧洲（尤其在英国），环境议题迫使人们重新认识汽车的角色。战后，英国交通政策的主要计划就是要适应日益增长的机动车拥有量及其使用的需求。建设高速公路体系也是为适应从铁路向公路的交通方式转变。为加快通行速度，快速交通系统绕过小城镇和乡村。评估这些计划的主要标准就是时间效率。虽然铁道线路因为其运行方式不经济而被关闭，但是市中心则被改头换面，以适应机动车出行方式，街区也被设计成允许家庭停放车辆的形式。接近主要道路的区位对于商业开发和零售业综合体更具吸引力，而限制城市开发、保持城市紧凑发展的规划政策也受到中央政府政策的影响，而只能放松管制（Thornley，1991）。通过一系列评估措施，（例如掩盖公路建造的补助资金而强调铁路所需的补贴资金），公路在获取公共投资方面拥有优先于铁路的特权（Whitelegg，

1993）。这一方面反映出政府政策对道路建设企业的重大影响，但同时也反映出将汽车作为休闲手段和社会地位象征的文化潮流。许多人享受着汽车带来的种种便利，而拥有什么样的车也成为其在等级化社会中地位的象征。机动化将人从街区的空间束缚中解放出来，使其可以抵达各类的休闲场所，帮助管理复杂的家庭生活，这些都在第四章中有所探讨。然而，重新关注环境问题又迫使人们从另一个角度看待机动车。机动车消耗大量能源、产生拥堵、引发交通事故，而如今又成为许多城市重要的空气污染源。一些城市在空气污染特别严重时，不得不引入机动车使用需求管理手段。英国的气候多变、多风，但即便如此，空气污染在许多城市地区都很严重（Banister 和 Button，1993）。

面对这一现实，英国政府近来在其交通政策上，发生了 180° 的大转弯：减少了道路建设项目，与此同时，国家规划政策规定将抵制城市边缘地区的零售业发展，所有新开发项目都必须在公交线路周边选址。但是，由于没有任何鼓励公共交通的资金支持措施，这些目标如何实施并不明确。一些愤世嫉俗者认为，这一政策转向很大程度上是回应公共支出危机以及新公交线路协商的巨额政治与金融成本，而不是基于环境考量（Owens，1995）。

然而，这一交通政策上的转变象征着现代主义梦想的一个最重要标志——个性化交通技术手段的终结。当前，汽车已经深深植入大众文化中，以至于人们并不清楚如何才能有效限制机动车使用。新自由主义政策提出通过价格手段解决的方案，即增加整体和敏感地区的用处成本。但改变人们的出行习惯绝不仅仅是经济学的问题，还包括转变文化习惯、改变出行的思维方式以及转变相应社会地位的思考习惯。而价格政策可能仅仅会扩大获取社会地位标志的差异。

在规划领域内，常常会通过城市地区的空间布局来解决问题。而这一工作的环境挑战在于分析和发展城市形态的基本原则，以减少能源消耗、废弃物和汽车污染排放。如今有很多研究，旨在探索环境友好型的城市形态。一些人认为城市应该是紧凑的，如传统的英国规划政策中的限制城市（contained city）概念。而其他人则认为，紧凑的聚居形态与交通量减少和污染水平降低之间并没有必然的联系。如果人们工作和居住都散布在多样的、空间延伸的关系网络中，那么可能需要从一个紧凑城市到另一个紧凑城市区去。这样，即使城市是紧凑的，也有可能会产生拥堵和污染（见 Breheny，1992）。

这些争论有时会与特定城市区域必要的自然环境承载力联系在一起（Nijkamp、Vleugal 和 Kreutzberger，1993）。它们关注自然生态关系以及在自然承载能力范围内的需求管理，并结合地方经济发展压力和新的社会生活模式，从空间形式和布局视角，寻找不同方式重塑地方性的概念。其挑战在于需要发展城市空间"结构"的概念，而实现这一任务不仅需要理解经济动力和城市生活社会关系对城市空间结构的影响，还需要理解地方生活方式与特定自然系统之间关系所产生的影响。但是，这一争论最有意义的贡献在于，强调没有简单的模型可以套用。适合什么样的城市空间安排形式不仅取决于地方的生态系统、经济环境和生活方式，还取决于该地政治团体是如何思考和评估地方生活的不同属性。尽管环境议程已导致理念上产生很大变化，但是所有这些理念都将和当务之急事务和现存权力关系交织在一起。这在用环境争论重提"紧凑城市"原则时表现得非常明显（Breheny，1992），同时也清楚地说明新的对话往往会采用"酒瓶装新酒"的方式，回溯此前对话中使用的语汇，一个典型案例就是英国保护乡村地区免受城市蔓延的影响。

新的环境议题因此给地方规划领域带来了许多新的争论和政策主张，以及吸取当前实践基础上的新标准、城市设计和空间组织新理念、评估新技术、新的政策语言和新的思维模式。同样，就其影响力和评估方式而言，环境争论作为一种途径，（Lichfield，1992），以一个看似矛盾的方式将新经济学语言引入规划实践之中。

与此同时，也以新的方式，将规划政策和经济活动之间的矛盾暴露出来。如何解决这些冲突，完全取决于政治团体如何综合社会、经济和环境维度，“全面地”（in the round）处理问题。正如欧文斯（Owens，1994）所强调的，这也使得争论超越资产和环境语汇层面，提升到价值观、文化以及道德和伦理的层面。如本章之前所述，这些议题长期以来都存在于规划传统中。地方环境规划的挑战在于明确而清晰地解读这些议题。要实现这点，也意味着需要用经济学和自然科学的语言，向英国主导的观念发起更激烈的挑战，开启关于“土地利用伦理”更广泛的讨论（Beatley，1994）。

新环境主义的转型的力量

新环境主义如今是一个广为普及的群众运动，在西方社会有着重大的政治影响。这一社会运动正在改变空间的规划政策和实践，改变商业策略、影响日常行为，特别是中等收入群体的日常生活。该运动改变了空间规划的政策和实践，重新激活了“环境”的传统意义，并引入新的理念、利益相关者和政策主张，也孕育了新的实践，如新的环境审计、环境影响评估、环保措施的协商方式以及咨询和参与的形式。这一“改革浪潮”很好地证明了思想和争论的力量及其如何动员各方要素改变思维方式和行为方式。

然而，在环境主义阵营内部，还同时存在不同流派隐性的冲突，同时产生了不同的政策讨论过程。本书所采用的制度主义方法与自然与生态主义思想最为契合，强调社会和自然的互动，并意识到这些互动关系的文化根植性。此外，也还突出主导力量分散的危害性。这在现阶段的环境政策发展中是一个关键议题。旧的权力关系往往体现在优先考虑经济增长，以及在公共政策中运用理性的高等数学计算，那么新议题能够转变旧的权力关系吗？各种分散权力的壁垒能否在不根本改变其占优势地位体系的同时，成功采取策略以适应新的压力吗？

20世纪70年代，绿色环保的政治策略在应对商业和国家问题上，采取了对立的立场，质疑二者转变的动机和能力（Galtung，1986）。布伦特兰委员会将争论转向了更加协作的路径，认为如果能说服经营者从更广范围的道德义务角度，承担更多社会成本和对待他人的责任（不管是世界其他地方的人，还是其后代），那么在经济利益和环境保护就能够达成一致。这就为“零和游戏”带来了希望。经营者在任何状况下已适应新的政治气候和现实环境，以及更加严格的管制政策。对于环境友好的产品和技术而言，新的市场商机已出现。这似乎进一步证实新思想、新对话，在引导经济活动和公共政策方面的力量。

但在这些调整背后，旧的权力关系正主导这一议程。由于在全球化经济背景下，国家和地方经济非常脆弱，所以不管是中央，还是地方政府仍然担忧过多地限制商业部门会导致经济的衰退。通过技术办法减轻经济活动的负面影响，相较于抑制经济活动水平而言，更具有吸引力，因为前者可能会创造就业和收益，而后者则会减少就业和收益。政府官员、专家和权力集团控制了政策议题设定，以及界定来自大众运动的对话语汇，因此，相对于包容性的争论，其更加愿意推进技术社团主义（techno-corporatist）的实践。政策措施集中关注于国际和国内的管制标准，而非人、企业与自然界的具体互动关系。道德和审美议题收到压制，甚至转化为经济分析的术语。如果人们反对，就会被贴上反对任何开发的“邻避主义者”（NIMBYs）标签，尽管其实际上是对政府和经营者对待大众关注议题的应对方式极度不信任（Macnaghten等，1995；Wolsink，1994）。

反对这些趋势则意味着再次将环境讨论平台向公众开放。这也是“地方21世纪议程运动”（Local Agenda 21 Movement）背后的关键要点。1992年，在里约热内卢会议（Rio Conference）设定的这个主题在一些欧洲国家（尤其在英国、丹麦和瑞典）受到了地方政府和草根组织的热烈追捧。地方21世纪议程运动要求地方团体识别出环境的关键问题，并设定解决这些问题的目标（Patterson 和 Theobald，1995）。在此活动平台中，通过建立互动性议题和协作性政策过程，可以发展出各类的探索性实践（Bell，1996）。通过互动交往发酵，得以产生关于议题的不同思考和可能性，了解地方环境中的特定社会和生态生活状况。所有这些都证明"地方知识"在识别地方重要环境议题以及建立重要关系变化监控指标时的重要性（见第二章）。人们不得不成为"自己土地上的旅行者"，以便积累知识，形成激励政策措施，以便更多关注其"共同"家园中微妙的特殊关系（Latour，1987）。为了将这种理解传播到更广泛的领域，他们必须和设定议题的政策团体发生联系，也就意味着同时会介入互动性的政策制定工作中。由于地方环境中的利益相关者之间可能会产生冲突，这些利益相关者之间的权力关系也不均衡，这也向地方环境变迁管理中整合环境、经济和社会维度提出挑战，必须要找到协作性的方式设定议程、推进政策，建立起更加包容的政策方法，应对各种议题和需要考虑的各方利益，而所有这些只有基于地方的理解才能够实现。这也为争论开启了更加丰富的环境理念，但同时也会在不同具体利益主体之间，以及不同理念之间，产生新的分歧和冲突。在此背景下，通过协作建立共识的制度设计能力本身就包含了治理的创新。正是在协商和理解经济与环境二者权重关系时，产生了共识建立政策的一系列创新实践（例如英国和澳大利亚；见 Innes 等，1994；Innes，1995）。这些实践将在第八章中进一步讨论。

尽管环境主义对经济和政治体系已产生很大影响，但协作性的共识建立本身并不足以形成对抗传统经济和政治堡垒的力量。环境争论还对权力和责任提出质疑。必须要有法律支撑，明确界定权利义务，向所有的利益相关者强调重要议题，并在政治和政策领域中采用不同思考方式，以及将可能相关的党派都引入协作平台中，对话才会更加有力。这些政策体系的设计问题将在第九章中阐述。

第三部分
协作式规划的过程

简介

本书第二部分详细阐述了研究社会、经济和环境动力的制度主义方法，并强调该方法对于认识地方环境变迁的启示，同时该方法也有助于认识公共议题的治理模式。第二部分由始至终都强调如何在复杂的社会关系网中识别议题和利益主体，以及辨识文化的多样性和不同的空间路径。场所和文化不再是毗连的，不同的文化可能覆盖多个场所，而某个特定的场所也可能包含多种文化群体，彼此之间或多或少都相互关联。同时，这种关联也可能会在地方环境质量议题方面产生剧烈冲突。这些冲突不仅存在于地位相似的地方团体之间，或存在于个人偏好和利益之间，同时还被融入更广泛的由结构性力量构成的权力关系中，这些结构性力量会产生主导的经济秩序，推动特定的生活方式，以及采用特定的政体形式进行治理。生活质量、自然环境和地区经济的健康状态都依赖于管理这些冲突的地方治理能力。另外，在特定场所的所作所为会产生更广泛的结果，因此，管理公共空间共享共存问题，实际上反映出应对全球化背景寻找地方行动的合理治理模式时所面临的挑战。

本书的第三部分着重于这方面的研究，正如在管理地方环境时中所追求的那样。但是，相对于本书第二部分，第三部分的分析对象有了变化，侧重于建立制度能力的规范性过程。现有观念认为只有正式的政府部门才能治理，才可以提供经济管理和福利保障，保护环境质量。第三部分将对此观念提出挑战，并建立一种新的协作性治理理念，即政府部门应该为应对结构挑战提供制度硬件设施，从而限制和修正主导权力，同时还要提供建立关系（relation–building）网络的制度软件设施，以便促进相互学习，建立广泛共识，从而发展社会资本、智力资本和政治资本，促进一个地区内各种社会关系之间相互协调、传播知识和激励竞争。在此还有一个关键性的难题，即如何将如下三个方面结合在一起：一是制度硬件的设计；二是在权力关系改变时将会引起的内部冲突；三是体现出地方性特殊性和协作性的制度软件设计。可持续性的制度设计不仅应该使得个体之间配合默契，还应该与更广泛范围的情境产生良性互动。

当前对环境规划体系的批判，以及对更普遍的政府运行机制的批判说明，在西方社会并没有许多成功案例可以很好地解决以上三方面的问题。规划部门被贴上消极的、循规蹈矩的标签，且受到应对潜在影响低效、认识过于主观的批评（Schon，1983；Reade,1987）。政府工作也批判为消息闭塞、态度不积极、效率低下、缺乏问责，对多样性反应迟钝。而政府则被控诉为服务于政治家和官员、政党和官僚自身利益的机构（Thornley，1991；Dunleavy和O' Leary，1987）。后现代主义的分析者认为，规划体系就是早期现代化的"残余"（Dear，1995）；而新自由主义者认为，现有的国家形式就是中央集权的福利国家的废弃遗产（Thornley，1991）；结构主义者则将国家视作资本的工具，或者是为技术和商业阶层服务的机构（Castells，1977）。

面对这些批判，如何才能重新激发治理能力和潜力，解决第二部分所提出的各种挑战，并形成一个公共领域，使得不同政治团体可以在此形成新方法？治理如何才能转型？有些人认为，现有政府现有的大部分机构都可以削减，无政府主义者、共产主义者和新自由主义哲学家都持这类观点。无政府主义者和共产主义者寻求采取小团体自我管理模式，认为除此之外的管制应统统分解（Dryzek，1990），或完全丢弃这一方式，转而寻求具有地域限定的生活模式。这种观点忽视了当前人们跨越时空、彼此联系的复杂存在方式。激进的新自由主义者建议"收缩"国家行为的边界，以释放个体的主观能动性（Gamble，1988）。但是，这种观点忽略了个体存在于与他人的社会联系中，忽视了支撑资本主义经济过程的权力关系，还忽视了以往在市场失灵时，国家对经济进行干预的普遍趋势。现有的批判更多可以理解为提出问题，而不是“消除政府管理”：什么是正确的治理模式和治理形式？应优先考虑哪些主体的利益，哪些利益主体又应当放在边缘位置？治理模式实现何种目标时是有效的，在那些情况下会失效？以及如何推动治理模式演化，使其更加契合当前人们思考经济、社会生活和自然的方式。

公共空间共存的困境一方面清晰地说明对高效治理机制的迫切需求，同时也说明设计这种机制所面临的重重问题。由于人们已开始认识和尊重生活方式、生活习惯和文化的多样性，因此也开始探索如何才能包容差异性，为不同的个人偏好提供舒适空间。但是，这也将人们引入更为具体的空间体验和更广范围议题的冲突中。例如，在以一个城市社区中建设幼儿园的方案对上班的父母而言是好事，但由于在高峰时期接送小孩也可能产生交通事故，而小朋友们欢快的叫声则可能成为邻居们耳中尖利的噪声。同样，原址保护古迹类文化遗产可能意味着考古场地所在的耕地无法耕种，农民的生存状况甚至会大不如前。如果对人们对治理机制失去信任，这些冲突就将转而通过金钱、土地所有权方式来解决。结果正如第四章中讨论的那样，拥有资源的人可以得到短期利益，但是却换来对其个人价值和公共利益的长期缺失。而且，还可能在多元文化群体中强化社会极化作用，并将那些因个体差异而难以被权力集团接受的人逐渐边缘化。此外，还会将富裕阶层与由其行为引起的问题隔离，从而给人们造成印象，认为集体组织策略中充满了不信任、斗争和抗争的语言。

上述情况在经济生活中也同样存在。经济活动在全球化市场和组织关系中展开，企业在此通过残酷的竞争以获得优势。如果缺乏精细化的经济发展政策以及令企业满意的地方发展环境，企业就会从该地区逐渐“剥离”（asset strip）资产，直到该地区难以继续为其提供满意的政策措施时，就会全部搬离，给当地留下负的外部效应。如果希望用环境敏感的方式将企业收益回馈于地方社会经济生活，就需要建立基于地方的、信息丰富的治理模式，这一点在第五章中已经得到论述。一个地方如果拥有丰富的社会关系、生产经验、商业机会以及对权力阶层调动能力，那么就比那些封闭的、社会关系冲突不断、缺乏信任，且社会群体间知识交流较少的地方，更加容易达成目标。

就规范企业间竞争和劳工条件，解决“公共物品”问题（如基础设施、研发投资、劳动力培训、福利和再生产）来说，经济生活的治理同样是需要制度硬件设施。这些措施与企业负担公共物品的转移支付规则一起，会影响企业的跨地区甚至是跨国的空间行为。经济政策曾经一度被认为是中央政府事务，而地方政府只应关注地方公共服务和设施（例如 Saunders，1981）。第五章已探讨了经济管理中地方角色的重要性，尤其在制度能力的软件基础设施方面的重要性。此外，也有观点强调了超国家实体的重要性。其启示在于，在经济全球化背景下，治理面临挑战便是要协调不同层级、规模的经济治理。

以上结论在环境领域尤为明显，在全球其他地方产生的环境污染会影响到本地脆弱的生态系统。然而，这些结论同样也适用于第四、五、六章讨论过的所有趋势中。近年来，在环境领域，伴随着新的环境管制措施的引入，国家或国际层面的制度硬件水平迅速提升。但这些措施是基于特定的地方环境基础上，如何才能回应地方层面的多样化诉求和主张，同时又能认识到本地发生的事件对其他地方所产生的影响？一个地方居民的诉求如何在政策上得到另外一个地方居民的关注？

这也将发展新治理模式的挑战引入广受关注的不同层级（level）政府竞争（competences）的讨论中。制度主义方法强调治理其他维度的重要性——治理平台中社会互动的形式和类型。如果人们的认知方式和对生活状态的价值观充满分歧，所用语言中的词汇、隐喻和参照系都充满差异，那么如何能够找到一种适合所有人的治理模式？权力斗争中总是赢者通吃，一部分人总是会主导其他人，那么人们会不可避免地被卷入这些权力斗争吗？英国和美国的政府机构面临压力，需要更好地回应市民，因此制定了“关注服务对象”（customer care）的法案，按照服务型政府的标准来监督政府绩效（Mayo，1994）。但是，这样是否会导致关注一个市民群体的特定需求而忽略其对另外一个群体产生的负面影响？

基于以上问题，本书第三部分的主要目标有以下几点：

（1）探讨当前关于治理形式和治理类型的争论；

（2）探寻发展更加多元、民主的治理形式及其特征；

（3）评估制度设计过程，在面临公共空间共享共存问题（如地方环境规划）的治理挑战背景下，这些过程可能促进多元民主的治理形式。

第七章在讨论不同政府管理形式和“规划”作为一种治理类型之前，首先回顾了“管理”（government）和“治理”（governance）的含义。第八章探讨了所面临战略讨论（strategic argumentation）挑战，通过该过程，可以用一种包容性的方式让政治团体表达其共同关注的空间和场所议题，该过程同时也会形成“改变”的策略。第九章探寻了管理地方环境的政策政体（regime）设计，以提出包容性争论所需法律和程序保障，同时又向政府提供高效和合法的实施手段。这一探讨并不是要开出一种新的规划药方，而是帮助人们思考如何创造和批判地方环境管理的实践和各种可能性。第三部分从陈述式的讨论转向规范性分析，展示作为一种治理类型的协作式规划案例，并提出实施建议。

第七章

规划和治理

管理与治理

本章将会回顾治理的各个维度以及治理的不同模式，探索规划作为一种治理类型，其本质是什么？作为一种政策（或规划）驱动的治理模式，规划多大程度上能与其他类型的治理模式兼容？在第二章关于政策分析方法论述的基础上，本章回应了对基于工具理性、技术服务和治理合作的政策分析的批判，尝试探讨治理模式的新方向。新的治理模式对公共政策的"消费者"（consumer）比对政策的"生产者"（producer）更加敏感。这些新方向利用政策驱动的方法,在对"硬"和"软"的制度设施上有着不同的强调重点。本章将对多元民主的治理模式和协作式规划类型进行总结，以推动这些模式的实施。本章讨论建立在实践思考的基础上，既包括对"以人为本"的规范性治理模式的思考，也考虑到地方环境变迁管理的实际案例（例如在"权力共享世界"中，多元的、容易产生冲突的利益相关者共存的情况）（Bryson 和 Crosby，1992）。在此讨论的治理路径体现了一种制度主义方法，该方法不仅强调治理过程的互动本质，还强调社会网络与正式政府机构互动的方式，从社会网络内部发展出治理机制。基于这种认识，"推理"比"技术工具的理性模型"和"理性的规划过程"有着更加广泛的应用。

社会或群体的治理（governance）体系是一个过程,通过该过程,公共事务的解决方式形成一种惯例。治理主要涉及政治团体公共事务和其成员的资源再分配，同时表达其行为原则。治理充分体现在保护社会免受冲击的措施中，其目的是提升经济水平，同时为社会成员的生老病死提供福利。治理还将政治团体的倡议合法化，并代表集体利益和价值观表达集体诉求，这些诉求体现为"公共产品”（public goods）或“公共利益”（public interests）。这也意味着，“政治团体”通过法律规定，或者通过成员的一致同意形成，或者体现在组织成员意识到自己已是团体中的一员。政治团体可能是拥有共同利益的人结成的同盟，或是既得利益者形成的团体。其中，有些团体没有明确的定义，例如世界野生动物局（World Wildlife Trust），大赦国际（Amnesty International）或国际运动协会（international sporting associations），而有的团体则有由地方文化团体或司法机构界定的空间边界，比如生活在特定国家或地方管辖领域内的所有人。但是，地方环境变迁的管理可能会涉及很多边界外的利益相关者，这在地方政府司法机构中尤为多见。

在现代社会中，治理的概念一直以来被认为和“管理”是同一事物，即“国家”（state）机器所做出的行为。现代国家的成长是现代化最具特征的标志。政府作为一个独立的社会组织，其认识往往基于“国家”（the state）和“社会”（society），或是“公共部门”（public sector）和“私人部门”（private sector）的对比之中。新自由主义的政治哲学家和新古典经济学家对后者做出区分，认为国家作为公共部门，应该解决一些事务，而这些事务仅仅依靠是私有（private）经济难以解决（Low，1991）。更加古老的划分方式可以追溯到亚里士多德和古希腊民主时期，该区分将公共领域（public realm）从私人家庭中区分开来（Young，1990）。按此逻辑，公共领域意味着讨论集体事务的地方，尽管其忽略了家庭中也会讨论公共事务。现代社会更加复杂，一些分析者将经济、社会和政府三者完全分离。厄里（Urry，1980）借鉴马克思主义政治经济学，从三个相互重叠的领域来描述经济、市民社会和国家。基于传统政治经济学的争论主要聚焦于：公民社会和国家之间的关系是否由经济发展所驱动，或者国家是否能够独立运行（Pickvance，1995）。在西方社会的日常生活中，隐喻和争论时通常将政府当作独立的结构性力量，民众对其影响是有限的，但是政府却建构着民众的生活世界。

这些区别暗示着治理是一种经济和社会生活之外的事务，然而理论和实证却否定了这一观念。新古典经济学家认为，政府是由于经济体系失灵而出现的。马克思主义政治经济学家认为，国家是私有财产出现后的产物，或者是资本家和劳工之间阶级斗争的产物。哈贝马斯则认为，治理体系像经济体系一样，正在“殖民化”（colonising）人们的日常生活和“生活世界”（lifeworlds）（见第二章）。制度主义分析则强调正式的政府机构、经济活动和社会生活之间的复杂的互动，它们之间越过正式的组织，通过社会网络和文化假设及实践来连接。因此，社会或市场领域的观点可以被引入政策的发展中，帮助建构管理实践的前提假设，反之亦然。企业可以转变其行为，以回应政府政策，人们也可能因政府行为及其结果而改变其所作所为。例如，新的政府激励手段可能导致企业的建立和重组，以抓住新机遇。在 20 世纪 80 年代的英国，一些家族企业为了获得一些有隐性利润的项目，也设立城市更新部门，同时“企业总部”的政策也激励了商人聚集和发展，导致了专门在这些地方进行建设的开发商的出现（Kennedy-Skipton，1994；Healey，1994a）。

根据吉登斯的观点，并非只有正式的政府管理机制才会影响经济和社会生活方式，治理行为还广泛存在于其他社会关系中。企业受到董事会、首席执行官和管理团队的“管理”。家庭则利用性别和代际间协作、家长制进行自我管理，或者通过女性将社会群体凝聚组织在一起。企业、家庭和社会其他领域都有着不同类型的治理方式，例如贸易协会、教堂、运动俱乐部、权力集团等。

因此，治理活动通过多元的社会关系得以传播，存在着很多形式，是一项涉及特定地理和历史环境的事务，讨论在特定条件下，如何在正式政府机构和其他领域之间进行责任分配。但是，当前对部门责任分配的质疑已经成为一个焦点。新自由主义的政治哲学家们希望“收缩”（roll-back）国家职能，减轻正规政府部门的责任，并提出相应的“推卸”（offload）策略，将此前部分的政府责任，转移给商业部门、非政府组织或者家庭。基于这一思路转变，出现了对公私部门之间“伙伴关系”（partnership）和“赋权”（empowerment）的倡议，鼓励私有化和消除管制，督促私有企业扮演社会角色。例如，在社区中普及艺术或改善环境（Bailey，1995）。同时，政府也鼓励社区管理诸如开放空间等设施，鼓励居住者管理自己居住的街区（Mayo，1994）。以上措施至少在英国是和以下政府机构改革措施并行的：一是要求政府机构更加积极地回应商业和市民的诉求；二是要求政府机构对其在民主社会中的服务对象更加负责。

这也暗示出正规政府管理中的“自主权”（autonomy）并不固定，而是通过不断的协商来确定。协商途径包括政府机构、公司和家庭之间活跃的关系网，也包括评估和政府行为的对话。当传统的管理模式不能适应商业活动和市民生活方式时，就可能会出现要求政府更加开放、更有责任心的诉求。结果许多人认为，现在许多国家的正式管理实践和风格反映出“现代主义”（modernist）的社会秩序——即国家为稳定的经济扩张和核心家庭的社会需求“提供”服务。大卫·哈维（David Harvey，1989a）认为，这种“管制”的（managerial）方式适用于“福特制”（fordist）经济。但现在政府需要采取“企业家式”的（entrepreneurial）机制，以适应人们灵活的、动态的经济网络的需求（见 Fainstein，1994）。而其他人则认为，政府角色必须从福利制或“国家供给者”（provider state）转向“策略激励者”（strategic enabler），引导和激励商业和市民活动（Stoker 和 Young，1993）。这也预示着要在制度的重新设计上做出努力，将制度安排、法律规定和资源流动中制度硬件设施，转变为在企业和市民中建构制度能力的软环境。从而可以让人们创造出符合其意愿的治理机制。

但是，要求政府更加开放和更负责任的诉求同时也来自那些具有强大幕后影响力的阶层。经常有报道说明强大的有产者阶层对于国家和地方政策的重要影响。在 20 世纪 80 年代早期的英国，赖丁（Rydin，1986）展示了开发建设利益集团与环境大臣之间的亲密关系。马里奥特（Marriott）描述20世纪60年代的英国城市中心区再开发时，也描述了议员、官员和开发商之间如何达成秘密交易（Marriott，1967）。同样，罗根、莫里奇（Logan、Molotch，1987）和斯通（Stone，1989）则展示了商业利益是如何影响美国地方政府。土地和不动产的利益相关者在这些情况下通常占据主导地位。

这些共存现象曾长期保持稳定，并未受到关注和质疑，尤其在一些地方，长期由政治家和开发商主导着广泛的商业和社区利益更是如此，毕竟一个社区需要有发展的能力。然而，不受约束的开发商压力可能会使得政府将社区整体发展利益等同于开发商利益。而此类案例中，最普遍的治理问题就是，原本用来约束市场行为的监管机制，反而轻易就被其应监管的企业所"俘获"。

然而，当前公众的环境意识大幅提升，由此形成一股限制商业影响的潮流。在此情况下，政府可能会更加公开透明、明确职责，因为这样有助于重建信任，修补市民对政治家和官员的信念，相信政府在"公共利益"（common good）方面会采取更加公平和合法的方式，而不是偏向特定群体的利益。推动理性规划过程原则（见第一章）的主要动力之一就是希望找到一种政府管理模式，能够使美国地方政府免受党派偏见的影响（Meyerson和Banfield，1955；Friedmann，1973）。当前，在建立共识的协作性政策领域，主要关注点就是如何在多方利益冲突、彼此之间或对政府部门缺乏信任的环境下，公开透明地制定政策（Innes等，1994）。

总而言之，治理不仅仅是政府的专享事务。所有人都以某种方式参与其中，并不断积累管理集体事务的经验。这些经验，尽管大部分都被政治和规划学者所忽视，但是却提供了孕育和创造新治理方式的资源。然而，"管理"有不同的职权范围、特定的组织模式、工作方式或惯例、风格。这些要素如何才能与其他具有时空差异性的社会关系相匹配呢？在西方社会，尤其是欧洲战后时期，国家统筹形成全面系统的经济管理和福利项目，产生了不同类型的“福利国家”（welfare state）（Mishra，1990；Esping-Anderson，1990）。到了20世纪80年代，市民和企业的需求和治理能力已发生变化，而许多项目与其服务对象已脱节。在此背景下，也倒逼着政府管理的职权范围，以及政府机构的工作方式重新进行调整。作为一种在充满竞争环境下的政府行为，空间和土地利用规划以及规划部门也就成为各方压力的焦点。

政治、政策和规划

到目前为止，治理已广泛作为一种管理集体事务的过程来讨论。但是，任何治理行为都包括提出政策和执行项目。一方面是要提出治理目标，对政策方向和关键行动做出战略决策；另一方面则是执行取得共识的决策，组织项目实施。政策（policy）和规划（planning）都是用来描述特定治理行为方式的词语，当然有时也集中描述治理的内容，而政治（politics）、行政（administration）和管理（management）等词语则通常用于描述治理行为本身。每个词语都有其含义，以这些词语为核心，形成许多学术领域（如政治科学、公共行政、公共管理）和争论的传统。这些学术领域之间所关注议题会有所交叉，同时与传统规划思想之间也有很多重叠，尤其是第一章中描述的政策分析（policy analysis）。此外，随着各种领域实践的交流，也会存在实证方面的重叠。

“政治”的含义

政治（politics）这个词语在使用时主要有两种含义：第一种是指任何领域所行使的权力关系；第二种则是特指在公共领域努力获得影响和实施的权力，而这一领域则区别于家庭和企业，特指集体事务的公共管理。在第一种情况下，讨论政治通常涉及日常生活与社会政治结构之间的联系。例如，福柯（Foucault）仔细研究了监狱和医院中社会行为的微观政治（Rabinow，1984）。女权主义者则强调了日常生活中的性别歧视，认为“个人的”（personal）便是“政治的”（political）（Young，1990）。吉登斯强调了日常生活被权力关系“构建”的方式，包括镶嵌在政治体系中的权力关系。制度主义方法则强调，人们的活动发生在由前辈创造的结构中，并受到这些结构的影响和制约。这些结构形成体现特定权力关系的资源流动、行为准则和文化价值系统的模式。通过这些资源、准则和观念，人们面对和处理权力关系，而通过日常行为，人们偶然或者故意地重新建构和改变权力关系。卢克斯（Lukes，1974）将这些权力关系描述为支撑行为活动的“深层结构”（deep structures）（见第二章）。而按照另一个著名的比喻，巴卡拉克和巴拉茨（Bacharach、Baratz，1970）将政治视作“带有偏见的动员”（the mobilization of bias），随着人们的行为无声无息地发生。政治的这一含义暗示着政治无处不在，不仅存在于治理领域或具体的政府行为中，还存在于任何政府机构中，政治也不只是政治家所做的事情。近来，关于规划师工作的论述，提供了如何将规划专业知识应用于地方规划实践微观政治中的生动案例（Forester，1989，1992a；Krumholz 和 Forester，1992；Thomas 和 Healey，1991；Hoch，1992）。

“政治”这个词语还用于表示治理活动，特别是政府活动的控制方式。在此情况下，政治可能被定义为缜密的社会动员行为，以获取集体事务管理机制的掌控权。具体包括控制流入政府系统的资源流，通过法律和政府程序控制界定正式规则的权力，以及控制政府议程。政治还包括人们当选政治职位的实践以及政党运作机制。此外，政治还代表聚集在政府周围的影响力，无论是采用上节讨论的幕后方式，还是以更加开放的正式制度安排形式。在战后德国，社会和经济政策领域的政府项目通常是商业、劳工和政府三方代表协商的结果。这一制度安排体现了经典的“社团主义”

（corporatism）模式（Schmitter，1974）。在荷兰和丹麦，政府机构和利益集团之间更广泛的合作产生了"联合治理"（co-sociational）的模式（Jessop 和 Nielsen，1991；Goldsmith，1993；Needham、Koenders 和 Kruijt，1993；Faludi 和 Van der Valk，1994）。

在更具有对抗性的英国政治传统中，治理的社团主义模式并未得到很好发展（Goldsmith，1993）。然而即便如此，在一些政策领域中还是可以发现该模式产生的影响，例如农业管理或矿业选址政策（Marsden 等，1993；Healey 等，1988）。在 20 世纪 80 年代的英国规划领域，住房用地分配的政策讨论中开始使用这种社团主义治理模式，政府寻求住房建设者联盟（Housebuilders Federation）和乡村保护委员会（Council for the Protection of Rural England）的帮助，希望可以借此寻求住宅开发商和环境保护组织之间的利益平衡，但这两个组织从来没有完全代表住宅建设行业和环境保护群体的观点，也说明建立稳定的制度安排非常困难。同时，英国案例也说明在地方环境规划领域，由于地方环境中的利益诉求普遍具有较大差异，难以建构为固定的利益"阵营"（camp），因此，也导致"社团主义"模式遭遇重重困难。

政治因此是一个普遍存在的活动。它关注"谁控制"、"控制什么"、"如何控制"以及"谁得到了什么"。正式的政府组织可能集中政治力量，形成一个强大的结构，约束日常生活和经济活动。政府运行也可能会越来越脱离更广范围内的社会变迁动力，从而导致政府行为可能"不顾后果地进行"。然而，那些享受权力斗争的人可能由于自身原因而陶醉在政治中，从而可能出现独裁政体或金钱政治。充满活力的多元政治能有助于防止这两种趋势，但可能只是形成短期的协商机制，并促进单一议题的项目。因此，当前社会关键议题之一就是，如何转变正式政府机构和政治，从而使得治理行为、日常生活、商业领域和生态圈之间，建立可持续的、建设性的互动成为可能。

政策的角色

在所有政府活动领域，21 世纪政策制定机制的发展，都是为了使政府能够更有效率地实施其指定的目标，同时也有责任心，依据这两个基本原则，政治团体可以评估其政府绩效。通过这些形式表达政策原则，“议题的逻辑”（logic of issues）就可能从“权利游戏的逻辑”（logic of power games）中剥离出来，从而将“问题”（problem）与权力的“游戏者”（players）分隔开（Fisher 和 Ury，1981）。当前的挑战在于维持这种分离状态，防止出现“我赢你输”（I win–You lose）的情况，同时充分利用基于实践的认识和基于实验的理解。

“政策”（policy）一词有多层含义。在一些语言中，政策和政治之间没有任何区别（例如法语、西班牙语和意大利语中就是如此）。在英裔美国人的传统中，“政策”一词通常指明确表达一项治理目标，而其中隐含的意思就是用来指导治理实体将要做的事情。政策因此“建构”系列的后续行动。但政策还可以用于更广义的范畴。在对“社会政策”含义的一个非常有意思的讨论中，汤森（Townsend，1975）认为，社会政策广义而言是一种管理市民福利的方法，存在于任何社会中。但这一说法没有讲清楚社会政策究竟是什么。事实上，社会政策往往以一种隐性的方式镶嵌在文化实践中，而不是政策陈述的正式表达中。因此，每个社会都可以说存在土地政策，即对于土地所有权、使用权和收益权的分配方式（Darin–Drabkin，1977）。

在有关政策和实施二者关系的政策分析文献中，也曾有过关于政策本质的讨论（见第一章）。巴雷特和富奇（Barrett、Fudge，1981a）认为，政策意图往往不是体现在正式表述中，而是在治理活动中逐渐形成。由于机构中的工作人员可以运用规则，并掌控着资源流，因此他们能够通过行动来解释或创造政策。巴雷特和富奇还认为，政策实践是一个自下而上的过程。这种非正式的政策常常可以得到明确得到认可，并转换为正式的政策表述。英国很多空间规划制定的工作都是将已有实践转化为正式的政策语言（Healey，1983；Healey、Ennis 和 Purdue，1992）。

英国政治结构具有高度中央集权和等级制传统的特征，而巴雷特和富奇则深受此影响。许多传统文献中都强调自上而下的层级式的政策制定，巴雷特和富奇则对此提出质疑，依据很多领域的政策实施情况调查，强调政策与实施之间的密切互动关系，前者表达政治领导者的意愿和战略规划内容，而后者则是政策如何在实践中实施。这二位学者从社会变迁理论中寻找可以描述这种互动行为的概念，尤其参考特奥多尔·洛伊（Theodor Lowi）的研究（Barrett 和 Fudge，1981b）。试图"建构"他人行为和建构意图不断被他人重新解释的互动过程，在更广范围内，被吉登斯的结构主义理论接纳和吸收（见第二章）。

巴雷特和富奇假设，政治家和政府官员的目的不仅仅是满足自我的生活利益以及做出临时的回应，而是在具体情境中寻求对真实问题的正确回应方式。这一观点假设官员关注政策并不完全出于私人目的，或者追求权力的主导地位，而是希望治理行为能够实现一些民主的、公众可接受的目标。政策驱动的治理行为需要清晰表达政策目标和策略，并采用相应的实施路径，然后与目标一致的成果绩效标准进行评估。第一章中列举的理性规划进程特别清晰地表达了应如何进行这一过程。在法制化的社会中，政策驱动方法有助于行使治理的权力。当问及代表集体行使权力的合理性时，这些明晰的政策则作为解释原因。政策还作为决策规则的基础（Faludi，1987），融入公众关于政策和实施的讨论进程中，并从而可以敦促政府更有责任心。此外，政策还可能成为一个有价值的工具，可以更加高效、有力地管理政府活动。在此背景下，规划文化中关于规划过程的讨论得到发展，以便设计出具有责任感的、高效性的公共政策。

就此而言，政策不仅是一种测量方式，可以测度政府行为与赤裸裸的权力游戏之间有多大差距，同时还是一种工具，影响政府的自我组织方式。在此引入行政（administration）和管理（management）两个词语。在复杂、正规、民主的社会中，根据政治家决策的项目来进行组织安排，这基于政治领域和行政领域二者分离的假设，前者主要是讨论政策并建立共识，而后者则是实施政策。这些组织安排是组织结构和文化、程序、操作实践的混合物，组织结构详细明确了职能和责任，而后者则塑造了人们对于工作的思考方式以及对于政府工作技术和伦理的思维模式。这些安排成为治理的操作惯例，并随之以相应的行为模式或表达方式。

在 20 世纪，政府官僚制即一步演化，在组织安排时一般都会将工作分给主要的职能部门（例如，教育、社会福利、农业建设、公共事务）。传统而言，官僚制采用层级化的形式，低层官员由高层官员指派，并通过将政策转变为程序性和法律性的规则来工作。治理方式根植于《拿破仑法典》（the Napoleonic Code）的国家，则普遍将政策制定与行政工作分离，前者主要隶属政治领域，而后者则是对正式规划的法律解释。在此情况下，区域和城市规划师的主要工作则限定于政策制定，而法定的技术人员则管理后续的政策规则。法定的土地利用区划条例就是这种政策和实施二元分离的典型案例。从理论上说，在此情况下，由规划专家制定总体规划，并将其转化为土地利用条例，赋予土地所有者依据条例进行土地开发的权利。而监督条例执行工作的则是行政人员而非专家。而现实中，政治家、行政人员和项目申请者之间常常形成更为密切的互动关系（Barlow，1995；Benfield，1994；Healey、Khakee、Motte 和 Needham，1997）。

这种基于规则的体系反映了政府行为合法化的一种方式，即保证这些行为是遵循政治许可的原则。这就是马克思·韦伯所说的官僚制，在其关于现代国家的组织形式的著名讨论中，曾系统对官僚制进行总结（Weber，1970）。对于政府组织和执行项目而言，基于规则的官僚体系极具有吸引力的，因为其取代了早期的分成制组织结构，即官员执行政府任务，作为回报可以允许官员从税收所得中“切一块”。分成制形成了官民之间的互惠互利关系，并激励以顾客为导向的治理模式，这一模式对于提高税收而言是非常适合的，但却不适用于国家扩大行动范围、提供更多服务。而基于规则的官僚体系旨在将国家转变为提供者和管制者的角色，而不仅仅只是作为征税者，从而取消了获取资助和官员个人获益的机会。但是，层级式、基于规则的组织机制也存在不够灵活的问题（见第一章），在当前地方环境管理中这一弊端非常明显，尤其是当地方环境变化的形式和规模存在较大差异时更是如此。由于城市规划总是假设可以预先制定一个精确的空间规划，但实际上，为所有偶然情况制定规则是件很困难的事。结果则可能导致规则执行时忽略特定情况，从而导致对政策“低效”、“失效”和“不相关”的批评，或者回避或忽视规则，导致操纵或腐败滋生。

如第一章所述，在此情况下，基于目标管理（MBO）的方式则很具有吸引力。政策在此不是被转化成为正式的规则和法令，而是成为一种管理方式的辅助工具，并假定行政人员个体有能力结合具体案例的条件，来正确解释政策的含义。政策作为基本原则用于讨论具体的决策标准，而不是固化为先入为主的规则。这一方法具有灵活性，并充分利用了政府官员的学习能力，同时也假设官员都具有伦理道德。这一理念在很多方面与英国长期以来的行政实践并行不悖，英国行政管理中假设官员的个人判断和道德将会实现“好的管理”（good government），因此赋予官员政策解释时充分的自由裁量权（Jowell 和 Oliver，1985），这就需要官员具备政策裁定的熟练技能。在英国规划体系中极具特色的自由裁量权模式就反映了这一管理特征（Healey，1988）。但这种政策驱动方法在更加多元和开放的政治文化中可能会遇到问题，因为在此情况下政府和管理之间的界限更加模糊。随着英国社会逐渐脱离其传统的“服从式民主”（deferential democracy），即信任政府有能力提供“公共物品”（Beer，1982），管理中行使自由裁量权也就出现了问题。此外，过度的自由裁量权同样也存在概念性的问题：如果官员做出决策，影响其应遵循的制度结构，或者说在实施中产生政策，又亦或强大的利益集团寻求与官员合作以影响政策，权力集团的政治影响遍及政府组织的各个层级和维度，如何在以上这些情况下问责官员的行为？官员会不会变为“小独裁者”或特殊利益集团权力的代表？作为一种行政管理模式，政策驱动的治理方法可以充分利用技术纯熟的行政人员个人判断，但如果缺乏细致的审视和平衡,在当前更加多元化和“权力共享”的世界里，自由裁量方式的合理性将会成为一个问题。第九章将会进一步讨论这些议题。

采用政策驱动的方式可能会使得政府活动依据政策原则进行，也可能和其他政策驱动的治理实践相融合。政策驱动治理的对话和实践仍在不断演化，甚至可以说，这是 21 世纪西方民主治理形式的一个重大进步。然而，尽管许多规划师对此非常熟悉，但是这些都假设基于特定的政治风格和文化以及行政管理方式。正如迈耶森和班菲尔德（Meyerson、Banfield，1995）在其著名案例——芝加哥公共住房选址时，所展示的竞争性方法那样，政策驱动的方法并没有和其他一些治理模式很好地融合。

基于一般的政策分析传统理解，规划属于一种基于政策驱动方法的治理类型，因此可以将二者视为等同，但规划还具有另外两种特质：一是以长期性和战略性视角审视治理活动的发展方向；二是需要整合不同政策领域。地方环境规划显然也属于治理，而且属于一种政策驱动的特殊治理类型。同样，将规划过程引入治理也会对治理模式提出挑战，同时也会影响政府机构内的权力分配以及治理活动的权力关系。这一过程在一些治理文化中能够更好地得到发展，规划可能会条块分割。例如，英国所采用的方式就是中央政策趋向于将地方环境规划作为政府处理“土地利用事务”的一项独立功能，与其他功能相分离（Bruton 和 Nicholson，1987）。规划过程也可能被限定为一种遵守规则的行为，或屈服于强大的利益群体而产生腐败。最终会出现哪种结果，完全取决于地方环境规划所植入的治理模式。

治理的形式和风格

概括而言，采用政策驱动，以规划方式进行治理的过程提出了一系列的假设：一是假设了有明确的政策指导政府活动；二是这些政策对政府的管制和分配工作会产生一定影响；三是这些政策会充分吸收已有的知识。但是，治理过程并不是天生就局限于技术理性模式，政策和行动之间也未必就一定是层级式、自上而下的关系（尽管这两类关系在实际案例和理论研究中都应用甚广）。采用政策驱动以规划方式进行治理时也不大可能会提倡包容性的实践，除非这一过程所处的治理文化极富有同情心。因此，规划不只是约翰·弗里德曼（ John Friedmann，1987 ）所说的将知识转变为行动的过程，还涉及一种强调知识性推理和论证的治理模式。如第二章所示，规划已经意识到跨文化交流的民主需求，而对这种规划方式的挑战在于如何将这种需求转变为包容性的讨论，从而整合不同类型的知识、理性、价值观体系和语义系统。包容性规划方式如果能够引入地方环境变迁的管理领域中，将会为不同社会和文化背景的利益相关者之间建立“对话”平台，从而有助于形成地方环境管理的原则。这些原则也将有助于得出化解利益诉求纠纷的决策，并为其提供“合理解释”的基础。

实际上，治理领域的规划方法需采取特殊的思维方式、组织类型，建立公开表达和交流的文化，从而影响实践行动的开展。哪种治理模式下容易产生这种规划方式？或者说哪种治理模式下具备产生这种规划方式的条件？至少从古希腊时候起，西方社会就开始探讨合理的民主治理形式。当人们认识到需要对所传承的管理结构和过程进行更新后，这些争论在当前又焕发出新的活力。通过分类可以有助于描述民主形式的现状，并探索民主形式变迁的路径。实际的治理体系通常是各具特色，具有一定偶然性，且动态变化的，而治理形式的模型总是需要将其进行简化。然而，分类仍然是一个有益的工具，有助于探索在哪些条件下，可以在治理形式中激发和孕育民主的、政策驱动的规划文化。

在描述现存的西方治理体系时，广泛采用四种模式。这四种模式都很简洁，主要关注治理的形式和类型，前者主要是指治理的代表性和合法性，即谁代表政治团体，其行为对谁而言具有合法性；而后者则反映在关注、分配和修正的工作实践中。回顾这些研究的目的在于识别规划方法一般而言更容易倾向于哪种治理形式，就当前包容协商式民主理念而言，哪种治理形式有着民主的潜力。这四个模型分别是：代议制民主、多元主义民主、社团主义和侍从主义（clientelism）。

代议制民主

代议制民主模式对西方人而言并不陌生，这是从中学教科书中学到的一种理想的民主国家模式。在此模式下，人民是选举者，政府代表服务于人民。人们（即大多数成年人）选举出代表、政治家，由其来监督政府机构官员的工作。行政官员既是管理者，又是专家，在其帮助下，政治家的任务是在讨论的议题中清晰表达“公共利益”，督促政府展开行动实现公共利益。治理集中在正式的政府机构中。政府官员要回应政治家，而政治家则通过投票方式也要回应公众。政府决策的标准就是最大化地实现“公共利益”。政治家对于任何议题的“公共利益”的表达都负有责任。这一模式适用于相对同质的、文化多样性有限的社会，同时也和欧洲战后的现代经济管理和福利国家的理念相吻合。

代议制民主模式倡导的治理方式或者如马克思·韦伯（Max Weber）所述，强调依法行政、遵守规则，或者如英国式治理体系，强调公务人员拥有灵活的自由裁量权。但两者都要求治理工作要与政治游戏保持一定距离。这一模式集中关注于技术和行政的专业化，鼓励层级式官僚体系的发展。在这一体系中，官员行为和决策的正确性，只对其上级或者问责的政治家负责，而不是对周围的“人民”负责。由于政府行为的合法性一般受司法体系的监督，这种层级式的问责制度往往会也会受到法律问题的约束。但是，这一模式为那些基于政策目标、强调技术和法理的政策性规划提供了沃土，许多美国和英国的土地利用规划方式就反映出这一特点（Kaiser 和 Goldschalk，1993；Healey，1983，1993）。

然而，这一模式目前受到广泛质疑。当然并不是质疑其基本的前提假设，即在民主社会里，政府需要通过广泛的选举产生，而是主要批评其选举产生治理体系的具体形式，以及一些其他的补充手段，以促使政府更加高效和更富有责任心。代议制民主模式的核心问题在于理论与实践不符，因为政治家和官员在从事治理工作时，往往会受到多方面的影响。而这一核心问题也暗示出实践开始转向另一模式。而更基本的概念性问题则是在任何议题中，政治家都没有办法能将所有的利益诉求整合在一起。人们的利益太多元化了。因此，必须建立一种共享机制，与市民和市场共同承担制定政策、实施政府项目的责任。同样，官员也不可能“熟悉”所有议题和所有人的诉求，从而向政治家提供足够的建议。在政治和政府中充分融合内部参与者和外部相关者有诸多好处，然而在代议制模型里，往往低估和忽略了这一互动过程。政治家和官员需要政治团体开放，这样才能够获得足够的知识和见识资源，从而做出正确判断，胜任其工作。自 1960 年起，地方空间规划中对“公众参与”的兴趣日益增长，这其实就是试图克服代议制民主模式缺憾的有力证据。但是，许多政治家很快意识到，公众参与也对代议制民主模式的基本前提提出挑战，公众参与“公共利益”的表达，会挑战政治家的责任感和代表的角色定位（Hoggett，1995）。

多元民主

多元民主模式则充分认识到多元利益的重要性。该模式基于第二次世界大战后美国普遍存在的政策协商过程，而现在则常常被用于描述欧洲的治理体系。它预先假设一个由不同利益群体组成的社会，群体之间相互竞争以界定政府的行动议程。政治家通过投票选举产生，但其主要任务是在多元利益主体之间进行仲裁，而非代表社会表达公共利益。在此背景下，政策并不需要起到引导政府行为的角色，而这一体系的特点是往往将“政治声音”融入法律辩论的语汇，并产生基于以往合法的判例，来进行诉求竞争的政治。它鼓励各群体基于利益诉求和偏好表达对立意见。自引入各种形式的环境保护法规以来，这种实践方式也开始得到广泛认同。而在许多土地利用规划体系中，多元主义的发展趋势也越来越明显（Brindley、Rydin 和 Stocker，1989；Healey 等，1988）。

这种对抗性的方式并未使得规划过程顺利进行。在美国，为了减少围绕单独议题所产生的大规模冲突，一些州开始引入战略规划体系（DeGrove，1984；Innes，1992）。在瑞士，它大力推动战略规划机制的引入（Ringli，1997），以及 20 世纪 90 年代早期空间规划领域的发展（Healey，1993）。战略规划的实践，试图将多元主义争论的焦点，由项目许可转向制定政策框架领域，从而通过规划的形式，表达项目决策的基本原则。由此也倾向于在管制性决策制定前首先建立政策评价原则，而不是等决策完成后才诉诸复杂的法律领域对其进行修正。这一转变也多元主义竞争和讨论的重点由具体项目，转向基于实践建立共识的策略，后面将进一步对此进行讨论。

保罗·大卫杜夫（Paul Davidoff）对此持不同观点（见第一章）。他认为，每个利益集团都应各自制定规划反映其利益，从而产生非常民主的争论，因为各个集团都会就不同规划的相对优劣提出其观点。大卫杜夫设想一个情景：由富有同情心的咨询者为特定利益集团提供规划服务工作，但是他并未解释最终规划如何表现和通过。既是律师又是规划师的大卫杜夫将这一设想称为“倡导性规划”（advocacy planning），并在美国 20 世纪 60 年代后期到 20 世纪 70 年代早期引起大量关注，因为，这一设想提供一种批判方式，可以挑战当时席卷许多美国城市、由政府推动的城市更新项目。倡导性规划师们遇到了很多政府规划师的抵制，这在第三章的案例中已有涉及。相反，基于利益诉求彼此竞争的观点，发展出一个截然不同的“倡导性实践”。利益集团雇佣咨询师和律师，在项目谈判以及政策和规划准备阶段，来宣传和支持其主张。如今许多土地利用规划体系都是在此环境下运作，而规划在此背景下，也成为各利益团体间竞争的斡旋工具。这一争论过程显然富有活力，但却是以对抗和竞争形式呈现。

无论利益集团争论项目还是规划，问题都在于，争论基于一种竞争、博弈的情景而设立，其结果都是“我赢你输”（I win–You lose）的零和游戏。参与者介入博弈平台，试图表明其捍卫利益的立场。这就使得难以开启对话，寻求新的可能解决方式，也无法了解价值观和语义建构过程中的文化差异（Forester，1992b）。其结果则导致 NIMBY（邻避）型的政治，各利益集团为了捍卫自身权益，对政府和其他团体提出的任何方案说“不”。政府机构因此也停止向公众进行咨询，因为其假设，公众对政府提出的任何方案都会做出负面回应（Bryson，Crosby 和 Carroll，1991 ；Wolsink，1994）。

而在这些谈判实践中，在谁参与协商、如何达成协议等问题上，也存在分歧。实际上，用查尔斯 · 林德布罗姆（Charles Lindblom，1965）的话来说，这是一种积极的“相互调整”形式。在多元主义的进程中，好的决策是每个人都能接受的决策，但是，需要删减参与者反对的内容之后，才能得出能够被接受的部分。因此，这一过程不包括努力建立相互理解的新制度，以便产生更广泛的共识基础。在多元主义形式的治理文化中，规划进程要么集中于斡旋的过程，要么使规划师参与到竞争中，为地方环境的特定品质或特殊利益和价值进行辩论，这也就自然而然地引出伦理和合法性方面的问题。

合作主义

多元民主模型似乎都会论述治理文化，而许多规划师也基于治理文化很好地完成工作，但是该模型假设所有群体在竞争中都处于相对平等位置，因而受到批判。如前所述，政府根本不是代表平等主义所谓的“政治声音”，实际上是少数利益集团的代表，一些政治分析家将这一情况称作“新精英式民主”（neo-elite version of democracy）（Dunleavy 和 O’Leary，1987；Harding，1995）。在地方环境变迁管理领域，关于“空间联盟”（spatial alliances）和“增长同盟”（growth coalitions）的论述中有很多此类案例（Harding，1995；Stoker，1995），这些联盟往往在城市区域中，由商业集团内部，或者与土地所有者和开发商以及地方政府之间建立稳定的伙伴关系。在中央政府层面，一个经典的模式就是由政府、主要的商业组织和贸易委员会之间共同组成稳定的、常规的合作实践联盟，该联盟决定和掌握着经济与社会政策。该组织模式的典型案例就是二战后的西德，后来这一模式渐渐被称之为社团主义（Schmitter，1974；Esping-Anderson，1990）。一般而言，在欧洲其他地方也存在社团主义模式，尤其在荷兰最为明显，这一模式在英国虽然也应用在一些特殊的政策领域（详见第二部分案例），但却从未得到充分发展。社团主义模式假设了一个“权力共享的”世界，这点与多元民主模式相同，但是，权力共享仅限于少部分的、有权势的利益集团，且只对国家层级的组织负责。因此社团主义模式有一个“塔尖型”的结构，这区别于多元民主模式，却和代议制民主有共同之处。“公共利益”被认为主要是主要商业集团的利益，同时为了保持管制的合法性，也意识到需适当关注劳工提出的社会和环境议题。这种塔尖形结构的正式社团主义模式并不一定会关注到所有的商业利益，而是常常错判或忽视小规模商业部门的利益，同时也并不会关注所有市民的日常生活，而是只重视有组织劳工提出的议题。

社团主义模式有许多优点：诸如能够推进和传递稳定的共识；能够综合协调多维度的政府政策，防止政策受潮起潮落的政治影响，从而保持政策的稳定性；允许合作者之间的“相互学习”，从而获得发展和提升的能力；避免出现类似美国、英国和澳大利亚对抗性的竞争性政治。判断决策的标准是能够更好地实现社团联盟所界定的公众利益。这种政府形式也是马克思在描述国家时所持的观点，即国家作为资产阶级为了更好地创造资本积累的条件，来管理公共事务的机制（Castells，1977）。

有些地方即使其国家层面并不采用社团主义，但在地方实践中却常常适用于这一模式。基于咨询实践形成稳定的组织路线，从而可以允许特定的利益群体在地方规划议题上享有优先权，在相互竞争的利益主体介入议题、互相扯皮之前，这些优先利益群体就已经“一刀切”（见图 7.1）。这种形式也可能演化为稳定的治理结构，即所谓的“城市政体”（urban regimes）（Stone，1989；Lauria 和 Whelan，1995；Stocker，1995）。

这种治理形式具有善于表达的交流治理特征，相较之前的代议制模式，更容易受到信息完备的政策考量影响。因此，顶层组织代表的主要利益集团需要高质量的信息，以便判别和监督行动。在此共识框架下，基于政策制定与监督工作所需的信息，可以达成一致。一般而言，这种治理更有利于“管理”学科中偏科学、工程和经济的思维模式。因此，该模式也被称作“技术社团主义”（Fischer，1990）。“社团联盟”（corporatist alliance）主要有效管理，以实现基于共识的政策目标。这种治理模式的优点在于高质量的技术信息、清晰的政策、高效有力的政策实施以及与此并行的对商业活动的战略管理。基于共识的社团合作能够为公共政策提供跨越选取任期的稳定时间轴。

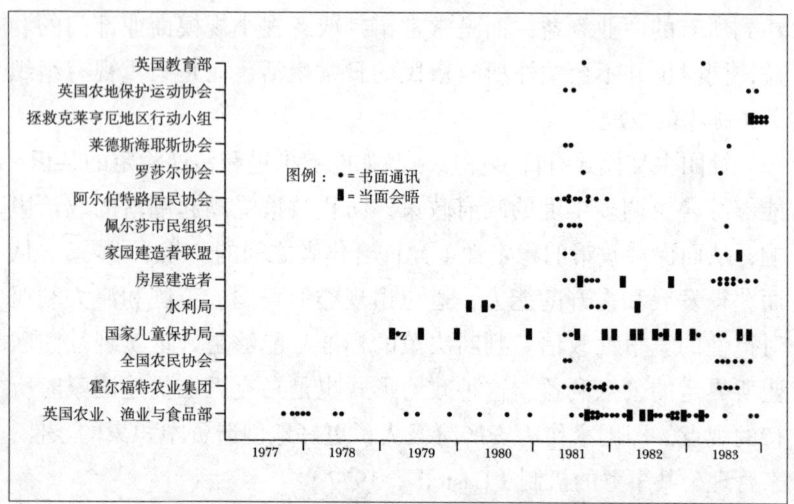

图 7.1 对地方规划政策的影响：Aldridge–Brownhills 地方规划

资料来源：Healey 等，1988，111 页。

正是由于社团主义模式的这一趋向，在 20 世纪 60 年代引发对政策"科学"和规划过程的极大关注，并由此出现大量通才式的政策规划者和其他专家（尤其是经济学家和技术专家）。但这一治理模式现在受到强烈质疑：首先，其社会基础太狭窄。近来随着环境运动，出现了许多新议题和全国性的组织，而经济重构则削弱了传统商业和劳工组织的权力基础，由此也就暴露出这一问题。与此同时，社会变迁，尤其是女性在国家政治中与日俱增的话语权，也挑战了商业管理者和男性产业工人的特权地位；其次，人们逐渐认识到不应将科学知识和工具理性作为认识社会的主要路径（见第二章）；第三，与社会整体存在的广泛价值观相比，纳入共识的价值观可能显得过于狭隘。因此，狭隘的社团主义共识被认为缺乏代表性，不具有学习创新能力，不能适应新环境，故而面临着严峻挑战。

显然，在社团主义环境下，政策驱动的治理模式在不断发展，从而可能孕育一种规划方法。该方法强调在时间和空间上协调政府项目，以保障项目长期持续。在一些地方，企业也比较关注社会健康和环境质量，北欧的一些案例就证明这种规划方法可以极大提升生活质量和环境质量。但是，这些规划过程比较活跃是基于其狭窄的讨论议程。而在地方环境规划领域，这会产生一些特殊问题：首先，这种企业团体的共识可能会明显地忽视地方环境条件的其他重要维度。在高度中央集权的国家（如英国），不重视空间和场所，仍然按照经济功能来划定部门职能，而不是按照地域来划分；其次，地方的利益诉求可能会与社团联盟的利益不一致，这一紧张关系经常反映在不同层级治理实体之间的冲突中。

毫无疑问，社团主义治理模式对商业利益而言很有吸引力。在商业利益比较强大，并试图控制治理进程时，就容易产生这种模式，除非被其他力量修正，或受到其他治理形式的挑战。在 20 世纪 90 年代中期，英国就有很多此类案例，为了促进区域的经济发展，尽可能获得欧盟基金的资助机会，城市地区的商业利益集团试图与政府机构建立具有稳定结构的区域联盟（Tickell 和 Dicken，1993；Davoudi、Healey 和 Hull，1997）。对建立这种联盟而言，协作性治理和建立共识的语汇对其极具吸引力。其行动往往会突出评估的重要性，尤其是当其行为可能会将权力分散给城市区域变化的利益相关者，或扩大知识和语义系统的范围时更是如此。这些语义系统会在讨论中使用的，如果与其期望相悖，也会缩小其范围，而正是这种范围缩窄的趋势表明其向社团主义治理模式的转变。

侍从主义

侍从主义是治理体系一直存在的趋势。该模式包含政治家和政府官员的互动关系，这种关系通过二者之间的社会网络实现。这本质上是社会网络（由家庭、朋友、封地和商业构成的网络）的替代物，并成为资源分配的治理结构。而其方式往往非常隐蔽，不向民主监督开放。侍从主义的实践主要产生在那些通过税收分配资源进行治理的地区，或者一些跨国、跨区域再分配项目中。在此背景下，民选政治家和官员成为管理资源流动方向的重要守夜人，也成为一些利益群体的守护者，簇拥在“分肥拨款”（pork barrel，议员为选民争取得到的建设经费）或者“美差”（gravy train）附近。为回报选票和其他好处，这些守护者基于互惠的义务关系，将资源流向其支持者和赞助者。在此系统中，好的决策是最能够维持这种互惠关系的决策。意大利南部的地方治理长期以来提供了这种模式的原型（Eisenstadt 和 Lamarchand，1981；Goldsmiths，1993）。利益偏好不仅包括政府资金和合约，还包括对其有益的土地利用和环境管理决策，或者容忍“非法”建设（即没有许可的建设）。意大利南部的许多城市都是以这种方式建成的。

在世界其他地方也有很多类似案例。从国际而言，这些案例通常发生在经济相对较弱的社会，或者后殖民时期不稳定的政府，比如非洲的许多地方（Clapham，1985）。国家在此可能“寄生”于社会中。而在其他地方，只要有足够多的守护者服务于不同的“支持者”，侍从主义的机制也可以很好地运作，为较低收入群体提供可能的资源。类似案例可以在棚户区发展过程中找到（Healey 和 Gilbert，1985），在 1930 年在大萧条时期，英国地方政府对此有详细报道，并由此发展出社会福利分配体系（Ward，1984）。

很明显，这些治理形式和规划过程是相抵触的，因为其主要依靠守护者与支持者之间的个人关系，而不是实现公众的政策目标。在许多国家，这种实践被认为是腐败。通常，合理政治和行政实践的守护者会极力防止这种治理形式和方式的产生和演化。为了防止产生这种趋势，就如 20 世纪 50 年代芝加哥住房分配案例一样，会引入政策驱动的规则和治理类型，（Meyerson 和 Banfield，1955）。

还有很多证据表明，在大多数治理治理体系下都有可能出现侍从主义的实践。政治家希望让其支持者获益，而官员则可能迫于压力而扭曲规则，以使政治家的朋友获益，使其对手利益受损。

有着特殊利益的个体可能积极游说，以使其开发项目获得“特殊关照”。一些企业聚集在政府机构附近，期望获得分配许可、认识官员、游说政治家。地方政治家在颁发许可时可能会偏向其朋友和支持者。在英国，积极鼓励伙伴关系，商业利益介入地方就业培训和企业委员会，这些都成为孕育侍从主义的潜在沃土（Peck 和 Emmerich，1994）。英国的规划体系拥有较多自由裁量权，与申请审核制相比缺乏正式的机制来审查规划许可，因此很容易受到侍从主义影响。在此，正直的官员和公务员，公共服务的职业道德，行政程序的原则，以及政策驱动的治理文化，都声称是抵制侍从主义趋势的捍卫者。英国最主要的问题在于其不成文的宪法，缺乏明确的权利和责任结构。然而，在迫使政府对商业集团和公民更具回应性、协作性的背景下，需要注意侍从主义长期作为连接政府和公民的直接方式。缺乏精细化的监督和平衡，回应能力则可能成为权力互惠关系，在第九章中将会讨论适宜的监督和平衡机制的设计。

治理形式的演进

以上的讨论详细阐述了政策驱动的治理方式和规划方法只能在特定的治理模式中得到发展，论述规划体系的学者们很久之前就已经意识到这点（Braybrooke 和 Lindblom，1963；Dyckman，1961；Bolan，1969；Etzioni，1968；Christenson，1985）。通常情况下，规划师和规划体系都是和地方政治相对立的。规划作为一种政策驱动、协调、知识密集和未来导向的治理进程方法，与代议制民主、社团主义的联系是最为密切。因为这两种治理方式可以提供制定政策项目所需的稳定共识，同时也提供了一种实施路径，可以建立“整合”的“公共利益”概念用于指导政策方向。此外，这两种模式也与后现代主义所批判的现代化、管理型的国家要素联系最为密切（见第二章）：诸如倾向于通过顶层和等级的方式运作；鼓励政策制定实施与政治争论相分离；通过民选政治家代表和与经营者建立伙伴关系，只是将小范围的利益纳入治理进程中；似乎要将治理活动和经济社会生活分离。这些治理方式与社会发展趋势并不一致，当前要求政府、经济活动和社会生活之间保持更加开放的关系，要能够建立更加扁平化、网络化的治理联系，要拓展治理的权力关系范围，从而包容社会中更加多元的利益主体。

竞争性多元民主模式似乎可以实现这一目标，但是其实现方式主要通过短期政治谈判。该方法很难解决结构性动力的塑造问题，而恰恰是这些结构性力量在改变形成利益和阻碍谈判的条件。按照埃齐奥尼（Etzioni）的比喻，竞争性多元民主模式缺乏“广阔的战略视角”（wide-angle strategic lens）（Etzioni，1968），还忽略那些缺乏政治声音群体的利益，因此会将特定政治团体中缺乏观点表达能力的弱势群体边缘化。侍从主义在实践中同样也有这些问题。另外，竞争性的多元民主模式完全关注于分配，而尤其缺乏对增加资源或改善地方生活质量的兴趣。侍从主义的治理也缺少发展性的议程，因此是极度保守的，其庇护型的结构反映和加强了政治团体的现有权力关系。

如前所述，探索新的治理模式，一般都会让政府部门更加开放，治理基础更加广泛，使得政府能够更好地回应经济和社会生活，建立更好的协作性关系。治理在社会、经济发展和环境管理中扮演着积极的角色，具有极其重要的作用（第二部分中已讨论到其原因）。在产生、维持塑造社会的结构性力量时需要有效的治理。考虑到差异性社会中，存在多元的利益和文化参照系，治理模式要想继续保持其合法性，就必须在考虑利益相关者、知识形式和语义系统时，不能过于狭隘。因此，当前面临的挑战在于如何找到一种更加包容的方式，以实现协作、建立共识。这就需要既关注治理方式的软环境，还要关注涉及权力、资源和竞争的硬环境。

治理方式转变的三个趋势也暗示了其目标实现的方式。每个趋势都是政策驱动的，因为政策的清晰表达提供了合法的机制，从而可以改变工作方式和资源分配方式。同样，这些趋势都试图运用知识密集、面向未来的方法，因此，或多或少都会用到规划过程。但是，这些趋势在利用知识、政治团体成员参与和理性形式上却有所不同。这三种趋势分别是标准驱动方法、企业式共识和包容性争论（Healey，1994b）。

标准驱动方法

标准驱动方法的演化主要基于当前构建新自由主义方法的思路，即只对市场和社会行为实行必要的限制。其目标是将大部分的集体行动，从研究、发展到垃圾回收，都交给私营或者半私营机构，并通过规则结构和资金激励的相混合的方式来对其进行管制。在这种模式下，为体现其管制的合理性，"公共利益"又被转化为管制标准和绩效目标，促进由分散化、市场化的代理机构来有效实施政策目标。该方法源自新古典经济学和公共选择理论（Dunleavy 和 O' Leary，1987），与代议制民主模式一样，假设政府是选举产生的，有权制定政策；与社团主义模式一样，强调运用经济学、科学和技术领域的专业知识。但是，该方法主要目标是设计政府项目，使其可以在经济和社会生活的潮流中正常运作，并管理政府项目的实施，以保证实现资源有效利用的预期目标。因此，好的决策是更加有效地、负责任地实现已确定的政府目标。

市民和经营者被认为受到工具理性和个人偏好的驱动。因此，市民和经营者会对市场信号即价格政策，做出回应。因此，可以劝说市民和经营者加强培训，提高生产力，投入研发，通过价格杠杆排斥低效的资源利用，从而更好地使用和保护资源环境。地方环境可以被理解为具有市场价值和政策价值的资产集合。其政策价值往往反映在法规性的限制或税收折扣中，以鼓励符合政策要求的商业行为。例如，在美国许多城市，都鼓励在"市场"中转移土地开发权（transferred development rights）（Cullingworth，1993）。与此相类似，目前为了控制交通拥堵和城市中心污染等级，出现了道路定价措施，很好地将智能卡技术和市场信号结合在一起。该策略的优点在于除了启动费用和参与确定合理的价格结构之外，不需要设置专门机构来实施政府项目。

而在一些还需要资金支持和政府直接介入的领域，则倾向于发展基于“契约文化”的治理形式。这种方式即适用于已发包给私人机构的职能，也适用于仍继续保留在公共部门内的职能。以英国的发展经验来看，其基本原则是，当精细化、专业化地实施的合作规划后，或者完成实现目标的绩效标准后，需要提供足够的资金反馈。在20世纪90年代，这一方法英国城市政策中得到发展（如在城市挑战和SRB计划中），地方权威机构必须参与到竞争中才能直接获取资源，并必须公布每年实现的预定绩效目标（Wolman等，1994）。在地方环境规划领域，也开始尝试制定绩效指标考核“产出”（政府部门已完成工作）和“结果”（工作的成效如何）。这些指标被视作衡量工作成效的“标杆”，应用该方法最成熟的案例就是美国的俄勒冈州（Oregon Progress Board，1994）。

这种绩效驱动的方法，以更加缜密的方式重新阐释了此前目标管理的理念。其意图在于赋予政府机构灵活性，在符合绩效标准限定的范围内，有效利用所提供的资金补贴。使用措施包括非常重要的控制手段，其专业化程度足以形成一个复杂的政治标准（politics of criteria），并有可能扭曲既定的政策战略目标（见Innes，1990，1995）。对于那些试图积极回应服务对象需求的政府，可能要求绩效标准制定时反映政策目标，例如吸纳“公民宪章”（Citizens Charters）等措施来监督其成效。然而，指标体系也可能难以控制，基于绩效标准来建构情境，而不反映标准的预期实现目标。20世纪90年代英国的城市政策很好地阐述了这种现象（Oatley，1995）。

绩效驱动方法与新自由主义政治哲学、经济技术具有一定关联，并对当前公共政策的制定产生重要影响。该方法摆脱了传统官僚制壁垒的舒服，极具吸引力，能提供实现公共政策目标的各种有用方法，但是其政策目标、合理性、效率和效果仍需商榷。首先，绩效驱动方法代表了建构市民利益和行为方式的一种狭隘的手段。而本书的中心论点便是：工具理性并不足以支撑人们的理性方式，也无法识别对我们自身以及社会上其他人而言，“最迫切的问题是什么”，基于这些假设的政策也可能因此失败；其次，该方法把人们纳入政策实施领域，而非政策制定过程，因此维持了集权精英的权力，并在政策中反映了精英的政策偏好，实际上代表了一种不太仁慈的新型家长制；第三，它用货币价值和绩效指标的语汇建构政策争论，而这种语汇高度专业化和知识化，难以在政策设计的政治团体中共享，因此也就忽略了形成知识和偏好的制度条件；最后，它假设竞争性行为占据主导地位，为合作和建立共识，或产生信任关系制造了难题，而信任关系是知识和技术在城市区域不同社会网络中传统的主要途径。因此，这种方法不仅会损害和边缘化那些难以达标的人，而且也难以建立当前城市区域所需的制度能力。这种方法关注正式规则的硬环境，而没有考虑到制度能力建设发生的软环境，并故意回避思考如何发展互动实践，但同时又鼓励“伙伴关系”的建立。因此，这种标准驱动的方式，其目的原本是确保纳税者所缴税款的使用更有成效，能更好地回应商业和市民的诉求，然而其结果却变得非常不民主和低效率。

企业家共识

企业家共识理念建立在基于发展议程的地方联盟实践之上，被认为是地方社团主义的一种形式。这个模式是建立伙伴关系活动的基础。近年来,在英国和美国的城市政策中也大力提倡这一模式。与标准驱动的方法不同，企业家共识有意培育互动实践，通过构建支持地区经济创新的框架，直接回应城市地区加强制度能力建设的呼声(已在第五章中论述)。该模式体现出在区域和地方的“关键”参与者中建立地方共识的努力，并试图一种建立扁平化网络。共识建立的目标在于推进区域发展、整合经济关系以及环境和社会关系（见第三章的例子)。如果在城市地区层面以建立正式的政府机构，那么这就为企业家共识活动提供了一个相对成熟的平台。但是，在有些地方，如英国或美国许多州，并不存在城市区域政府，那么就不得不重新建设这种舞台（Innes 等，1994；Davoudi、Healey 和 Hull，1997）。当新的人群和新的理念汇聚在一起，构建非正式制度的努力可能会有一些优势。当前，许多联盟建立的关键在于，联盟不仅考量经济利益，还考量社会和环境利益，因为所有参与者都意识到其行为方式会在社会和环境方面影响场所质量。这一认识也鼓励对地方政治团体表达的任何诉求，都给予积极回应。在管理地方环境时，这种联盟可以在设置战略议程时扮演重要角色，并公开代表民众制定战略性的城市区域规划。

这种联盟在地方政策和战略表达中非常重要。在当前英国很多地方，制定战略决策所遵照的治理形式就具有企业家共识的特征。这种联盟已经意识到当前城市区域存在破碎化的趋势，并认为在城市区域决策的关键参与者中，需建立协作性的共识，以克服传统地方多元主义政治所引起的利益博弈冲突（Bailey、Barker 和 MacDonald，1995）。有过商业工作经历的人都接触过公司的管理文化，或接受过管理课程教育，因此都非常熟悉建立共识的实践以及鼓励互相学习的工作方式。这些新联盟一般都会使得政府行为更加连贯，更贴近地方需求，更清晰地与关系网络建立联系。由此，新联盟为建立协作性共识的新方式创造了机会，以替代对抗的政治和竞争性的利益冲突。通过建立共识，可以实现不同治理形式间的协调，并有利于提升城市区域治理的效率和效果。

这种联盟的挑战在于，是否具有丰富知识和跨文化沟通的能力。这种群体趋向于运用地方商业和政治精英的知识。其非正式的特质可以为地方提供新的理念，但却缺少关注地方社会网络多元性的激励机制，以及思考政策理念如何影响这些多元社会网络。结果导致这种联盟可能难以承受来自不同社会同盟的挑战，或以狭隘、排斥的方式维持其权力。这种联盟的问题在于非正式性。它们可能仅仅成为地方精英建立合作的途径，操控政府机构服务于自身利益。因此，好的决策反而会成为最能够符合精英利益的决策。这一方法关注地方关系建立的制度软环境，而没有关注到权力、责任和竞争等制度硬环境。

包容性对话

该模式试图超越社团主义倾向，而推动在地方企业联盟的关系建立。它发展出一种实践方式来实现参与式协商民主理念，同时还强调了要建立协作性共识，但是更强调明确的包容性意图。对于一项好决策而言，其关键特点就是：关注政治团体所有成员的诉求，所有成员都有机会表达其观点，可以基于自身利益质疑决策，而其实现路径也不只是通过投票箱，而是有权力和机会在政策形成阶段以及成为实施导则时就提出异议。同多元民主的模式一样，包容性对话模式假设在特定地域内，政治团体的所有成员都有权关注政策，并提出自己的主张。同时，还可以识别具体场所中涉及议题的其他利益相关者。但是，这样的程序也可能导致由法院负面争论主导的“挑战性政治”。在美国地方环境规划中，就有这种趋势。在所有的治理体系中，法院都需要在分歧不能解决时进行裁决。参与式包容民主模式认为，政策关注诉求不能通过对具体权利的对抗性争论来实现，而是要采取协作性争论的形式，这些争论议题包括：哪些问题迫在眉睫？是否有不同方式理解这些问题？问题如何构建？有哪些可行的实施手段？这些问题如何影响到所有政治群体成员的生活和文化？这些选择可能以何种方式影响不同成员？赋予声张权力的同时也应承担聆听、尊重和学习的责任，这些都需要通过促进相互尊重、互相学习，运用政治团体内所有成员的知识经验来实现。因此，该方法既关注构建关系方式的制度软环境，也注意权利与义务的制度硬环境。

这一模型将在第八、九章得到进一步阐述。就其方式而言，它强调协作性争论的过程。在过程中，那些治理事务（即特定政治群体内关注的集体事务）的决策者，应该为其决策提供充分的理由。

用哈贝马斯的话来说，决策要基于包容性争论的“可行的最佳选项”。这也意味着，要关注人们认知和价值评估方式以及了解知识和价值观的文化基础。它允许通过争论整合不同渠道获取的技术知识和实践经验，也允许将物质成本和收益问题与道德价值、情感审美问题，放在一起考虑。它鼓励将政策问题按照政治团体可以理解的方式关联起来，而不是只面向政府组织。一个好的决策即基于多方争论而得到的决策，因为经过协作性讨论的包容性过程，所以期望这些决策受到质疑时，能够有好的理由为其辩解。

这一方法寻求将治理的范围扩大，从而囊括地方战略制定和政策传播时的全部利益相关者。对很多批判者而言，该方法似乎导致在建立共识和争论中浪费了大量的时间。“民主”的成本通常与诸如抓住经济机遇、保护环境资源的快速战略行动相对立。同时，也有人主张，人民没有时间持续参与治理，议题不能总是反复讨论（Latour，1987）。这实际上是对包容性对话的误读，也确实会出现某一议题，难以对其进行全面咨询的情况。政治团体可能希望将决策制定的权力授予更小的圈子：社区领袖、官员或专家。事实上，包容性对话与其他方法的不同之处在于其授权行为的实施方式：需要基于政策理性的辩论文化，从而能够关注人们诉求、认知方式和价值判断方式的多样性。这种对多样性的敏感，不只是由治理中主要参与者的价值观所维系。如果是这样，那么治理模式就很容易退回到社团主义实践或竞争性多元主义的冲突。该方法的特殊之处在于其用于挑战的结构性权利，以及行使这些权利的理性语言。这反过来也可能改变治理实践，人们将会充分信任治理机制，质疑将会成为个案而非惯例。

治理的转型

每种治理方式的新理念都有其着重点。指标驱动方法强调政策措施（*policy measures*）的制度硬环境。企业家共识模型则关注于制度软环境，即建立共识的过程。参与型方法则将综合软硬环境，强调论证方式（*style of reasoning*）和权利（*rights*）构建的过程。但是，以上所有理念都基于正式民主治理形式的假设，即政治家是由市民选举产生；所有理念都认为选举政治本身并不足以建立政府行为和经济、社会生活之间的合理关系；所有理念都寻求开放政府程序，从而使得政府、企业和市民之间的能够持续互动。然而，对于如何实施这些目标，各理念之间却存在分歧。指标驱动方法将公民利益转化为监督政府机构绩效的技术标准。而其他两个方法则回应了企业和市民积极参与治理的诉求。指标驱动方法通过主要参与者之间结成特定联盟而建立公示，而后两种方法则寻求更加系统的方法，能够囊括所有政治团体成员，并提供一种论证方式，能够兼容政治团体内部和利益相关者之间所有认知和评估的模式。

当然，在任何一个特定案例中，治理的形式和特征都混合了多种趋势。正如克劳斯·奥菲（Claus Offe，1977）所言，治理行为通常被陷于不可能满足要求的困境中，即认为应当实现所有人问责的合法目标。他描述了政府机构是如何通过"不懈研究"，尝试不同的方式，以便成功找到一个稳定的且在合法性上被所有政党所接收的方法，当然他并没有考虑永远不会被找到这种方法。然而在一些时候、一些地方，治理行为的稳定性和合法性已发展到了令人惊讶的程度。德国的社团主义（corporatism）和荷兰的联合形式（co-sociational）似乎已长期具备这种品质，在荷兰案例中，已具备形成"规划法则"（planning doctrine）的长期稳定环境（Faludi 和 Van der Valk，1994）。

这也强调了治理模式及其路径和特征，都是地方偶然性的产物，其产生基于特定场所和政治团体的文化传统，以及重新塑造这些传统的变迁动力。对任何关注地方治理文化转型和方式创新的人而言，解读特定的"场所政治"（politics of place）是其必须掌握的技能。这包括将特定实践置于地方偶然性和外部结构动力的背景下。对于那些规划过程的治理参与者而言，这项技能尤为必要。敏锐洞察具体的治理形式和特点，有助于解释为什么在其他地方非常重要的一些规划工作要素却难以引入（例如公开对政策议题进行战略讨论）。此外，它还有助于识别机会窗口从而以引入规划领域一些此前难以操作的程序和行为。“解读地方政治文化”（reading local political culture）意味着要超越正式政治和非正式权力游戏的表象，进入构建惯例和特质的深层文化实践中，并促进知识和价值观在政治网络中传播。然而，嵌入地方并不是“岩床”（bedrock）而是流沙，需要回应内外部的力量慢慢地流动。如果要使制度再设计“扎根”（take hold）下来，倡导制度变迁的人就需要具有“解读”流沙运动方向的能力。

这也意味着，治理和规划体系的分析师应当避免将特定情况下可能出现的规划特质简单地进行一般性归纳，也不应期待政治经济环境、治理方式和规划特征之间能整齐地实现“功能契合”（functional fit）。尽管正式结构经常从外部施加影响，实际的制度形式实践成长于具体的情境，而非“植入”（implanted）情境中，然而，却有可能识别模式、惯例和特征之间的共性。本章所用模型则都试图抓住这些共性，特定的知识、价值观和权力的趋势都存在于每个模型中。正如费希尔（Fischer，1990）所言，当前治理领域中，关于多元民主发展趋势正存在解释性的纷争，有些观点试图承认广泛的利益相关者，形式多样的知识、价值基础和技术合作，有的则试图利用技术分析和管理工具、知识和主要合作集团的利益，来继续控制社会管理。这也可以称之为奥菲（Offe）的“不懈研究”的当前形态。在此纷争中，政治标准和企业家共识都需面对协商性的政治争论，这些争论往往被贴上“赋权”、“达成共识”、“利益相关者”、“回应消费者”和“协作”的标签。对批判性政治分析而言，辨析治理模式的趋势如何通过纷争发展演化是其关键任务。

治理实践是包容且基于丰富知识的，规划作为一种政策驱动的治理实践方法，在所有治理形式演化中都起一定作用。在指标驱动的方法中，规划以区域和城市经济学的形式，关注于发展政策评估的方法论。在20世纪90年代席卷英国许多治理机构的“评估文化”中，表现非常明显。而在企业家共识中，规划则为战略联盟提供所需的研究和资讯。在包容性论证的模型中，规划为管理协作性论证过程提供专业知识。所有这些规划方式都在管理地方环境的治理活动中得以演进。应对多元利益主体和政策诉求的工作经验，以及地方空间和土地利用规划师的日常经验，如果得到充分的认识和肯定，都将提供了不可或缺的资源，从而有助于进一步加强包容性论证所需的理解。然而，我们仍然对能实现这种治理方式的实践知之甚少。在接下来的几章中，我将探究协作式规划过程和包容性争论，以及支撑这些进程的制度设计所需的硬环境。所有这些将为协作式规划提供制度主义方法的具体措施。

第八章

策略、过程和规划

规划过程产生战略决策

关于治理形式、驱动政策、规划程序和特点的制度设计总是处于动态过程中，不断与地方偶然性事件和外部力量的互动，以解决制度设计者所关心的议题。互动过程及结构形成的制度能力，能够提升或者抑制地方环境变迁（详见第二部分）利益相关者的个体能力。本书第二部分已提出，为应对当前社会背景下城市区域的社会、经济和环境议题，应寻求合理的治理形式，以促进彼此隔离的利益相关者及其网络进行交流和讨论，全社会对此已普遍认同。因此，许多利益相关者都希望所设计的制度进程能够促进各方协作、互相学习和共识建立。共识建立必须基于开放和信任，拓展协作和信任的网络可以提升社会和智力资本（Innes 等，1994；Ostrom，1990），从而使得经济知识能够在不同地区间快速传播。此外，这种社会资本还鼓励公众和企业更多地参与治理活动，从而丰富其知识性，提高公众和企业对于公共领域的价值敏感性。本章探讨设计协作式规划过程所面临的挑战、包容性辩论所需的软环境以及有助于构建社会资本和智力资本的方法。

规划方法强调知识性，重视场所中行为的关联性，注重行动和影响之间短期和长期的因果关系，这同样也为协作性治理提供了很多启示。但传统而言，规划方法通常是基于技术理性的“代议制”（representative）民主治理，在此治理模式下，专家与利益群体或社团的实践相分离，只有少数掌握权力的利益群体和法团能参与到协作进程中，从而导致应对城市区域面临的挑战时所需的社会和智力资本非常薄弱。规划所面临挑战是要发展创新性的实践，而这需要基于承认认知和存在方式的多样性，并能够及时关注和回应多样性背后所反映的“政治利益”和“政治诉求”（详见第二章）。规划需要在覆盖“范围”（scoping）全面的议题基础之上，进一步推动理念和策略创新；还需要充分反映共识建立过程中的“代表性”，辨析实际参与者、应参与者和被排斥在外的人。高效的协作制度过程不仅能够能就问题内容达成共识，还能建立一致性的策略和政策方向。策略提供了简化概念，可以整合对议题的思考，明确哪些议题需要优先解决，并对此提供合理解释。此外，策略还提供了人们在具体情境中的参照点。通过这种方式，策略可以构建受其影响的社会关系，使之成为承载权力的“结构”。本章就是探讨这种构建过程是如何发生的。

采用规划方法的治理模式，其最重要的、最明显的特征就是策略制定以及在后续行动中“认可”策略。策略的表达需要得到相关方真实、快速的反馈，相关方需要从其自身关注的议题中抽身，重新审视情境，思考问题和挑战，明确机遇和限制条件，反思和优化实施路径，承诺改变现状。这种变化不是在原有基础上修修补补，而是要重新讨论问题和制定决策的参照框架（Forester，1996；Schneecloth 和 Shibley，1995）。这就需要参与者必须转变思考问题的话语体系，按照库恩（Kuhnian）式的词汇来说，策略制定是一种协商性的范式转变过程，旨在改变文化观念、理解方式和话语体系。策略制定不只是产生集体决策，而且还会改变和重塑观念。重塑观念不仅会影响治理领域内的资源分配，还可能导致法规和行政程序的变化，从而进一步影响具体行为。而能够产生深远影响的策略则通过进入场所中的政治和组织文化意识而发挥其影响力。一旦策略嵌入“主要参与者”的思想中，合作和实施就会成为固定流程，而不必借助于专门的动员和斗争。这样，规划理念可能成为文化“法则”，比如英国的绿带或荷兰的边缘城市（Randstad）（见第二章）。

第二部分已辨析，为什么城市区域的利益相关者现在体会到这种“文化变迁”项目的迫切性。其中，最明显的压力来自于关注健康和城市经济活力的企业和机构，同时也不可避免地受到地域性经济转型的冲击。清晰而公开的策略制定提供了一种手段，来理解和掌控这些来自外部的压力。西方经济体中许多城市区域的地方联盟都试图寻求合理方式,来“控制”这些引起变化的动力，以服务于本区域和自身利益需要，同时也“探究”有益于场所的经济全球化机遇。而关注生态环境质量的环保者则从环境影响方面，对现有的地方经济发展策略、生活方式、商业活动、场所空间组织方式提出质疑，认为其会威胁代际之间环境资源及环境承载力的平衡。而另外一些群体则热心关注社区发展，忧虑日益严峻的社会两极化和社会矛盾问题，试图寻求更好的方式，以更好地实现经济发展、环境状况和社会生活质量三者间的平衡。

探索新方法不仅为满足政策优化的需求，以解决当前而非过去的问题，同时也试图寻求不同的思维方式来思考问题。传统政党意识形态的话语体系中，习惯性地将公共政策分为经济功能和社会功能，使用再分配词汇，采用诸如“污染者付费”或“金钱价值”的词语表达政策标准的一般原则，而当前需要在城市区域所重新关注的不同维度之间建立联系，已有的话语体系显然不合事宜。本书第二部分提出的挑战要求必须重新反思，以形成相互联系、更加完善的观点来认识城市区域变化，以及寻找合适的方法以连接共存于城市区域中碎片化的关系网。

但是第二部分的讨论也清楚地说明了，在当前城市区域的背景下，空间尺度和复杂性也向策略制定提出严峻的挑战。当场所中存在多元并存的关系网络时，居民思考其生活和工作的城市区域的“文化变迁”是如何发生的？在策略制定时如何才能表达多样性的关系网络？人们如何分享其对于议题的理解以及如何讨论议题从而使得策略制定的集体努力可以持续？

策略制定通常被自然而然认为是非常复杂的任务，需要大量的专业知识，因此难以通过在政治团体中广泛采用协作性的方式完成。而有关非正式制度设计的文献则强调，如果一种制度能够持久，就必须保持利益和文化中的同质性以及划定成员组织团体“归属”的清晰边界（Ostrom，1990）。但是地方环境变迁中的利益相关者显然具有明显差异，而且彼此相互冲突。另外，城市区域和地方环境都是非常“开放系统”，而非封闭系统，而且很难固定成员资格的界限。基于这些现象的简单解释会提出以下政策建议，在复杂、开放的系统中，多元异质的情景下，策略制定或者放弃、或者交给市场来完成、或者国家应该介入，但是需要将策略制定过程移交给专业的政策分析师以及政治精英和经济精英，而这些精英又构成了“核心”群体，为其所属的政治集团服务。

但是，正如在第七章中所言，当前社会既难以容忍、也不尊重这种家长式管理作风。技术官僚式管治难道是唯一答案吗？难道不可能发展出一种非家长制的代表形式，能够反映利益相关者知识和价值观的多样性？在任何情况下，如果要使策略具有合法性，就必须使其具有广泛的基础，即策略服务对象和制定方式的广泛性。这就提出一个问题，即“广泛的基础”到底意味着什么？社团主义的方法比官僚式的政策制定具有更加广泛的民意基础，但也难以脱离权力的核心集团。多元主义的社会秩序观念寻求一个区域内利益主体的多元性。制度主义方法关注场所内社会节点和网络的范围及其存在和潜在的联系，注重建立联系。通过这些关系，信任和知识得以产生、传播，形成社会和智力资本的基础，并在此基础之上得以建立协作。因此，在制度能力建设时，通过构建新的网络以及在区域内的关系网络中植入新的理念，有意识地构建具有广泛基础的策略制定过程。由此形成的策略应该包含更为丰富的信息，更能够包容多样化的知识和价值观。此外，如何共享空间和营造场所是一个文化问题，通过更多的人直接参与到改变自身“文化”的转型进程中，可以使得策略更有效地实施。制度主义分析表明，参与策略制定的广度和深度，都会有助于建立联系更加密切的关系网，对新的策略理解“持有”更广泛的认同，使得更多的策略创新方向可以持久（Innes 等，1994）。

因此，制定城市区域策略的挑战之一就是要探索恰当的协作方式，能够沟通与城市区域未来发展“相关”的利益关系网络，创新思考空间共享的新方法，而回应这一问题显然需要基于集体政治意愿的努力。基于协作性策略制定的期望，充分动员以加强对城市区域未来的关注程度从而形成政治意愿，这往往是高效地制定策略的重要前提。而当时机不成熟时，战略规划努力可能会蜕变为空泛的形式，或只是维持现状。第九章讨论了可促进时机形成的制度规则硬环境。然而很多证据表明，策略一旦形成并赋予合法性，就会长期存在，而且还可以影响公众的意识。用法劳迪（Faludi）的话来说，战略思想成为普遍的规划信念（*planning doctrine*）（Faludi 和 Van der Valk，1994）。

在此情况下，通过第二章所说的包容性辩论（*inclusionary argumentation*），建立战略共识（*strategic consensus-building*）的理念成为可能。引用哈贝马斯的话如下：

> “辩论不是集体决策中的决策过程，而是解决问题、产生观点的过程。”（Habermas，1993，158 页）

如何才能发展这些理念推进协作性进程，以帮助政策团体采用包容性的方式，清晰表达其共同关注的空间和场所？以及如何才能产生能被参与各方接收且经常使用的“变革”策略？

策略制定作为政治行动和技术手段

策略制定的责任目标和技术手段是规划文化的核心（见第一章）。规划作为一种基于合作和未来导向的治理形式，其特点在此表现最为突出。制定规划的核心工作就是将策略转化为可操作的原则和引导发展的管制条例，例如经济规划的核心工作就是制定五年计划，而物质发展规划则关注于编制城市总体规划。政策分析传统上也同样关注策略，通过引入理性目标导向分析和评估技术，从而可以在各种可能的策略矩阵中选择“最佳”或“最满意的”

策略。在20世纪60年代的欧洲，以上这些理念曾经主导和影响着当时受到普遍关注的区域策略。但是，这些理念也受到来自多元主义者的质疑，以及现实中多元化、政治性实践的挑战。在英国和其他地方，关于地方环境变迁的争论内容从建立合作的策略转向政治问题和项目冲突。而在喧闹的纷争中，场所质量及其可能发展路径议题逐渐被遗忘（见Healey、Khakee、Motte和Needham，1997）。

如第七章所述，各类演变而成的治理模式都强调策略发展的重要性。依靠标准驱动实施的方法中，策略主要基于议题，并迅速被转换为绩效目标和考核标准。而企业家共识中，制定策略则会形成合作和市场的"前景"（vision）。与之相反，包容性辩论的理念，则需要运用广泛的社会技术[①]制定策略。其关注重点在于过程，参与者通过这些过程可以聚集在一起，加深彼此间的理解和互信，制定共享的策略，而不是确定具体的考核标准或宏伟的蓝图。以下提出的社交技巧将有助于释放团体的潜力以构建协作性的过程，从而帮助相关参与方建立长期协作，取得持久共识。

策略制定和认知的社会技术是一项重要的争论议题，而规划中的政策分析传统（详见第一章）为思考该议题提供丰富的资料。本书将其重点简要总结为关于两种方法的争论，即20世纪60年代出现的理性主义"手段和结果"分析方法和最近出现的"互动式"策略制定方法。前者在规划思想和政策制定实践中已广为传播。即便就这一点而言，也有必要深入理解其原则和假设，因为这些原则和假设深深影响了专家和公众理解应该如何制定策略。同时，其中很多理念和原则也为包容性的策略制定提供了非常有价值的视角，但由于受到工具理性和科学目标假设的制约，这些理念和原则需要在社会生产知识的背景下，重新进行组合和修订。

---

① 社会技术是指运用技术手段实现社会目标，运用社会软件和社会硬件（运用计算机和信息技术）来推动社会进程。

策略制定的理性过程方法

理性规划过程试图通过发展一种科学技术，以满足在复杂、相互关联的政策环境下制定策略。该过程假设可通过基于实证调查和逻辑演绎的过程，分析社会目标，制定策略。目标代表策略的终点，分析则得出最合适的实施手段。根据科学客观和工具理性的原则，该方法试图分别讨论客观“事实”（facts）和价值观，从而促使技术分析行为（专家的职责）和价值观设定（政治家表达“公共利益”的职责）二者相分离。在对该方法的经典阐述中，达维托夫（Davidoff）和瑞恩（Reiner）（1962）就认为，“规划工作的必要组成部分”包括：

（1）制定目标；

（2）选择（选择目标的实施手段）；

（3）方向引导；

（4）行动导向，以带来期望的结果；

（5）全面性，覆盖系统的各个方面（17–18 页）。

因此，达维托夫和瑞恩主张规划进程“必要和充分的步骤”就是：价值形成、确定方法和实施。在这一理性规划方法的早期阐述中，强调过程中两方面的重要创新——清晰表述价值观以及强调政策转变为行动的路径方法。

该方法很快就受到批判（Lee，1973）。其中部分批判源自同样持工具理性观点，但是意识到知识局限性的学者，然而，对政策的政治背景，这些学者又各持己见。查尔斯·林德布罗姆（Charles Lindblom）对理性模型进行了长期而有创新性的批判。首先，他认为在多元政体中，几乎不可能对目标达成一致协议（Braybrooke 和 Lindblom，1963；Lindblom，1959）；其次，在此背景下，政治家很少会将确定可能行动路线的工作分包给技术团队；第三，公共政策很少按照设想的全新蓝图推进，而在多数情况下是通过微小而渐进的步骤，在现实基础上进行推进。基于此，林德布罗姆

（Lindblom）提倡“渐进主义”（incrementalism）的决策方法，该方法更多关注持续与现状进行比较，而非表达新目标的实现方式。而其他评论家则剖析了环境的差异性以及在何种情况下可能采取理性主义或渐进主义的政策过程（Bolan，1969；Christensen，1985；Etzioni，1968）。由此得出结论，即政策过程模型以及在此基础上发展衍生的其他模型，均应视为技术的贮备库，应根据具体环境的特点，采用不同方式加以运用。哈德森（Hudson）的SITAR（synthetic rationalist 合成的理性主义、渐进的、交互的、倡导式的、激进的）理念则充分浓缩总结了这一关于过程形式的规划理论（Hudson，1979）。同时，该理念也开始逐步认识到地方特殊性和过程形式选择的偶然性。

而更多的批评则来自于其他方面，或基于对当前代议制民主模式的全面批判（见第七章），或基于对工具理性的认知论和实证主义社会科学质疑（详见第一、二章）。一些评论者基于实践，而非意识形态，认为该方法论具有严重的保守主义倾向。布莱克（Black，1990）对20世纪60年代芝加哥交通系统的理性规划案例进行了有趣的反思，并指出预期存在的重大缺陷：

> 工作人员通常都在讨论未来，但这个未来构想是基于对过去的推断，以及维持现状而得出的……（尽管空气污染在洛杉矶以及引起严重后果），没有人期望空气污染会成为芝加哥的一个议题，也没有人预测到环境运动或能源危机，穷人、少数民族、老人和残疾人的交通问题很少受到关注。（Black，1990，35–36页）

布莱克（Black）认为之所以出现预期缺陷，是因为该方法导致分析者主要通过描述和推演发展趋势，从而完成对社会和经济前景的预测。该方法在稳定的环境下可能比较合适，但在复杂和充满矛盾的环境中，则难以准确预测其背后的动力，同样，该方法也不适用于动态环境下的制度设计。

而基于认知论的批判则主要质疑该模型所提出事实与价值分

离的方法，以及科学解释的客观性和工具理性至上的观点（详见第二章）。之后，保罗·达维托夫（Paul Davidoff）自己也开始相应地修正其原始模型。然而，理性模型引入政策过程讨论后，所带来的创新却仍不容忽视（见 Friedmann，1987；Sager，1994）。该模型强调：

（1）政策试图影响的行为活动之间具有非常复杂的联系。而当前的制度主义对此也持有相同观点，仍关注关系网络之间的相互联系。

（2）意识到实现战略目标时，必须明确过程形式。由 Urlan Wannop 领衔在 20 世纪 60 年代末对考文垂—索利哈尔—沃里克郡次区域进行研究，在研究说明中提到，“我们所倡导的目的，必须体现在整个研究过程中”（1985，206 页）

（3）强调政策制定的有效性，而非政策过程的效率（Webber，1978）。正如 Faludi（1987）曾经一再强调，政策制定提供结果主义[①]方法论，关注政策提案是否包含与预期结果相对应的工具方法。

（4）明确承认问题界定和策略选择的价值维度，而非通过专业或政治假设隐藏价值观。

（5）强调以系统的方式对整合情境相关的知识，而非依靠肤浅的小道消息、内在的直觉和非结构化的判断。

（6）强调用明确而系统的方法来检验和评估政策理念。

该模型在很多方面都强调要尊重政策过程中的任何不同理念。但是，模型的主要和核心问题在于其本体论和认知论的假设，即辨析方法和认知方式。正如梅尔·韦伯（Mel Webber，1978）所言，该模型体现了社会工程中技术至上的理念，规划也被认为是客观科学。韦伯（Webber）意识到，事实总是和价值包裹在一起，价值则潜藏在人们的意识中，而不是漂浮在乙醚中等待客观科学的

① 结果主义或结果论是道德哲学中的一种理论，主张判别行动好坏或是非的标准，依该行动所（或是否可能、或是否意图）产生的结果（consequence）而定，如一行动能（或可能、或意图）产生好的结果，该行动就是好的，也就是道德的。

发现，因此需要找到合理方式在政策过程考虑人的因素，这也就将政治和价值引入政策过程。韦伯（Webber）还强调了人们利益和偏好的多样性，并寻求包容性的规划方法以应对人们之间存在的差异性。尽管最后，韦伯（Webber）还是保持个人主义的认同观点，设想人们可以根据其偏好理性地做出反应。与之相反，第二章讨论的哈贝马斯的观点则强调人们的偏好意识是如何通过交流在主体间构建。此外，在吉登斯所提出的结构力量和个体参与者互动社会理念中（见第二章），也难以设想规划过程背景为技术工作提供一个预先界定的“操作空间”。理性规划过程设想技术人员在办公室内运用分析和评估的方式，服务于民选政治家。这就出现了管理“外部”环境工具的设想，即通过数据收集和控制方式，将环境引入规划工作中。但是，却无人关注技术小组成员是如何通过其经验将“外部世界”引入规划办公室。相反，制度主义观点则意识到，企业、机构和家庭是由人组成的，这些人会将自身的专业知识和社会文化偏好带到特定的任务中。在规划和政策理念实施过程中，战略规划不仅管理城市系统的发展路径，同时也改变了其形态，从而实现了城市“内部”和“外部”之间持续而多领域的互动（见 Latour，1987）。

20 世纪 70、80 年代，关注的焦点来自于对理性模型的政治和组织方面的质疑，这些质疑都强调辨析过程的参与者是谁？谁控制了整个过程？直至今日，随着对工具理性的批判逐渐增减，才上升至对理性模型哲学层面的挑战。这也孕育产生了交互式战略政策过程和方法论的理念，即工作采用解释性政策路径而非演绎和科学逻辑（Innes，1995）。

策略制定的互动方法

策略制定逐步转向交互式视角，由此也意识到策略和政策不是由客观、技术过程所产生，而是动态地形成于具体的社会背景下，制度主义视角对此也持有相同假设。然而，这一认识是逐渐形成的，并沿着不同方向发展。首先，在一些理性主义的著作中已有这些理念的雏形，在英国次区域规划报告中，考林（Cowling）和斯蒂尔（Steeley，1973）提出采用其所谓的“共识性方法”（consensus method）在一定程度上可以整合各部分的分析研究，该项工作的参与者被视为各政府部门和研究者的代表。而 Webber（1978）则将规划描述为一种“认知方式”而非特定的科学领域，主张规划师应成为“争论的推动者”（facilitator of debate）而非“实质性的专家”（substantive expert）（162 页），认为规划应该成为“开放性的论证”（open argumentation）过程（162 页）。Breheny 和 Hooper（1985）也提到类似的理念，即认为规划师应作为政策过程的参与者而非控制者。

交互式方法逐渐在策略制定的讨论中积蓄能量，这也反映了对现实中多元治理的日益认同（见第七章）。随着该方法的持续演进，思考问题的重点也由建立合作机制逐渐转向问题界定和策略表达的社会建构，而后者正是制度主义理论的核心。为详细阐述交互式理性主义和技术主义向社会建构观点的转变，下面将会讨论三个理论贡献：约翰·弗伦德（John Friend）和其他人提出的策略选择方法；与组织发展理念密切联系的社会学习和社会结构思想；规划领域内唐纳德·舍恩（Donald Schon）和约翰·布赖森（John Bryson）提出的在“权力共享”（shared-power）世界中制定策略。

策略选择的技术

基于埃默里（Emery）和特里斯特（Trist）的组织和环境互动方式的理念（Emery 和 Trist，1969），弗伦德和伦敦运筹学研究所（IOR）的杰索普（Jeesop）在 20 世纪 60 年代合作发展了策略选择的理论。与理性主义理念一样，策略选择理论将政策制定明确限定在可界定的“操作空间”（action space）中，从而将政策制定行为与外部世界分离，而因此也需要刻意建构与外部“环境”的关系。策略制定的关键就是提供应对不确定性的方法，该过程是多元维度的，其中一个必要分析环节就是在问题界定过程中探索和描绘出其与外部环境的互动关系。弗伦德及其同事在一系列的研究中（Friend 和 Jessop，1969；Friend 等，1974；Friend 和 Hickling，1987），发展出 AIDA 技术，用于分析不确定性，描绘相互关联的决策领域（见图 8.1）。

在英国西部内陆地区的政策协调实证研究中，这些理念得到进一步发展（Friend、Power 和 Yewlett，1974），这项工作无疑对

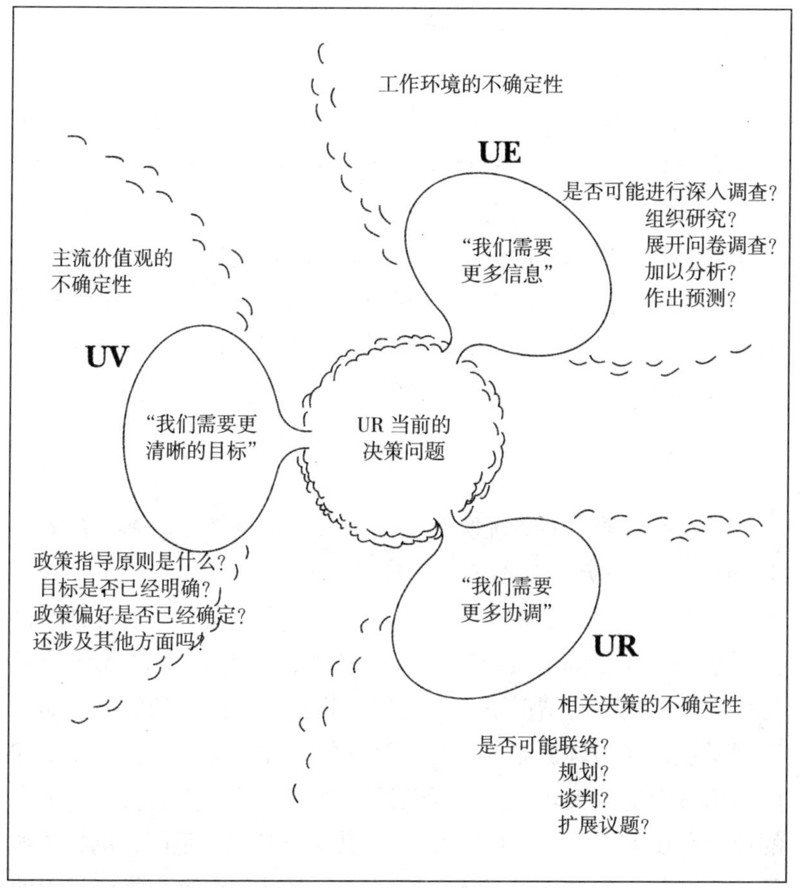

图 8.1　决策制定中的三种不确定因素

资料来源：Friend 和 Hickling，1987，11 页。

当时英国公共行政领域中政策制定的文献提出严峻挑战，因为这些文献一直在强调正式合法化的规则及程序。该报告揭示了组织间协作并不是通过正式的咨询程序，而是依靠政策制定中"利益相关"的不同机构主要负责人之间构建非正式网络来实现。这一实证研究说明了政策网络的重要性，弗伦德及其同事据此提出强调互动工作的合作网络技术。这些机构间的政策网络与环境存在互动关系，而合作的动力源自应对政策制定过程价值、外部环境和相关领域决策不确定性的努力。

弗伦德及其同事旨在为网络构建提供一种管理技术。但是，他们却极少关注协同网络过程的权力关系，也未重视网络建设中个体所带来的伦理问题，以及非正式网络构建可能会忽略层级式体系下公共部门需执行的问责程序（Healey，1979）。即便如此，对政策网络的关注很快与现实实践之间产生了共鸣。在20世纪70年代末，欧洲的政治科学家们开始从政策网络视角描述中央和地方的关系（Rhodes，1992）。尽管在其后期工作中，更加重视如何促进群组讨论和如何纳入各利益相关者（Friend和Hickling，1987），但整体而言，仍然拘泥于技术至上的管理者技术模式中。

社会学习

引入社会学习的传统所产生的巨大转变就是意识到，在集体工作中所产生的知识并不是等待被发现的"客观存在"（out there），而是动态地通过社会互动和社会学习所形成。人们基于自身的目标创造知识（Latour，1987；Shotter，1993），在行动过程中或者与行动密切相关的情况下，发展出事物是什么的理论解释。如第二章所述，这一认识体现了政策过程的理性主义理念在本体论和认知论方面的重大转变。人际关系管理学派进一步发展社会学习的理念和技术（Clegg，1990），并将其应用到更广范围，例如调解环境冲突和心理方面的集体治疗实践。但是，在解释集体过程的社会动力时，该学派的学者们更多借助于社会心理学而非社会学，强调参与机构而忽略了结构性因素。基于群体成员可以实现价值观和信息一致性的假设，人际关系管理学派并没意识到群体矛盾和分歧背后的结构差异和文化冲突（例如 Rein 和 Schon，1993）。

约翰·弗里德曼（John Friedmann）对该方法曾经做过一个非常有价值的总结，他宣称过去规划的重要倡导者，从刘易斯·芒福德（Lewis Mumford）到毛泽东（Mao TseTung）（Friedmann，1987）都强调集体的学习过程。而近来规划理论中社会学习的最重要倡导者便是唐纳德·舍恩（Donald Schon），其著作的核心观点可以总结如下（见 Friedmann，1987；Schon，1983；Rein 和 Schon，1993）：

（1）边干边学，在行动中发展理论。如果人们能更有意识地在行动中学习，更具有“回应性”，那么将会更有益于学习的进程。

（2）这种学习的过程包含两个维度：第一，单向学习，找出如何在给定条件下更好地完成任务；第二，反向学习，包括学习条件变量以及由此改变执行任务的情景。舍恩（Schon）提出的反馈实践者（reflective practitioner）模型就强调了双向的学习过程。

（3）这种双向学习可以在社会情景中通过对话进行，人们通过对话方式能够集体探索和学习相关议题，了解彼此对于该议题的态度，并借助相关技术的帮助，更好地进行集体对话。

（4）问题和目标、事实与价值，都是通过上述集体过程产生的，而不是等着被科学探索的“客观存在”。

（5）集体讨论过程可以实现双向学习，能够重置后续行动的条件变量，并通过这种方式参与设置行动的“框架”，而框架设置工作又可以与交流式的策略制定结合在一起。

约翰·弗里德曼（John Friedmann）在其对该方法的批判中，强调了转向社会构建视角的重要性。该方法与维特根斯坦的哲学（Wittgensteinian philosophy）契合，强调根据人类目的来构建知识（Wittgenstein，1968）。知识和理解是通过社会互动过程产生的，这一决定性的观念将决策制定工作的理解视角从分析和管理技术角度转向了社会技术。但是，该方法仍然局限于个人主义和客观感知外部世界理念中。舍恩（Schon）提出的实践反馈者（reflective practioner）理念，则强调基于与外部世界的互动，通过实证和反馈来学习价值和事实（Schon，1983）。人们在认知世界的过程中改正错误，而并不是积极地构建其认知（Friedmann，1987）。另外，在群组内假设成员具有潜在的一致性和平等性，当然自主群体内可以预先假设成员间有一定的平等性，或者如公司管理中，虽然权力不平等，但是关系清晰且大家都已习以为常，但是自主群体之外的集体进程如何运作却鲜有讨论。而公共领域中涉及多元利益相关则和负责的权力关系，瑞恩和舍恩（Rein 和 Schon，1993）承认，在其讨论中并不清楚如何在公共领域中进行群体间的框架构建工作。

权力共享世界的社会技术

约翰·布赖森（John Bryson）工作的重点就是研究交互式的策略制定方式如何由企业管理领域拓展至公共领域。超越原有基于社会心理学的理解,布赖森(Bryson)借用吉登斯的“结构与行动者”互动的理念，从社会学的权力关系视角进行解释。制度主义视角支撑并丰富了其研究方法，从而可以将策略制定作为建构或指引社会关系的工作，并在此背景下帮助其设定互动学习过程。布赖森和克罗斯比（Bryson 和 Crosby，1992）在工作总结中，将策略制定活动作为一种协商创新的努力。该理念基于现实中权力关系的不平等，以及权力在多元的组织和利益中碎片化分布。因此，战略制定需面对的挑战就是如何在“权力共享”（shared-power）的世界中制定策略。基于卢克斯(Lukes)的权力三个维度(见第二章)，布赖森和克罗斯比强调权力不仅体现为显性公开的利益主体间博弈，还镶嵌在社会行为准则体系、资源流、思想和人们所使用的参照系框架中。为强调这点，他们还使用了吉登斯结构化的理念。即战略政策制定旨在通过改变结构，重组利益博弈背后的深层权力关系，来实现创新。

他们将政策变迁过程隐喻为策略制定的戏剧，而策略则被概念化为应该发生的故事情节。“戏剧”通过三种场景展开：论坛（forum）、剧场（arena）和法庭（court），戏剧的表演者则是主要决策者和意见领袖。对布赖森和克罗斯比而言，“领导者”是指政策创新过程的主要倡导者和管理者，支持解决方案并推动进程。而互动则主要在领导者和重要参与者之间，以及这些人和所有政策议题利益相关者之间进行。

这些故事情节编写中的互动、战略性工作通过三个阶段进行，虽然其并不一定是承接关系，而剧情片段则与这些场景密切联系。论坛（forum）的工作重点在于“创作和交流戏剧的中心思想”。剧场（arena）的工作重点则是制定和实施政策。而法庭（court）的工作重点则是完成剩余的仲裁工作。如图 8.2 所示，布赖森和克罗斯比结合吉登斯的结构理念和卢克斯权力的三个维度，发展形成的过程理论框架。

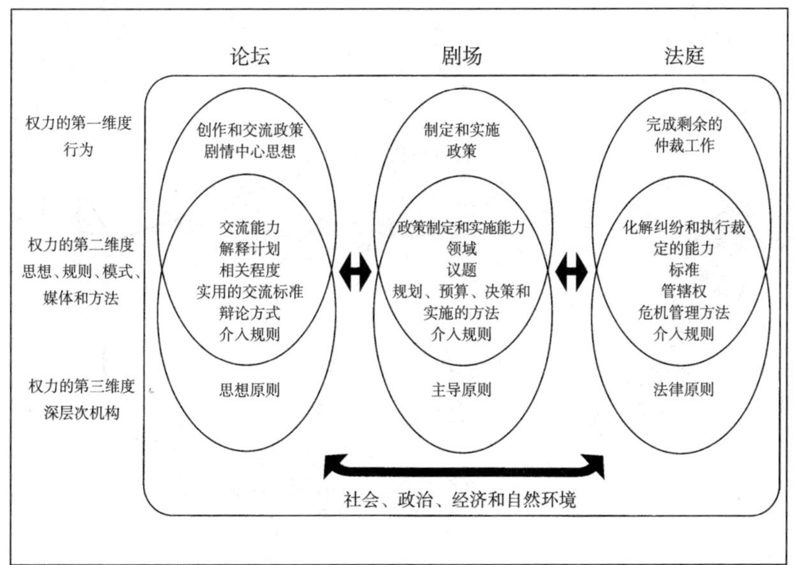

图 8.2　权力三维度

资料来源：Bryson 和 Crosby，1992，91 页。

构建论坛的工作涉及主要参与者之间“达成一致行动协议”，其中“领导者”对于汇聚各方参与者方面起着至关重要的作用。这一阶段需要关注过程如何推进，尤其是如何“设定和应用环境”（Bryson 和 Crosby，1992，131 页）。因此，该阶段首先需要分析识别利益相关者——即界定议题或区域中有“利害关系”的所有相关方。利益相关者概念就像网一样，可以“捕捉”到表达者和沉默者、有权者和无权者、政治团体内部成员和所有外部成员（图 8.3 提供了例子）。

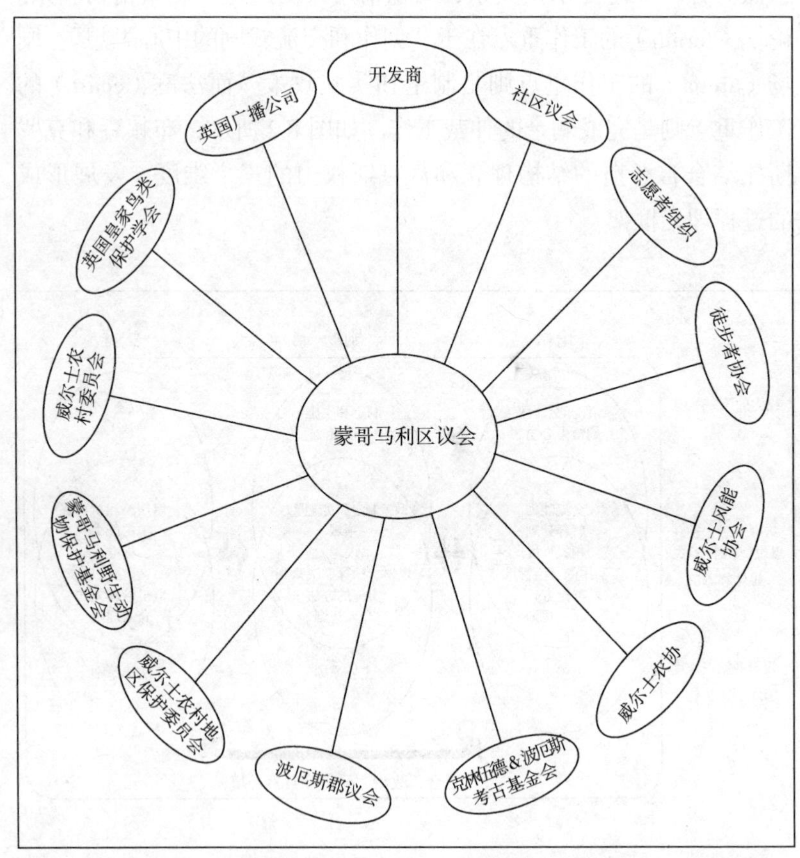

图 8.3 利益相关者：威尔士地区可再生资源政策设计中活跃的利益相关者
资料来源：Hull，1995，291 页。

在设定的论坛中特别需要关注围绕议题议程建立网络和联盟。然后，可以运用多种技术“寻找”问题范围，从而可以就相关问题内容界定、议题内容和解决方案达成共识。布赖森和克罗斯比强调在相关各方充分认识议题并达成共识之前，适当延迟确定解决方案的重要性。同时在讨论过程中，他们强调开放讨论的重要性，因为这样可以保证各方参与者能够表达自身观点和诉求，并分析别人的诉求。“分析”因此成为一个解释性的活动，试图反映参与者议题、问题和对策表达方式背后的“世界观”。

布赖森和克罗斯比提供了多元主体环境下，解释战略政策过程的丰富理念。这些理念部分源于社会理论中强调权力关系如何建构人们的潜意识、日常实践及公开、显性的利益冲突，同时也源于参与者能动行为产生社会结构的思维方式。基于以上两点，策略制定就是要推动结构转型、改变权力关系，关注协作而令人信服的实施手段，以及在工作推进过程中利用或建立政策网络和联盟。他们提出一种将事实（“什么正在发生？”）和价值（“我们关注的是什么？”）关联的讨论过程，不同的参与者可以分享自己对周边环境的认知，结合所设定的议题提出问题和建议，从而将这些“外部”要素引入“内部”过程中。布赖森和克罗斯比还意识到议题相关建议的形成方式是不确定的，在充分协商讨论、明确议题内容和思路之前，不要盲目提出政策思路和“解决方案”。同时强调，专家在此过程中不应作为“主导者”。相反，只需为决策过程和决策者提供服务，他们在此社会学习方法的基础上甚至更进一步，提出将政策制定过程作为制度构建的社会动力。

该方法认识到社会关系像网络一样相互交织，并由不同层级的权力关系所建构，这与制度主义社会理论产生共鸣。针对地方所面临的公共空间和场所塑造方式问题，它提供了包容性策略的制定方法，但是，就实现空间策略制定过程中包容的、跨文化协作而言，仍有很多缺失要素。布赖森和克罗斯比隐含了竞争的、企业家式的文化背景假设，几乎是“单一栽培”（monoculture），在此文化背景下，策略领导者和创新者不仅要制定一个协作性的策略，还要使其“成功”。这就使得该模式近乎被管理者操控，虽然他们意识到其钟情的互动过程会涉及解释复杂的伦理，但对伦理的内涵，以及协作性进程的指导原则却鲜有提及。尽管认识到多层次的权力关系，并承诺人道主义和民主社会，但是这对于政策制定者面临的实质性或规范性的挑战而言却没有什么参考价值。所列举的方法虽然可以很好地服务于社团主义战略联盟的领导者，以及第七章所述的基于企业家共识的治理结构。但是，共享权力真的可以帮助社区领导者通过合作模式重获城市区域事件的部分控制权吗？共享权力足以实现包容性、参与式民主的雄心壮志吗？城市区域的碎片化和已有的主导权力会影响社会关系和政府行为，共享权力足以应对这些情境吗？有时具有参与意愿的各个政党团体彼此了解甚少、更缺乏互信，该方法在此情况下可以行得通吗？布赖森和克罗斯比关注互动学习，却很少说到互动的权力关系究竟如何发生，也很少关注很多利益相关者在参与由知识精英主导的治理过程时所面临的交流障碍。

通过多方辩论制定策略

本书提出的制度主义方法将布赖森和克罗斯比的理念置于更广阔的背景中，其基本观点与吉登斯一脉相承，就是强调现实由社会建构，个体在结构性力量限定的情景中创造性地进行活动。知识和理解不是独立个体所掌控的抽象技术，而是通过协作性的社会学习过程产生。该方法基于以下几项命题：

首先，协作即权力共享，发生在多元文化世界里，存在于社会关系中，个体通过潜在的多种关系网形成自己身份认同。通过多层且根植于文化的主体意识建构过程，人们获得语义的参照系和价值系统，这与舍恩（Schon）的一致性结构理念相反。该方法假设由于历史和当前的主导与反抗关系撕裂了社会，导致深层次的结构性分歧（Young，1990）。因此，谋求建立共识的社会学习进程必须在这些裂痕上建立信任和信心，从而创造出新的协作和信任关系，并改变权力的基础。所以该方法关注转型工作，以及通过交流性工作动员力量。根据哈贝马斯（Habermas 1984）和福斯特（Forester 1989，1993）的观点，争论实质上是基于社会学习策略的权力斗争，但这种方式可以更有效地实现权力转移，改变占据主导地位的交流控制。权力集团通过控制交流能够比意识形态斗争更有效地保持其已有地位。

第二，该方法关注实践意识和地方知识，强调专家团队可获取的系统科学技术知识的重要性。地方知识有其特有的推理过程，结论基于前提假设，但是推理过程却可能并非显而易见，而群体间的假设前提也可能大相径庭。因此不存在机密的、正确的“理性”（Latour，1987）。而且在许多文化群体中，技术理性、道德观念和情感往往相互交织。在协作背景下，哪些是问题，哪些可视为解决办法，以及人们的价值观和关注点都会以不同的形式涌现。如果希望避免掌权者扭曲现实，那么就必须了解所有可能的推理方式，并在协作性实践中给予充分尊重，从而可以发现受关注政策的范围，以及表达和回收关注意见的方式。如果不承认推理过程文化的根植性，那么舍恩（Schon）的双向学习模式只会使掌权者能更有效地主导实践。

第三，问题和政策的共识，以及如何贯彻并非通过协作性对话而被揭示，而是必须在利益相关者所形成社会关系结构中能动地形成。因此，需要特别关注对话的交流环境，以及对话的习惯和风格，这些都承载着权力：如鼓励和包容所有利益相关者参与的权力，以及歧视和排除部分利益相关者的权力（见第二章）。建立共识可以在参与者之间建立起信任、理解和新型权力关系，从而产生超越特定的协作性努力，形成持久不衰的社会、智力和政治资本（Innes，1994；Innes 等，1994）。

第四，协作性工作还建构了制度能力，不仅通过影响行动者，还通过制度能力的产生过程形成行动者社会关系网中的互动交流。因此，建立共识工作包括参与者能够通过社会网络得到地方知识的反馈性互动，以及在共识建立的场景中加深理解和形成价值观。城市区域中有着多元的利益相关者以及由此形成的多样、互动的文化世界，而制度能力为城市区域中实现多方协作的策略制定提供了可能。基于协作性共识所形成的政策理念更具有可实施性，因为这些理念已经渗透至参与者社会关系的“地方知识”。建立共识因此可以创造新的文化群体，或者渗透、转变参与者关系世界中的地方知识。其结果不仅可以产生新的认知方式、行动模式和政策表述，同时还可能实现转型，转变思维框架，改变规则的内容和使用方式，以及改变资源流动，这些都是吉登斯结构论中“结构与行动者”互动的重要维度。因此，建立共识有可能会转变制度能力和权力关系，而建立共识的实践则可以成为社会动员的一种有效方式。

最后，转变性的努力也是一个斗争领域，其中掌权者可以轻而易举地操控通道、惯例和风格。基于此背景，哈贝马斯的协作性伦理起着极为重要的作用，即为批判性的对话实践提供词汇，并强调了交流的“扭曲”（见第二章）。哈贝马斯所关注议题非常具有规范性。他寻求重新构建公共领域，探索能够不被掌权者利益和话语体系主导的公共治理方式，从而可以使大众可以进行公开讨论和组织公共事务（Habermas，1984，1987，1993）。哈贝马斯设定了“平等对话”的条件，从而为进入公共对话过程的公开争论提供了评估原则。与传统的批判理论一致，他认为进步的实现途径便是对交流对话实践的持续批判。基于交流性伦理，就对话关系和声明主张的过程，对其进行综合性、整合性、合法性和真实性的评估（Habermas，1984）。哈贝马斯从理想的对话情景中得出这些原则——即权力平等、理解能力相当者之间的对话。当然他也没有期望现实中能存在这种情景，然而他相信，每个交流行动都会预设理解的能力，即发言者和听众都会习惯性地判断对方的真诚度，人们会根据其对议题所持立场而采取不同方式来彼此倾听（“他们可能了解这件事吗？”），以及该议题是否“有意义”（make sense），“听起来是否是真实的”。这些标准并不是描述一个对话可到达的状态，而是体现了交流过程中所固有的评估标准。他认为演说者和倾听者通常都会用这种标准来评判其交流，并从中学习。因此，这些标准可以用于评判公共对话，并成为一种路径，辨析和挑战一方主导的对话，以及镶嵌于“思想”体系中的权力。这些标准提供了探测工具，从而帮助我们实现福雷斯特所述（Forester 1989）的“保持差异化生活的同时形成共识”（make sense together whilst living differently）。这些标准鼓励互相尊重的“讲述与倾听”实践，从而激励通过对话过程进行“相互学习”。通过这一方式政治团体能够建立共识，这些共识基于特定的时间和场所，拥有特定情境中的含义，然而共识还可能通过不同关系网络中的知识和理解延伸至更广的世界，虽然不能实现直接的对话，但却能够了解到所有的关注点。

通过这种情景式学习的过程，地方性政治团体可以与外界建立起多重联系渠道，共享该地方存在于不同文化群体的知识，从而可以理解其所处情景和可能性，并采取行动以改善特定场所“利益相关”者的环境。这些努力会形成规则和资源流动的体系，并形成“构建”我们日常生活的文化资源。在这些反馈性的交谈过程中，政治团体成员可以尝试跨文化的交流任务。交流的伦理要求成员需要随时“倾听”各种异议，这些异议不仅包含多元的利益诉求，还涉及价值观和文化参照的差异。通过这种努力，有可能建立多元文化共识，建构思维方式和行动策略从而更好地理解和尊重多样性。

哈贝马斯认为，通过反馈性的对话，以及监控主体形成的自我管理机制，我们能够最大程度上实现对于什么是“真”和什么是“正确”的丰富认识，而这些需要基于集体意识和认同，运用我们所拥有的推理资源和文化意识。

就此种观点而言，策略制定行为是基于协作性社会动员而有意进行的努力，其目标是改变政策对话，甚至政策过程、规则和资源流。它涉及通过交流性实践而进行互动的工作，其中参与者不仅可以相互了解事实、利益和偏好，还可以理解其关注的事务及原因。因此策略制定行为不仅涉及信息交流的集体意识，还反映了其说话方式、场景使用以及所采取的交流惯例、情感回应、理性技术、道德主张和实际争论。交流性实践是社会惯例或“规矩”，仅需要极少程度的利益和政党之间的信任就得以持续（Forester，1996）。而来自于不同社会网络和文化背景的人则给这种惯例带来不同的传统和经验。

策略制定可能发生在不同的制度背景下，这些制度背景将会影响到谁能够介入策略制定活动以及策略制定的惯例。而这些则反映了策略制定实践中的权力关系。“成功的”策略制定通过创造系列议题的新对话或叙事，从而产生相应的策略和政策，能够说服利益相关者接受新的方向和启示。这些对话通过重塑议题和激发新的行为形式实现创新，因此可能从某种程度改善社会关系的结构——即承载权力的结构。

旨在多方包容的策略制定行为，不仅能够全面界定受政策影响或与之相关的人群，而且能在策略创新过程中使得各类人群可以充分表达意见，并始终向其倾听和学习。同时，还能通过多样认知方式、推理形式和交流、组织的惯例对其进行明确界定。因此包容的策略制定行为包含非常广泛的内容，涉及多样的关系文化，从而使得交流实践可以在“倾听异议”的同时“加深理解”（Forester，1989）。此外，它还反映了“世界观”，这些世界观融入不同的政策制定情境中，而政策制定行为则在情境中进行。

策略制定的制度设计问题

“形成差异”和实现转型的策略制定行为因此涉及产生新共享意识的社会进程。策略制定的具体设计实际上就是塑造特点案例的软环境，其挑战在于设定展开进程，从而可以回顾和反映已有的思想和组织惯例，并产生利益相关者所普遍接受的新思想和新惯例。为有效地被社会所接收，新的思想和组织惯例需要基于利益相关者所关注的具体问题，要根植于地方知识，并随着连串的地方偶然事件而不断调整。然而，要承载转型力量，策略制定设计就必须能挑战已有理念，并重构思维方式、价值观念和行为方式。此外,新的思想必须能够在利益相关者的社会网络中自由流动，从而改变文化观念。策略制定因此是细致的平衡工作，平衡现状和未来。如果改变太少，其努力只能重复已有状态。如果太超前，则可能超越利益相关者的社会和政治承受能力,难以被接受。然而，如果实现平衡，策略制定的工作可以承载实质性的且经久不衰的力量。由于具有这种强大的潜力，公共领域的策略制定必须结合一定的伦理，其包含包容性的道德意识，并可以不断审视权力的运行模式。

已有过程模型中（如理性规划过程模型）难以找到这种创造过程。任何模型都是地方创新的产物，但可以通过回顾已有组织理念和惯例的“制度软环境”来促进创新,即对“已有的做事方式”进行制度审查，并放开思路探究可能发生的事情。

下面要探讨四个这样的问题：利益相关者和场所；组织惯例和争论方式；政策制定对话；维持共识（Healey，1996a）。

开始：发起者，利益相关者和场所

策略制定的实践通常在一些人群所在的“地方”和特定的政策领域开始。发起者对第一阶段启动策略制定过程担负重要责任。其中一项重要任务就是要明确某项议题中谁具有“利害关系”，政策讨论可能在哪里进行。政治、行政和法律体系形成正式的“场所”，政策原则必须通过这些场所，以实现行政或法律的合法性，同时也在这些场所中分配代表和诉求的权利。对于启动协作性策略制定行为的前期制度设计过程而言，这些正式的场所减少了所面临的伦理困境，因此极具吸引力。正式的政治结构“镶嵌”在伦理行为的原则中，但这些场所仍由固有的思维方式和组织方式所主导，因此限制了利益相关者的诉求，阻碍了新思想的发展。因此，这些正式场所可能或至少在初期本身就是问题，而非解决问题的起点。策略制定和制度创新的很多文献都指出，最有效转型往往开始于非正式的情境中（Innes 等，1994；Ostrom，1990）。空间策略形成的动力产生于特定的制度情景。一些利益相关者开始关注事情如何推进，并开始动员社会和政治力量试图对过程产生影响，或者一些外部机构要求策略制定作为争取资金支持的步骤。在“需要做一些事情”的想法之上，进一步推进已获得组织化力量的支持，就需要有“时机”，如权力关系的“裂痕”，矛盾和冲突的情境，这些时机可以鼓励人们意识到，需要反映当前开展的事务，需要与不同人群共事，需要展开不同的进程。例如，在欧盟区域发展基金的背景下，20 世纪 90 年代初，英国西北地方委员会就认识到彼此合作和与商业团体合作的重要性（见第三章中的例子）。

这一阶段一项重要的资源就是“解读裂痕”的能力，洞察潜在的“不同做事方式”的能力，以及将一个裂痕拓展为真正变革潜力的能力。布赖森和克罗斯比（Bryson 和 Crosby，1992）赋予“领导者”的一项重要角色就是辨析时机，动员在策略制定过程中围绕理念产生的网络。但是，这种催化作用并非必须在正式的领导岗位上进行。英尼斯等（Innes 等，1994）指出，催化作用源于不同的制度位置，可能出现在所有制度背景和关系中，需要基于洞察力和向其他人清晰表达该策略可能性的能力。在此技能背后，是敏锐识别地方经济、社会和政治关系的结构动力及其在特定场所受影响人群中的不同表现的能力。许多规划师在其论证中都提供了丰富的证据说明在工作中如何应用这种能力（例如 Krumholz 和 Forester，1992；Crawley，1991；Mier，1995；Kitchen，1991）。

接下来便是特定平台中做出决策，并在此平台进行下一轮的讨论。发起者必须充分调动兴趣和约定，这也就意味着需要思考引入谁参与？在哪儿见面？和如何进行讨论？这些选择非常重要，不仅影响未来可能获得的支持和所有权，还会决定可能出现什么，以及相关的动员活动是否具有社团主义和包容的特质。

最后，采用社团主义形式的策略制定行为，仅包括了一些自选的重要参与者，而其他人则可能通过更为聪明的“政治声音”来积极行事。英国 20 世纪 90 年代，商业团体和政府之间所建立的非正式区域联盟就具备这种特质（Tickell 和 Dicken，1993；Davoudi、Healey 和 Hull，1997），这也是社团主义在制定策略过程中的标志。而包容性的过程则寻求识别具有“利害关系”的人。事实上并不存在客观地识别所有利益相关者的方法，政治声音和已有的组织化集团所结成的同盟将排斥政治舞台上的缄默者，以及那些并未意识到自身利害关系的人。另一种则可能是持久的滚雪球技术，该方法提醒那些与直接介入策略制定过程的人需要不断关注其他人。第三种则是本章前面所讨论的图示利益相关者方法。这一技术试图识别策略制定行为可能涉及的利害相关人群，从社区居民到全球投资者、国家遗产保护组织的利益，甚至候鸟筑巢需求。由此产生了利益相关团体（stakeholder community）的概念，其包含了成员资格的地域性和功能性因素。进行这种利益相关者分析需要采用明确、动态和可更新的方式，因为随着时间变迁利益相关者可能改变其关注点。基于潜在的利益相关者范围，那些已纳入策略制定进程中的人群随着实践推进可能会察觉到新的利益相关者。包容性的策略制定实践需要保持开放，从而随着工作推进而接纳“新成员”，即使是在达到策略共识之后该过程仍然持续。

这一阶段存在的伦理挑战是相关利益团体的成员在确定其偏好的政策舞台和利益相关者之前就已展开民主讨论。此类情境经常出现，例如英国城市政策中的城市挑战计划（City Challenge）和城市再生预算单项竞标过程就是如此（Single Regeneration Budget bidding process）（Oatley，1995）。其结果是，一些人基于“最初的动机”（initial move）而“承担责任”（carry responsibility）。这两个理念有助于区别具有包容民主潜质的“起步”（first moves）和少数掌权者主导的启动阶段。第一个理念是“包容性伦理”（inclusionary ethics）。该理念强调，随着政策舞台的建立，人们有道德责任询问：谁是利益相关团体的成员？他们如何才能以特定方式进入政策舞台，使其“观点”受到重视，使其声音得以倾听？他们如何才能在整个过程中都具有利害关系？

第二个理念则认识到，策略讨论的地点可能转变，在不同时期运用不同的政策舞台。这不仅有助于鼓励在战略规划初期在不同的“制度场所”进行讨论（例如立法机关、商业俱乐部、社区中心、学校和广播），而且随着讨论的推进，这些政策舞台的特质可能会发生改变。正如布赖森和克罗斯比所强调的，讨论初期主要关注构建语义，需要保持动态和开放；随着新的政策对话的产生和稳定，讨论必须要转移至更加正式的政策舞台，在此将赋予所形成的、得到认可的原则以合法性。这也意味着，讨论从分散式的“漫谈”转向巩固特定理念和后续的行动及价值观——即从布赖森和克罗斯比的论坛转向政策舞台。但是这一过程亦有失去与早期所关注丰富议题间联系的潜在危险。包容性方法的一个重要品质便是，讨论情境设定的风格和伦理能够使在整个过程中始终保持利益相关者范围，并同样保持全部利益相关者提出政策关注诉求的机会。

讨论的惯例和方式

在讨论完关于策略制定的设定情景后，接下来需要关注讨论的内容和方式。重新思考空间策略的包容性工作内容不仅是包括识别“正在发生什么”（What's going on）和“议题是什么”（what the issues are），还包括“开启”议题，从而探索议题对不同人群的含义，以及这些议题是否确实是其关注重点，或者还有什么其他需要关注的议题。这一阶段要求与之前的假设和实践实现精神上的“脱离”，即使认识到一些旧方法在新世界中仍非常有用，但是仍需要尝试以新的角度看待议题。这也意味着需要认识到利益相关者中经常出现的分歧，以及分歧背后的文化、经济和政治基础。这是一个重要而审慎的过程，可以通过强化模式的方式轻松得以实施，但是该方式也会缩窄议程，疏远很多利益团体。而采用包容性的理念加以实施，则会超越文化差异，极大地帮助人们了解彼此的关注点、存在问题和可能解决方式。尽管实践中已得出的很多建议说明如何在小范围内进行这种对话，但是关于城市区域未来的协作性讨论则更加复杂。这不仅由于相关政治团体成员间的文化差异将会扩大，由此造成严重的误解，而且议题本身也难以建立困扰问题、成因和可采取措施三者之间的联系链条。

需要特别加以关注该维度的三个方面。第一个关注点便是其方式。包容性的争论绝不只是保证每个人有“发声”或有“发声途径”。“声音”可能被忽视或误解，人们可能经常发现在陌生环境中讲话非常困难（Allen，1992；Hillier，1993；Davoudi 和 Healey，1995；Healey 和 Hillier，1995；Wood 等，1995；Macnaghten 等，1995），不同的文化群体具有差异化的、通常作为“理所当然的”惯例和方式来进行协作性活动。这些可能都反映在人们如何进行自我准备，房间如何进行分配，如何建立交流的惯例（谁发言？何时发言？如何发言？）以及稍后如何总结、记录和应用这些讨论内容。John Forester 将这些称之为政策讨论的仪式。对战略空间规划而言，其问题在于各类参与者可能对惯例有着不同的预期，因为其经验可能从地方政治、公司管理、工会实践、家庭协作，或从社区组织条例等不同途径获得。因此，包容性的方法将意味着积极地讨论和选择讨论方式，并意识到并非所有人在开始时都感到愉快。如同管理领域一样，环境协商和社区发展中快速增长的“协调者”，正是该工作重要性的写照（Susskind 和 Cruikshank，1987）。

第二个方面便是语言。参与者可能会尽量尊重他人，并遵循所有人都有参与空间的惯例。但是，他们仍可能会使用不同的表达方式“自说自话”，这些不仅是隐喻和想象的差异，而且这些景象还会赋予同一文化参照系下却彼此陌生的人们以特殊的意义。有些人能完全理解演讲者的讥讽和模糊表达，而其他人则会全部忽略。这种差异还体现在陈述表达方式中，有些人基于经济推理或科学论证，对逻辑语言非常熟悉，有些人则习惯于表达信仰或政治权利的语言，而另外一些人则可能更加适应对于恐惧和危险的表达（Healey 和 Hillier，1995）。战略性论证的挑战便是要接受所有方式，但同时也要意识到翻译各种观点之间是一件复杂的、审慎的和重要的任务（Latour，1987）。即便如此也仍然存在着文化间交流的障碍（Geertz，1983）。

第三个方面则是代表性（representation），即随着讨论的推进，如何“召集起来”各利益相关团体的成员。根据争论平台的决议方式，战略性的讨论可通过视频会议或能想到的参与方式，可能发生在会议室中，也可能采用会议室和工作小组相混合的方式。但参与者不仅仅只是“代表利益相关者”，无论团体中如何积极地追求“发声”机会，一些人总是更能够积极地介入，而一些人则会在引导讨论、意见分类和形成战略性对话中扮演关键角色。当然，这也并不意味着其他人必然被边缘化。对于任何讨论的分析都说明出席者总比发言者多，而且还说明一些出席者未能表达观点。文本解构（textual deconstruction）的研究则说明我们如何通过谈话和非肢体语言来构建我们和他们的含义以及我和你，我们、你们和他们的含义（例如，Allen，1992；Silverman，1993；Liggett 和 Perry，1995）。此外，我们还可在对话时向他人提出呼吁，从而使一个观点具有合法性，或是为其打下基础。由于经常和开发许可申请者讨论管制条件，所以规划人员总是习惯于此（Healey，1992b）。如果这些界定“我们”是谁和“呼吁”未在场人员的过程已成为日常讨论的惯例，那么这些方式难道不能用于战略空间议题的讨论中吗？这也建议包容式的战略论证需具备以下重要特质：能明晰梳理政治团体成员在参与讨论时的不同自述方式，以及描述对其比较重要的“他人”的方式；对于因某种原因“不在讨论现场”的他人保持尊重和理解。在任何关于城市区域未来的战略性探讨中，“出席者”总会在人数上超过“缺席者”，而包容性的挑战则在于如何防止那些“缺席者”被“游离”于讨论之外。

进行政策对话

如果战略空间规划舞台采取如上建议的包容性讨论方式，采取所倡导的开放形式，其后果可能是大量的议题会受到关注。而在互动过程中，对事实、价值观、观点、担忧、后果和灾难启示的图像和语言记录也会形成“争论意见的丛林”（Throgmorton，1992；Grant，1994；Healey 和 Hillier，1995）。但这些不仅只是陈述，而且还暗含了发言者对事情的看法，与其关系最为密切的人群，以及希望言论得到倾听的人群。正如约翰·福雷斯特（John Forester，1996）所述，观点的论证方式或故事的讲述方式反映出发言者如何认识事物、感知的权力关系和语言运用。许多人意识到，在与他人的日常沟通联系时，交流性行为的多元维度对建立信任、加深理解，以及协作性“建构”中的“感知”思考方式起着重要的作用（Shotter，1993）。

传统的战略规划实践中，这些素材被规划分析者和管理者运用的规划专业语言所转译和过滤，一个人的发言立刻被整理成一个“观点”，并在规划师理解现状的结构性分析框架下与其他“观点”融合。“争论意见的丛林”转译成为空间规划所熟知的“分析”工作。只要关注大多数的利益相关者，这就会成为密不透风、容纳“常识”的“黑匣子”（Latour，1987）。

而在包容性论证过程中，这种“分析工作”需要变得更加丰富且更广泛地共享。需要鼓励参与者探寻不同观点的含义，并在讨论中验证其对于其他人群所关注议题的启示。随着对话的“开启”和所提问题的解决，参与者了解议题内容以及其他人的思维和行动方式。“分析”因此不再是一个抽象的技术过程，而是成为积极的社会企业，通过争论来互动分析和互动学习各种可能性。这一“分析”过程即不只是探索和解决问题是什么、为什么以及如何改善，也不局限于城市和区域变迁的分析。该过程还包括剖析人们在道德、审美和物质的价值观及其影响机制。因此，要求分析过程关注权利和多元政策诉求的合法性。

在很多战略规划实践中，广泛的意见咨询在策略内容形成之前或之后的特定阶段。一些地方战略规划的过程非常规范，并已设定规划的程序要求，例如英国的结构规划和地方性规划，或法国的指导纲要（French Schemas directeurs）。由政治家或专家“发明”战略性的理念，而这些过去主要是指诸如阿伯克隆比大伦敦规划之类的理念。此后，规划又被视为“规划师为规划师”所编制。正式的咨询程序因此主要用于验证政策的稳健性。现在仍有很多人认为不可能在没有咨询内容的情况下进行“咨询”。

这也向在此提出的协作性、商议性的过程提出了挑战。如何通过这种开放进程中“显现”一项策略？这就要求具备从差异中寻找共识的能力——针对议题内容、评估行动目标与结果、行动成本与收益。但同时也展示了关于可能行动方式和实现目标“集体印象”的功绩。协作性工作中可以产生多种可能，并从中选择形成性的理念，然后再根据这些新的理念制定策略，同时进一步“细化”这些策略使其“能够实施”，在一般理解时，二者的操作都与资源配置和管制权力相关。前者对于满足效率标准至关重要，而后者则是解决合法性的必要条件。

思考包容性的空间策略制定方式之一就是将其视为创新政策对话的协作性任务。在此，对话一词是从社会学角度而非从语言学角度进行理解（Silverman，1993；同样见 Hajer，1995），将其视为行动策略所体现的语义系统，通过概念、隐喻及叙事主线进行表达。在审视“争论意见丛林”时，语义系统以就开始演化。随着可能行动理念的形成，涉及议题的创新思维方式在争论中也可能显露。理念“梳理”和“对话产生”过程因此互动起来，因此也说明，这两个过程可以并行不悖地进行，在实践也确实经常如此。然而，策略制定过程旨在“开启”讨论以激发议题创新思维方式，因此在人们彼此熟悉和了解议题之前，需要注意避免过早地固化其选择的行动方案。否则，讨论会迅速转向对固定方案的负面争议。此外，在议题讨论时，通过植入组织化的概念和图像单词语汇，政策对话也可能变得很有影响力。

在近来环境议题的研究中，政策对话的形成方式很好地得到阐述。哈杰尔（Hajer，1995）曾对政策对话分析方法进行过非常有价值的回顾，其中就强调了新理解或新概念的重要性，并指出这些新概念提供了协商的关键按钮，从而使得讨论可以从一个概念“转向”另一个概念。Hajer 主张这一现象同样能够可以作为策略发展进程的规范性程序，从而将政策争论的“叙事主线”从一段论述转向另一段论述，这也展示了允许议题重构的重要转型工作。哈杰尔（Hajer）分析了对酸雨现象的特定理解方式如何成为改变英国空气质量管制政策的关键。欧洲城市里昂（见第三章）和里斯本亚特兰大市的案例（见 Vasconcelos 和 Reis，1997）也为空间规划政策提供了相似的案例。一旦完成转变，这些新的隐喻和叙事主线将会承载策略性的理念，进入影响利益相关者的社会世界中，而这一过程中常常通过对于理念的重新解读，将策略理念带到受其影响的利益相关者的社会世界中。

战略角度的规划师和政治家可能会非常在意其在创建政策对话时所扮演的角色。包容性战略对话的一项特质就是其故事主线内包含几乎所有人群的内容，同时也承认随着剧情推进其中一些人获得更多收益或承担更多责任。任何剧情都有其遗憾之处和小悲剧，都有未完成的情节，以及被忽视的人群。而在理性规划模式中，由于强调策略需前后一致、基于科学判断、满足整体偏好，这些都被忽视了。而包容性的方法则要求对此给予明确关注（Forester，1993），明确哪些难以完成、可能支付的成本以及能够完成什么。而对于战略空间规划的包容性方法而言，构建对话是工作过程中最重要、同时也是最危险的部分。一项政策对话一旦得到关注，就要以与众不同的故事主线推进，要回答现状是什么和应该怎样，什么是好或者坏的争论，什么是正确的争论模式和政策主张。由此，政策对话赋予议题、问题和行动以语义和重要性，并关注行动时序的设置。一旦形成一定动力，政策对话便会传播开，从而可能影响到更大范围的社会行动，有时还会占据"主导"地位。对话"镶嵌"于已有实践中具有强大的说服力和持久力，对此，包容性、协商的策略论证形式既需要挑战，同时也需要承认和利用。

形成政策对话也可能具有一定危险性，因为一项政策对话可能对讨论议题进行选择性简化，或将其过度扩张而获得更多的动力。一项强有力的政策对话为获得合法性，可能会有意忽略一些证据、价值观和政策主张。一项谨慎的政策制定过程可能试图避免产生这种组织概念，但同时也可能减少对事件的影响力。战略空间规划的包容性方法的挑战在于，战略思想的实验和测试阶段需要采用初期谨慎的方式，在一个"首选的"对话显露和"排除"其他对话之前，要"开启"评估和构建所有可能的更优对话。正如布赖森和克罗斯比（Bryson 和 Crosby，1992）所言，政策制定过程中"问题界定"时序是一项难点。这也说明一个协商进程需要进行设计，从而可以明确探索各种可能行动的"故事主线"，密切关注不同的"协商按钮"，在新战略对话获得普遍支持之前保持批判态度。由此围绕一个特定故事主线产生知识性的共识，从而加强政策对话，推进可持续的启示。政策对话团体由于可以说是协作性地选择了策略，并对该策略拥有一定的"所有权"，围绕策略随之也会形成新的"文化社团"。

保持共识

如果策略制定的文化建设过程足够丰富和包容，那么参与者和利益相关者就会更广泛地共享和认同该策略，策略也反映出坚实的共识。但是这些协定总会损害部分人的利益，也会随着环境变化，新的利益相关者和新的分歧的出现，而受到更多压力。制度设计的硬环境对此起着重要作用，提供了正式的规划和资源，从而维持或削弱这些协议(见第九章)。然而,作为软环境的一部分，参与决策制定工作的利益相关团体也需要考虑如何将协议正式化并使之持久，以及如何持续地监督和保持策略性的思想和进程。

为法定化一个协议，需要记录协议达成的进程，如果部分利益相关者认为其受到不公待遇，或有人认为其他人在破坏协议，也需要向其提供一些救助手段（Ostrom，1990）。现有的政治或法律制度可以很好地提供合适的路径。正如布赖森和克罗斯比(Bryson和Crosby，1992）所言，一些形式的法庭会为此提供仲裁场所。这些法庭采用审判或半审判的形式，并在大多数的空间规划体系中扮演着极为重要的角色。但是，法庭绝不仅是协作性的进程达到极限后的法律后盾。包容性争论之初就需要对如何解决分歧达成共识，并不断批判性地审视成为共识的过程。它还需要关注挑战过程和决策相关的条款。正式的法庭倾向于有自己的风格和程序，而人们往往对此感到疏离。已有法律体系的预设条件，例如英国法律中的“公平”（fairness）和“合理”（reasonableness）原则可能成为地方环境争端仲裁时极具价值的资源。但如果欠缺这些预设条件，需要将其他的一些原则纳入政策方式。有效的共识建立，在此过程初期就需要基于对挑战共识权利和解决争端条款的清晰认识。

随着所选策略的实施，支撑共识建立的“挑战权利”也可以转变成为“挑战的责任”，成为一种法定方式监督策略的实施程度和其持续的效应。随着策略性对话被接受以及后续情景中策略被选择性地诠释，也就凸显责任的重要性。策略提供人们“构建”其思考行为方式的路径，采用这样或那样的形式阻碍和限制行动，从而影响社会关系的动力。空间策略要具有影响力，就需要“构建”那些空间变迁管制相关人员的工作，还需要影响公共投资行为和管制评估方式。此外，空间策略还应该提供推理和论证的贮备，以便探究和评估已完成的工作。但这一“塑造”角色包括对于战略和其选择强调的要素进行持续的重新解释。正如哈贝马斯所言（见第七章），丰富的战略讨论包含利益相关者，因此也具有以下优势：对于策略的内容和原因有更深的理解，尽可能减少对于内容解释的偏离。强有力的政策对话可以改变人们的思维和做事内容，并维持这些变化。但随着时间的推进，也不可避免地带来一些解释性的转变。另外，策略外部条件可能发生变化，新的权力基础可能演化从而面对和颠覆策略。空间策略最终应该旨在激发那些在公共空间中共存的人们，使其可以灵活地演进其行为，而非控制和指导他们。

基于以上原因，一个策略政策的对话需要经历持续、反馈式的批判。在理性主义方法论中，这被理解为“监督”。然而，这种监督趋向于关注城市区域背景下的变化及其启示以及是否实现特定的政策目标（Reade，1987）。该技术基于第七章中描述的指标驱动的方法，而非建立包容性共识的方法。对策略性政策对话的反馈式批判需要关注这些事，但同时还应关注策略是否仍然能“发挥作用”，策略的故事主线是否正确，是否仍然为政治团体内的大多数成员提供相应的位置，是否开始显现新的故事主线，该主线是否和以前一样具有包容性。但这可能脱离特定利益相关者所从事的工作范围，而且他们也只关注对策略的特定解释。如果常态的策略回顾与正式、具体的责任回顾相结合，同时再结合挑战这些责任绩效的权利，策略将得以更好地运作。这将制度设计引入权利规则的硬环境问题中，这将在第九章中讨论。

从激进的理想主义到“共识”

以上说明空间策略制定方法主要基于对城市区域变迁和治理社会动力的制度主义理解，以及通过互动建立共识的沟通伦理。通过这一进程，可在特定场所中的利益相关者中发展社会、智力和政治资本，从而建立制度能力，不论是管理日常生活、商业活动、生态可持续性还是文化共存，该过程都可以为这些网络中的活动“提升价值”。其实现路径则是通过提供更好的问题解决方案，促进知识传播从而建立信任和加深理解，以及为后续的协作行动提供资源。

从某种角度而言，该方法重新审视了广为人知的一些理性规划过程要素。它包括回顾议题（调查）、发现并细化问题（分析）、探索价值上的影响（评估）、创造和发展新理念（策略选择）以及持续的回顾（监督）。但是，这些活动都采用不同的方式进行。通过交互方式实施，使得这些步骤可以同时进行而非按照次序展开；运用实际生活中的日常语言清晰地处理，并认识到多重交流任务必须通过社会互动实现，而专业语言只是诸多语言中的一种。这样该方法所用的论证（推理）进程超越了工具理性，允许从道德和情感维度进行争论，讨论语义所指的“感觉”取代了技术分析（Shotter, 1993）。实证主义的本体论和自然科学和经济学中的归纳、演绎逻辑，从解释角度与其他的认知和评价方式融合在一起，其解释目的则在于探索社会文化价值和行为体系如何能动地构建和塑造人们的利益和政策诉求。这些策略制定活动包括参与政党的积极协商工作。

作为空间策略制定的一种方法，它并不是为策略制定工作设定一系列程序，其目标也不只是提供系列问题以帮助政治团体创新各自的工作过程。在任何环境下，空间策略制定必须要根据特定情境下的社会关系和政治意愿，因此这一定是采用因地制宜的方法。有些情境下采用一种方法比其他方法推进更适合，这反映了特定文化和历史的动力以及政治体系演进的方式（见第七章）。但是，如果该创新过程基于包容、沟通的伦理，那么其形式就应该比当下策略规划实践更加公平和包容，需用议题利益相关者可以公平地发表意见、施加影响。

许多人会认为该方法就现阶段而言过于激进和理性化。由于担忧环境风险和经济衰退，我们需要转向过去层级制和技术传统，希望这些制度即使不能保障民主和开放社会，但至少可以保证安全。在一些国家，特别是英国近来一直进行新自由主义的公共政策试验，由于其传统的阶级力量、对抗性的政治、层级式的中央集权政府和个人主义的利益理念，建立一个协作的、开放的社会似乎难以想象。但是已有的一些前沿实践显示协作性策略制定的可能性（见 Bell，1996）。而在诸如北欧的其他地方，协作性的政策制定和包容性的伦理已深深根植于地方文化中。

这就提出一个问题，即如何为培育协作性的共识建立和激发地方空间策略创新进程（该进程可以建立所有城市区域利益相关者之间的社会、智力和政治资本）提供结构性的条件。这就把讨论带到制度设计、规则结构和资源流动的硬环境。

第九章

系统的协作式规划制度设计

系统构架和构架案例

上一章已介绍如何构建协作、包容的协商过程及其案例，该方法可以激发创新思维，构建新的政策框架和行动，从而形成叙事主线和关键行动，帮助涉及公共空间困境的利益相关者梳理清楚其面临的问题。人们将其关注的、涉及地方环境的不同文化和价值观维度纳入议题中共同讨论，该方法基于对已有知识以及议题相关者的经验与情感理解，提供了通过政策驱动推动治理的路径，从而产生了新的政策理念、概念体系，积累了未来可利用的社会关系“资本”。在此过程中，产生新的概念和理解，建构人们对其后续行为的思维方式，从而塑造其后续的行动。这就使得合作不必通过正式合作程序，策略因此通过发挥其建构的影响而“变得积极主动”，就如同通过文化共享性来塑造未来一样。政策和行动之间因此成为一个闭环，形成相互激发、而非线性的关系。建构理念替代了规划体系中通过“命令与控制”模式所产生的蓝图，以及理性过程模型中“结果与手段”的线性政策过程（见第一章），并且成为基于广泛协作的转型知识和价值观转变为行动的重要驱动力。

在协作性策略制定过程中，行动者共同介入制度设计。通过这种集体行动，行动者改变了自身及其环境，建立了新的价值体系、文化、组织模式和风格以及新的社会网络。这些既反映了当前宽松的经济和社会关系网络，同时也强化了这一社会经济环境。协作进程成为有力的协调工具，协作通过共享的价值观形成，而非基于自我为中心的理性独立个体的“党派之间相互调试”。协作性策略制定过程关注特定场所和空间的利益相关者，基于其所关注问题及互动的“草根”方式进行制度设计，这就形成与利益相关者生活环境极为贴近的制度基础。

当然，有观点认为无需针对这一培育过程建立正式制度安排，制度应该由制度使用者，根据其目标进行设计。这一观点对那些试图摆脱过分治理的人——无论是新自由主义的自由市场提倡者还是社群无政府主义者——都极具吸引力（见第七章），同时也契合交流性、参与式民主的倡导者。例如，约翰·德雷泽克（John Dryzek）在其协商式民主（discursive democracy）理念中提到：

> 制度模型过于精细化和具体化（对于批判交流协商实践的理论家而言）则如履薄冰。也许更好的方法是将此类具体化工作交给涉及的个体行动者完成。（Dryzek，1990，41 页）

然而，有足够证据表明，仅仅依靠个案过程所形成的软环境是远远不够的。埃莉诺·奥斯特罗姆（Elinor Ostrom）在其对公共池塘资源（common pool resources）自治管理的详尽分析中，强调这些草根型自治管理的成效，取决于外部和内部制度因素的共同作用（Ostrom，1990）。约翰·弗里德曼（John Friedmann）在其对发展中国家第三方中介机构发展的评述中也一再强调，国家需要采取一定方式进行系统地干预，从而尽可能促进这些机构之间的协作，避免其竞争性的破坏（Friedmann，1992）。朱迪思·英尼斯（Judith Innes）及其同事在关于加利福尼亚州建立共识的实践报告也提出，非正式的协商合作过程必须介入正式的政治、行政和法律进程中，因为只有这样，协商过程的讨论和结论才具有合法性（Innes 等，1994）。

制度设计任务因此包含两个互动的层级。第一层级已在第八章中提及，是指利益相关者在应对其共同关注的地方环境变化议题，构建发展策略过程中，营造社会、智力和政治资本的工作。第二个层级则涉及政治、行政和法律体系的设计，属于系统的制度设计内容，构成地方实践案例的制度背景，其差异会隐含在社会协作与创新的软环境以及社会结构的硬环境中。如果将协作性的策略制定比作旅程的设定，那么正式的治理结构则为其提供了机遇与约束背景、路径、旅行模式、执行规则和航行资源。正如吉登斯（Giddens）（1984）和拉图尔（Latour）（1987）所坚持认为的那样，系统的制度设计和策略制定的特定案例一样，都只是社会创造的产物。但是，制度设计强化具有争议的议题。系统制度设计中的规则结构、资源分配程序和政策理念会将“赋权”给个体案例，从而可能支持或者背离利益相关者的意图。例如，在空间规划领域，英国宪法中对于土地利用规划中第三方权利规定的缺失，导致权力向不动产利益集团倾斜，除非通过一次持久的政治动员才能够防止这种权利的不平衡（Healey 等，1988）。而在欧洲大陆，土地利用原则通过区划方式表达，这意味着新策略在转变为正式的区划条例之前，在技术上可能并不具有法律约束力（Davies 等，1989）。

基于地方的协作性策略制定过程可以包容各利益相关者，同时也可以纳入其前瞻性和变革性的视角，如果目标是要实现培养此类策略制定过程，那么所将面临的挑战也更为严峻。如何设计或至少修正抽象系统，从而支撑利益相关者及其协作行动，而不是将其压入模具，使其倍感压抑和限制？具体就集体管理公共空间而言，什么才是系统设计的关键变量？在促进开发、公共服务提供和实现管制的治理中具体会涉及哪些内容？

本章将会探讨这样一个观点：即系统的制度设计非常重要，因为其承载着构建具体治理行为的实质性权力。这些系统设计不是彼此独立、孤立于更广范围的治理关系之外，而是嵌入其中，并受其影响形成理念并付诸实践（见第七章）。合理的制度结构可以促进协作而包容地形成共识，因此在结构层面的制度设计任务主要是设计合理的体系和政体，从而改变和重建“抽象系统”（见第二章），以促进、支撑和引导协商共识的形成，而非阻碍这一进程。

特定政策领域的系统制度设计（例如管理地方环境变迁）总会因其现象背后的问题及其蕴含的社会价值观差异而不尽相同。

但是超越这些具体的内容考量，任何领域的公共政策设计都体现了政策目标背后公共领域的质量，及其政治领域中公民权的特质。西方民主社会所秉承的后启蒙原则便是政府在实践中集中权力，制定正式的制度，但是这些制度应能被大多数公民所问责。因此，现代社会中任何民主体系中的基本理念就是政府需要根据社会要求来改变正式制度。例如，通过体现人类平等权利的“一人一票”和“法律面前人人平等”来抗争抽象系统的权力。随着19世纪的演进，公众明确认识到平等的选举权远远不够，而基于国家利益公平分配的社会正义理念得到充分发展。缺乏合理共享的经济和政治资源（即权力），许多人都难以有机会参与到现代社会的公共事务中。近年来，随着社会和环境发展，尤其是出于保持社会多样性和生物圈关系的需要，公民权利、责任和内涵议题重新得到关注（Young，1990）。所以，当前治理结构的体系设计既要考虑如何有效解决实质性的议题，同时还需增强正式治理体系的合法性和信任度，因此，政府开始重新认识公共领域的公民权和公民参与的正面意义。作为对本书的总结，本章回顾了系统性制度设计的五个重要指标，在进行空间规划体系的硬环境设计时应当充分关注这些指标。

系统性制度设计中衡量参与和民主治理的指标

在本书讨论制度主义、交流式方法时，已提出治理过程体系设计需满足的系列属性，以保障协作式规划过程中多元参与的规范承诺：

（1）应该意识到利益相关者的范围和多样性和以下条件有关：地方和城市区域的环境变迁、地方社会网络、文化参照系的多样性、价值系统的多样性以及内部和外部的复杂权力关系（第二部分）；

（2）应该承认治理的大部分工作都发生在政府的正式机构之外，应寻求将权力从政府拓展至国家机构之外的领域，但同时又不新增权力不平等的壁垒（第七章）；

（3）应当为非正式创新和地方积极性开启机会之门；应激发并鼓励组织方式和风格的多样性，而非将单一的命令强加于丰富的社会经济活力；应培育一种“构架”关系，而不是政策原则和行动之间的简单线性联系（第八章）；

（4）应该包括政治领域中的所有成员，同时承认其文化多样性，并应当认识到这会涉及复杂的权力关系、不同思维方式和组织方式等议题（第二、八章）；

（5）应当持续、开放地问责，使相关的政治团体都能参与讨论，获取信息，了解各利益相关者的考量，理解决策背后的情境和内涵，并应包含对历史和未来挑战的评判性思考（第八章）。

以上原则提供了评判已有实践的标准，同时也有助于实现多样化的变迁过程，以推动政策体系的转型。然而，这些标准仍然是较为原则性的。在社会科学中，大量政策科学和政治哲学的文献也提出公共政策维度的一般原则。限于篇幅本书不再累述这些文献，但其中一些要点会在此作详细回顾以支撑以上所列举的指标。

政策体系维度：源于公共行政、政治经济学和政治哲学

公共政策文献传统上强调高效的政府组织、政策工具和手段。近来，由于认识到需要采用多种方式，将广泛的社会主体纳入参与治理进程中，所以这一传统理念已有所改变。其中一项关注重点就是社会关系，在其支撑下治理行为得以实施。这也使得政府各部门之间以及政府与社会之间的政策网络、同盟和联合重新受到关注（Rhodes，1992）（见第八章）。然而，此类研究更侧重于机构，而较少提及结构的影响。

而城市和区域政治经济学的文献通常则强调经济和国家之间密切的结构性联系，但却主要从宏观视角分析国家形式如何反映经济形式的变化。城市政治文献则从空间联系和增长同盟视角分析政治与经济之间的联系（Lauria 和 Whelan，1995；Stone，1989；

Harding，1995；Stoker，1995），趋向于关注制度创新和实践的软环境，并将其置于经济和社会结构的动力背景下，但很少提及系统性制度特质（例如政治宪章的实质）如何建构其所述的实践。

近期的治理研究中已经克服了这些局限，将治理理解为公民社会和经济的社会管制，并形成两类思潮：分别讨论管制政体（见Francis，1993）和管制模式（Boyer，1991；Jessop，1991）。政体理论和管制理论都强调当前治理的一个重要维度就是要实现制度性的安排，可以将正式的政府结构和规程与更广范围内的经济社会生活的关系网络相融合。弗朗西斯（Francis）在其关于管制政体的讨论中，提倡应聚焦于管制政体的效率、管制工具和机制以及管制的实现形式。管制主义者意识到"文化习惯和规范"（cultural habits and norms）在管制模式中所起的核心重要，但却很少提出具体管制关系的设计维度，也就难以实现其倡导者所提出的构建更具参与性的治理承诺（Goodwin 等，1993；Tickell 和 Peck，1992；Painter，1995）。

政治哲学的另一些文献则着重于探索参与式民主的理论，并提供了更多衡量政策体系指标的理念。在探索系统性制度设计中，此类文献主要有三个重要贡献。大卫·赫尔德（David Held）（1987）主要关注英国政体的转变，强调权利、义务和公平治理的内涵。他强调正式宪章的重要性，倡导公民权利法案，建议重组政府执政与在野内阁，引入比例代表制替代单一的多数投票机制，鼓励更加开放的信息、政府问责以及国家在经济发展和改善工作环境质量中的发挥作用。他所提出模型包含五个关键领域，这也对制度设计的重要维度提出启示。这五个领域是：必须细化参与治理主体的权利和义务；公共领域的界限以及什么应该属于企业、家庭和志愿者组织中私人所考虑的领域；社会成员资格和治理中的"平等条件"到底意味着什么；如何考量多样性和差异性；对于整个政策的政治领域而言，自由的限度是什么。赫尔德较少提及治理活动得以进行的过程，只是提供了一些激发"试验"的制度框架，政府在其方法中仍具有重要地位。

约翰·德雷泽克（John Dryzek）（1990）则提出参与式协商民主（discursive democracy）模式，主张完全放弃国家，只在必要情况下诉诸系统性制度设计问题。他提倡公众在基于协商目标建立的政治团体中自由结盟，对治理政策与实践的目标及其结果进行持续的批判和反馈。此外，他强调资源民主参与中资源（如资金、时间和信息）的重要性，重视社会构建程序规则及其通过各派协商而建立的"补偿能力"。该方法相对于赫尔德的强政府（虽然也可能是民主参与的）理念而言是一种全新选择。但该理念仍存在一些明显问题。首先，包容且多方参与的批判和反馈在实践中往往会蜕变为小圈子，圈子内人虽未经过正规的授权机制，但却将自己视为社区集体利益的代言人；第二，没有了正式的"备忘录"，一些政治团体可以在执行时忽略其他政治团体的利益；第三，基于欧洲的强政府传统环境，正式的变迁措施需要应对已有的正式组织和政府程序。因此，如前所述，这既不是好的实用主义政体，也不可能保证德雷泽克（Dryzek）协商设计模式中倡导国家实践以提倡这种国家的限制性角色。

在规划理论家约翰·弗里德曼（John Friedmann）的论著中则可以发现第三种模式，即其长期倡导的基于地方的发展模式，该模式强调地方自治和互动及非理性主义治理（Friedmann，1973；Friedmann 和 Weaver，1979；Friedmann，1987，1992）。历经数年后，他又进一步将该模式发展为通过社会动员转变治理方式，实现更加公平和可持续社会环境的政治工程，该工程的关键要素之一就是要实现"政治团体的修复"（Friedmann，1987）。与德雷泽克（Dryzek）相反，弗里德曼其模型中强调，人们归属许多不同政治团体，这些团体小到乡村，大到多国联盟。国家和正式治理机构的出现就是源于应对公众共同关注议题、保护政治团体免受外部力量危害的需要，尤其抵御公司经济的力量。

西方社会的问题在于国家结构原本是要服务于政治团体，保护其免受结构性力量的威胁，但事实上，国家结构则已独立于政治团体之外，成为压制政治团体的力量，与此同时，公司经济力量却持续扩张并取得主导地位。就此而言，与赫尔德（Held）观点一致，弗里德曼（Friedmann）也认为政治危机是公民社会的机构试图从现代主义的强大壁垒中夺回控制权的表现。他强调实现这点需要建立根植于日常生活实践的新型治理关系。激烈社会动员运动将重塑政治生态，既不是基于工具理性的官僚体系，亦非基于竞争的理性市场，而是折射出“日常生活”的组织形式和对话过程。

在讨论这种设想的政治形式时，制度设计的重要维度则是权力（取得权力或挑战现有权力运行），资源（时间、空间、知识、技能、关系、社会能力），政策原则或标准（鼓励批判性思维，强调质量），以及权限分配（在不同层级的场所生活中，培育自主能力）（Friedmann，1987；Friedmann，1992）。

提议的指标

上述文献都很少直接关注系统性制度设计问题，也忽略管理公共空间内集体共存的正式系统中的细节问题。其成因主要有以下几点：第一，许多作者都希望治理能够超越具体协作案例的逻辑限制，而根据需要而被“创造”出来，同时，也害怕结构设计会加剧权力的不平等，使得少数人更容易主导社会大众；第二，他们也意识到由于具体情景中文化、历史和地理的巨大差异，因此会导致普遍原则可能难以通用，这同时也说明制度设计要想能够持久，就必须要因地制宜；第三，在学术界也存在不同分野，有些学者主要基于城市和区域政治经济视角分析参与式民主的不同治理形式，而另外一些学者则主要分析政治参与的实践。前者更加关注国家和公司经济的力量，而后者则更关注机构层级和交流过程中的权力传递形式。

然而，系统性制度设计仍然非常重要。我们无法抛开正式的组织和国家法律程序。资源需要通过某种方式分配，总有一些集体事务需要处理，比如组织国防，或是进行国家间的政府间谈判；因为政府能积累资源，并将其在较长的时间范围内进行分配，所以一些公共物品最好由政府提供；也需要劝说一些政治团体，使其关注该团体的行动对其他群体所产生的影响；例如，资源保护政策对穷人的社会后果，使其生活更加艰难。但是，如果参与式的政治文化得到进一步发展，重新主导公共领域，那么政府体系和程序必然需要回应和包容各方公共诉求，如多元化的生活方式、市场经营模式和相关政治团体的系统内涵。在欧洲的背景下，这意味着需要鼓励政府形式冲破其层级式和理性传统，同时还要求挣脱紧身衣式的工具理性约束，改变遵循规则的行政程序语言。实现这一转型的路径之一就是充分运用协商式民主实践的理念。这将产生变革的动力，但是这些动力如果要持续就需要被转换成为结构、程序和规则。

没有任何模式能够保证采用设定方式就可产生特定的政治实践。正如在第七章中所强调的那样，政治实践是由其所处的社会关系所赋予的内涵塑造。任何创新无论在多大程度上受到外部的影响，最终都会嵌入地方中。这也意味着，关于多方参与民主实践治理的具体系统性制度设计并无标准答案。相反，正如具体案例都会处于一定的软环境中，模式所能提供的只是让政治团体所需“探索和解释的问题”。例如，如何在治理中保证全体公民都对其有施加影响的权利？到什么程度？行使权利的方式是否与政治团体中不同成员的能力和传统相适应？一些公民会难以形成意见并使其影响政府吗？

基于前面的讨论，建议采用以下指标作为政治团体改变政府形式的系统设计时需考虑的关键问题：

（1）权利和义务的本质及分配；

（2）资源的控制和分配；

（3）应对危机标准的具体化；

（4）能力的配置。

这四点对于法律和政治体系的研究者而言并不陌生，但是，他们需要重新思考这些要点，以帮助政治团体采用不同方式管理集体事务。在此所提出观点的核心就是，国家需要重新回到服务社会日常生活、经营活动和重塑公共领域的轨道上来，而仅仅依靠投票系统、政党组织和政府官员难以完成这一任务。政党团队和政府官员需要很快地形成相应的利益和文化，建立问责体系。另外，正如在第七章中讨论的，当前网络时代的治理时刻发生在我们身边，并不只是存在于正式的政府机构中。我们需要向涉及治理的任何人和任何领域负责，采用适当的行动回应政治团体中所有成员对集体事务的关注。系统性制度设计因此需要关注建立挑战的结构。接下来的四个部分将深入探讨每项指标，并提出其对于管理公共空间中多元共存问题的启示。

权利与义务

权利和义务其深层次的重要性，不是要将我们的社会都陷于法律诉讼的泥沼中，而是要建立起应对挑战的正式结构，凡是参与治理活动的人都需要回应这一结构。该结构既包括对权利和义务的正式而具体的界定，还提供了应对挑战时需遵循的规则。系统性制度设计的目标就是要塑造鼓励创新实践的制度结构，该结构尊重所有的利益相关者，能够培育各方协作并建立彼此联系，从而为社会学习提供可能性，鼓励在公共领域进行多元文化的争论。关注权利和义务的目的在于，鼓励人们彼此间进行互动，并赋予其对参与的诉求权力。

权利

现代社会对权利的讨论可以追溯至启蒙运动时期。在要求民主治理的斗争中，人权曾是极具影响力的一面旗帜（Hall 和 Gieben，

1992）。其中最主要就是公民通过选举权来共享管制的权力，享受自由和财产权防止被政府无端侵犯。当前的社会日益复杂，在此情况下，显而易见这些权利虽然仍不可或缺，但却不足以保证管制权力充分反映政治团体的利益和价值观，这点在第八章已经讨论过。希望获得更多的资源和机会、要求更多权利的呼声日益高涨，这些诉求都是实质性的议题，包括工作的权利、最低工资保障、住房权，获得洁净空气和水资源的权利，以及享受城市服务的权利。而另一种考虑权利的方式则涉及参与治理的过程。这也导致对权利"诉求"的审视，对权利"影响"（问责）的重视，以及对"信息"（激发知识的参与）的关注。所有这些构成赋予个体问责相关政府部门的宪法权利基础。由此，人民取得了除正式规定之外更多挑战政府决策的权利，这不是基于私人利益的局限性，而是由于原有结构没能关注与议题密切相关的利益和文化的多样性，无法提供对议题的全面解释、充分的决策依据和足够的信息。权利因此有助于"矫正利害关系"，并强化诉求的权力。

在西方社会，传统的土地利用规划体系主要关注由于产权所有者对其权利诉求所带来的挑战，因此，主要对管制权力和国家干预私人财产的权力进行限制（Cullingworth，1993）。在古典自由主义形成过程中，国家体现公共利益，并需要对其拥有的土地和不动产"征收"权利做出合理解释。由于各国土地和不动产所有权性质的不同，行使这些权利的政治行动也有所差异。在斯堪的纳维亚，由于其历史上大多国民都曾是小农场主，所以不动产所有者一般都被视为小农场主。保护小农场主的土地所有权及其狩猎和采摘的权利广泛受到认同（Holt-Jensen，1994）。与之相反，英国的土地和不动产所有权则较为集中（Massey 和 Catalano，1978），保护不动产权利事实上保护了大地主和大开发商在城市和乡村地区的利益。

当前规划和环境体系的问题在于，政府既不能完全理解也无法超越其关注议题，难以独立维护公共利益，即使在第八章所讨论的协商治理转型也无法帮助政府完成这一任务。“公共利益”必须反映多样而散乱的利益诉求，这就导致许多国家的利益集团建立各类有组织的游说团体，形成复杂的政治集团，向政府施加压力。而在此背景下，如果一些利益相关者不能发展有组织的政治团体，就很容易就被排除在政府决策之外。为应对这一挑战，空间规划体系在其空间规划编制和开发控制决策中引入申请回避权（rights of challenge）。当然，不同国家的空间体系引入申请回避权时，在其权利分配、关注重点和实施路径上仍然具有很大差异。在英国土地利用规划中，虽然所有的利益相关者都可以向规划提出申请回避权，但是对于开发控制，该权利则仅仅适用于对开发许可持异议者。典型案例之一就是强化房地产发展中“间接”利益相关者的“第三方”权力，允许其对开发许可提出申请回避权。

多元协作的规划过程在下列情况中最容易被采纳：

（1）广泛的话语权和影响力。如果土地利用和环境事务相关治理体系没能关注和回应相关方的利益诉求，利益相关群体应具有向治理体系问责的权力；

（2）各方都应具有在治理平台中质疑公共决策、阐明其利害关系的权利，从而保证其权利被忽视时能够进行申诉；

（3）各方都能获取有效信息的权利，以帮助其思考与之利益相关的议题；

（4）各方都具有向任何治理机构问责的权利，不管这些机构是正式或非正式的，在行使治理责任时都应当权责明确。

如此广泛的话语权、诉求权、申诉权和受益权在实际行使时效果可能并不明显，虽然一个体系如果实际运行困难或者运行成本高昂时将会面临失败。在英国规划体系中，近年来被申诉的管制决策仅占4%。（大约占开发许可否决数量的30%：摘自DoE，1995），但可能行使的申诉权塑造了决策过程（Healey等，1988）。政治团体中所有公民以及议题利益相关者权利的广泛传播，会培育其对相关议题的关注程度。

义务

权利与义务（或责任）之间的关系是相互的。公民拥有法律权利，并享受基于文化的、被尊重的权利。但同时他们需要履行遵守法律的义务，遵循基于文化的道德约束，尊重自然和他人的权利。一般而言，在民主社会中，公共事务治理的执行者所担负的道德责任是非常沉重的，因为其治理的合法性并不基于神权（divine right）或征服。从某种程度上说，执政者只是政治集团的代理人，为其所属政治集团服务。在享受治理所赋予的“权利”的同时，执政者也承担“义务”——积极参与政治集团所关心的议题，实施该团体同意的（或基于团体整体利益）的议程，并向团体沟通和汇报其工作进展情况。

民主社会中的执政者因此必须肩负民主的（关注）、有效的（执行）、可问责的（遵循公开方式取得一致和及时汇报的原则）责任。尽管政府和治理行为在行使这些责任时，往往因为其失败行为而饱受诟病，但正是这些依据标准可以评估其绩效。权利的具体化就是责任的具体化，治理中享受享受一定权力必须承担与之相对的责任。

执政者必须承担关注政治团体中所有成员需求的责任，将该责任置于当前多样化和差异化的社会环境中则更容易解释，因为这意味着执政者不只是将泛泛地关注所有成员，而是要明确了解不同成员所处的特定环境和价值观。在英国规划体系中，这一责任主要体现在接受质询和基于法律公平对待所有政党，以及利益相关者的广泛性和多样性。而体现对利益相关者尊重态度的重要环节之一，执政者应对协商过程持开放态度，尽可能提供准确、权威信息。为了鼓励争论和加深理解，提供信息时应该承认各方界定和测度事物的分歧，以及在分析和解释上存在的差异（Innes，1990；Innes 等，1994）。如果再考虑环境责任，那么执政者还需承担更多义务，该义务超越其所属的政治团体，超越其管辖的行政地域边界（相邻者、其他政治团体），需要对受过去和当前状态影响的下一代负责。

必须执行基于社会共识的政策和项目，这有效地推进了政府议程中执政者的实质性责任，而议程的准确表达形式也随时间和场所的变化而不尽相同。一些政治团体希望促进公共政策的讨论更具有开发性和协作性，因此这些政治团体不仅需要考虑其预期的治理结果，还需要确定治理中所遵循的行为导则。例如，英国基于自由裁量权、判例式的土地利用许可管制体系，可能适应于拥有较高专业素质工作人员的社会环境，同时社会大众还可以不断监督和平衡公务人员的执行状况，同时兼具尊重法律程序的普遍社会传统。但在另外一些社会环境中，英国式的许可管理体系则可能导致腐败，并很容易被政治所操纵。

治理需要遵循公开协商一致原则和及时反馈原则，即及时向政治团体的成员汇报政策和法规执行情况，在此基础上，需要还需关注公民价值观和所处环境的多样性。在英国规划体系中，要求法定决策必须基于发展规划以及需要经常评估规划就反映了这些治理原则。此外，为促进协作、包容的政策争论，执政者不仅需承担汇报的责任，还需要在公众讨论和决策的合法性基础上，将其报告词汇具体化，强调充分、合理解释的重要性。

如果很好地履行以上三种责任，将有助于构建治理能力，重获公众信心和合法性，促进协作性的策略制定，而要求承担责任的预期也会有助于提升实施绩效。执政者无论其代表的政治团体分散，都鼓励其进行协作，从而避免产生散漫、低效的和不负责任的行为。因为这些行为极具破坏性，会丧失治理合法性，增加诉讼和行政审批的成本。然而，除以上三种责任外，还需同时承担第四种责任，即培育民主治理能力的责任。这也可理解为支撑基于共识的协作以及参与式民主治理的责任，它将维系治理行为和社会之间的动态反馈与平衡。

责任的具体化会营造有益的协商环境，从而发展协商式的问责和包容尊重的道德伦理。这样的治理伦理要求提供准确和真实的信息，执政者需要包容和尊重政治团体和其他利益相关者，对监督和汇报行为持积极态度。基于操控和诱导建立的合法性与服务型的合法性之间存在微妙差别，后者中不管正式还是非正式的执政者，与其所属的政治团体和利益相关者之间是真正的服务与被服务关系。

应对和解决挑战

权利和义务都会通过一定方式，在法律和行政体系中具体化、界定和完善，这对于结构性的权力关系和治理实践都具有重要影响，同时也进一步揭示了政体形式和政治团体的文化。然而，泛泛而谈权利或义务的具体化远远不够。制度设计的一个必要方面就是要明确界定权利和义务，需要关注谁拥有权利，何时、何地以及何种方式行使权利，权利保障条款，以及当权利或义务可能受到威胁时如何做出回应。只有通过审视具体的制度细节以及特定社会关系的融合方式，才可以确定针对地方环境变迁治理政策体系的制度设计是否具有本章开始时所列的特点和属性。该议题将在后续的相关标准中进一步讨论。

资源

支配和分配公共资源是传统福利国家政治争论的焦点。税赋水平、政府对公共支出的态度以及资本和税收如何在不同层级、部门的政府内部进行分配，这些议题都受到治理影响利益者的密切关注。在空间和环境领域，对财政资源的关注往往和对土地资源的考量联系在一起。而且考量范围也日益拓展，在原有基础上进一步关注人力资本积累，智力资本提升，以及本书中所倡导的构建场所社会关系的制度能力。

传统的政治争论都假定，国家应该通过税收措施提供“资源池”，然后再将资源分配给不同政府层级和部门以支撑其履行职能。但是，随着公私领域资源“合作关系”和“风险共担”的发展以及引入其他更多资金来源渠道，比如英国彩票（British National Lottery）和商业慈善捐助，这一假定前提已逐渐被替代。同时，也逐渐把政治压力传递给制度设计的文化软环境以及监督和界定合作机制权利义务关系的制度硬环境。

然而，任何政治团体在倡导地方环境管理中采用包容性、协作性方法时，可能都需要各种各样的“资源蓄水池”，以便其成员可以在特定条件下能够使用贮备资源，这些资源包括：

（1）保障所有成员能够享受政治团体公认的最低生活质量的资源。如果不能保证这点，将很难克服利益相关者参与治理的其他障碍，从而导致社会排斥，使得特定社会群体难以融入政治团体的“主流”。

（2）保障行使公民权利的资源，以实现公众参与治理，并充分行使权利、应对挑战。这一资源将提供必要的旅行费用，覆盖可能被忽视的就业保障或关怀责任。例如在英国，地方委员会委员、中央政府成立的独立法人机构和其他新设治理机构的工作人员已获得这些资源。但是，这些资源对于服务社区委员会和其他非正规的治理机构的工作人员而言仍是遥不可及。我们要寻求合理方法化解这一不平等现象，从而使得非正式的治理活动成为可能。当然，我们在应对挑战和行使权利时同样需要控制运作成本。这点对于合理确定正式或半正式法庭的形式及其资金安排而言具有重要启示。如果行使权利的成本门槛过高，那就不会有人行使权利。在地方环境领域，英国可以继续推广诸如规划救助服务的措施，征收一般税或其他公共资金。

（3）保障资本投资的资源，以资助主要的基础设施项目和无法吸引私人资本的土地复垦和再利用项目。此外，在缺乏私人资本经济吸引力的一些地方，这一资源也可用于帮助供给发展所需的土地和不动产。

（4）向受到政策负面影响的少数群体提供救助的资源，虽然这些政策可能符合大多数人的利益。在策略制定过程中，无论各方在多大程度上取得共识，都会存在着赢家和输家。在一些案例中，赢家可能采取具体行动补偿输家。而在另外一些案例中，则难以实现恰到好处的公平。例如，通过采用更加节能、有效的中央供热系统以及在汽车设计中应用新的能源转换技术，每个人都能从节约能源中获益。但是，穷人和小企业难以支付更新设备的成本，因此环保团体普遍都会游说资金支持，以帮助穷人利用新的技术（Beatley，1994；Blowers，1993）。

（5）保证政治团体成员以可接受的成本获取高质量信息的资源。根据地方环境状况建立信息监控系统，监控内容包括地方经济发展趋势和前景、生态环境和生活质量、土地和不动产产权状况、不动产价值和可交易性。这就需要门类齐全、且能够分解为较小空间单元的统计数据，以便具体利益相关者看懂数据，并可将其与其他地方环境进行比较。在英国，地方经济数据较为完善；而环境数据主要通过地方环境审计方式以较大的空间单元收集，并补充以一些全国统计调查数据（Glasson 等，1994）；与之相比，有关生活质量的数据却是非常有限，内容也很单一（Rogerson、Findlay、Coombes 和 Morris，1989）；而由于缺乏土地交易和价格的登记制度，公共部门目前所掌握的土地和不动产数据则更为稀缺。信息缺失使得界定利益相关者变得非常困难，而且也很难评估其主张的合理性，以达成共识。向公众开放的高质量数据在解决争议、界定问题和政策理念时是非常有价值的资源。

正如吉登斯所言，物质资源承载着权力。因此，取得资源控制权和分配权的纷争总是存在，而化解纷争将会促进协作性共识的构建，形成多元而文化包容的观点，当然其具体形式将会随着资源属性的不同而有所差异。许多观点认为，资源供应和使用应该尽可能直接掌握在利益相关者手中，即资源的辅从性原则（the subsidiarity principle）。然而，资源分配过分集中在地方可能会导致某些地区资源贮备不足，难以达到全国居民的基本生活水平。此外，基于地方的信息系统也会失去可比较这一优势。其解决差异性的重要方法之一就是要求从欧盟到地方议会的各级政府都基于以上五点原则保障议题处理过程中的资源分配，除非其中一级政府能够完全处理该议题。

应对挑战的标准

应对地方环境变迁中界定和分配管理权利，明确执政者的责任以及资源的供给，都会影响特定治理领域中的权力结构关系。但如何解释权利和义务，什么是合法的目标，这些问题的答案并不完全在于权利和责任，而更多取决于治理的政治、法律和行政文化。这些提供了履行权利、界定义务和分配资源的价值观和语言。

然而正如在第七章中虽然，政府体系内的政治团体可能包含多种价值体系，应对各类议题是也会使用多种“话语体系”。权利和义务的分配，或者更广范围内如何利用资源储备促进治理中的公众参与，这些都要求将这些话语体系更多引入公共争论中。然而，有影响力的话语体系，如行政—法律的话语体系，或专业化的规划语言，都可能主导政策话语体系（McAuslan，1980；Tett 和 Wolfe，1991；Grant，1994；Healey 和 Hillier，1995）。另外，即使有广泛而包容的政策讨论，前期协作过程中的优先议题也可能在后期被遗忘。

这也说明制度设计可通过改变法律词汇和行政辩论方式来实施影响，或者通过细化原则来产生效果，从而很好地满足应对权利和义务的诉求。以下措施可以促进包容性的政策辩论：

（1）所有利益相关者和政治团体成员在提出自身诉求的同时也应关注其他利益群体的诉求，鼓励形成共享的目标，而非相互排斥的政策主张；

（2）执政者的所有决策都应当考量其对政治团体成员和其他

利益相关者的影响，以及二者之间的互动；

（3）所有决策都应基于协商一致的政策策略，特别是围绕策略制定展开的政策争论（例如，规划变成政策争论的储备库）；

（4）执政者需要给任何决策以“合理解释”，这些解释需要涉及以上提到的各个方面；

（5）执政者在给予其行动以“合理解释”时，也应该承认：政治团体成员和其他利益相关者具有多样的思维方式；观点和诉求表达方式的多样性；多样的争论形式，即用于理解和解释的技术手段、道德观点和表达方式的多样性；与其他各层级政府协商一致的策略

除了以上几点外，还应满足一点，协商式政策观点主要基于应对各类政策诉求而形成，但这些观点本身也需进行详尽评估。这些政策观点也可能体现在协商一致的战略规划中，虽然这也存在一定风险，即拥有权力和智力资源者可悄然修改条款措辞，而其他参与者可能并没有完全意识到其重要性。以上四点标准具有重要影响作用，现有的英国规划体系实践就充分说明这点，中央政府程序和政策建议以及法律判例决定了发展规划中的政策结构（Healey，1983，1993）。最终，治理沟通的演进取决于政治团体的内部和外部关系、可及的理念以及政策选择。在此提出的原则建议不仅可以培育和促进多方包容，而且还可以缓解行政和政治的过分膨胀。

治理职权

组织结构问题一直都是规划体系的主流议题，其争论主要在于如何确定规划编制的合理政府层级，以及在基于职能的治理框架下如何实现城市区域层级的区域合作。职权分配可以搭建正式的平台，规划议题在获得正式法律地位前必须经过平台讨论。组织结构问题成为长期焦点的原因之一就是，不同部门的政府项目

经常交叉，严重影响地方环境的质量。此外，第二部分所述的社会、经济和环境挑战要求都市区和地方加强横向协调的能力。

这一维度的制度设计提出了五个问题：

（1）划分治理工作任务；

（2）分配不同治理层级之间的工作任务；

（3）区分政府和更广范围社会的界限；

（4）运用行政和技术专业技能；

（5）解决争端的机制。

就划分治理工作任务而言，所面临的主要挑战就是如何基于使用者视角，促进组织结构形式能够整合地方环境涉及的各个维度，更好地服务于居民日常生活、企业经营和生态环境，而不是基于政府服务的生产者和供给者视角。但是，组织结构适当地专业化和职能化也必不可少。因此，在复杂社会中，如何协调二者关系往往是治理活动组织的核心议题。然而，有足够的证据表明建立本书所强调这二者之间联系主要取决于两个因素。第一，任务界定和绩效评估的主要责任应尽可能与该职能实施的场所吻合——即先前提到的辅从性原则。这也强调了区域和地方层级在涉及地方环境的治理任务中所起的重要作用。第二是关注和问责的责任。这点之前已强调过，但在此可以根据协作的需要进一步具体化。

规划体系，尤其是欧洲的规划体系，已经逐渐脱离治理层级的集权式观念，即在实践中通过在不同层级间建立共识来修正金字塔形的层级结构（Davies 等，1989；Healey、Khakee、Motte 和 Needham，1997）。此外，也意识到地方环境变迁中的利益相关者可能会超越特定都市区边界，甚至国家界线。本书所提出的启示之一就是需要建立更加扁平的、基于地域的层级理念。当然，这并不意味着用“自下而上”的方式取代“自上而下”的方式。规划体系如果完全由较小行政单元内居住的利益相关者掌控，那么会忽略很多与地方密切联系的利益相关者，美国的经验已经充分说明这点（Cullingworth，1993）。营造地方环境需要考虑所有层级利益相关者的合理诉求，并采用与其层级相符的合理方式，因此所有层级的政府需要被赋予和地方环境质量相关的职责，而不是将其完全置于地方政府的控制之下，或者只是按照上级政府命令按部就班履行职责。欧盟为减少空气污染建立统一标准是完全合法的，因为一个国家的污染会影响其他国家。而英国中央政府对国家历史文化遗迹保护保持持续关注也同样具有法律正当性。然而，区域内如何预测居住和工业发展用地需求总量，以及那些地方景观资源需要保护，由中央政府决定这些事项时其合法性则会受到质疑。同样，如果将这些问题交给地方政府（例如英国区政府和瑞士社区政府）也不恰当，因为其行政单元只覆盖局部的土地市场或景观区域。

因此，未来所采用的方式可能需要允许不同层级的政府根据政治团体的规模而确定适当的职权范围，同时也给予其适当的灵活空间以自主应对其工作任务。应对挑战的结构，或者说应对危机的权利、义务和管治标准，应当保证每个层级都能成为彼此相互关注的利益相关者。

以上要求与制度设计的其他维度结合在一起，还应当提供适当的制度框架，以促进非正式联盟和中介机构繁荣发展，同时也需对其行为负责。如前文所述，治理应该超越正式政府的边界，认识到治理能力蕴含于日常生活和商业活动的社会网络。但对于特定机构或非正式联盟而言，非常容易衍生出独立的权力基础，从而完全脱离其所属的政治团体，甚至不受允许其成立的政府的约束。确保这种机构从事治理行为时保持高效、可问责的应对方式之一，就是严格要求其遵守财务和汇报制度，这种根植于契约精神、采取绩效导向的公共政策方法在第七章中已有所提及。

在某些环境下，这是一种有效方法。但是，该方法同样可能演变为冗余的官僚体系，使得其治理行为偏离利益相关者的诉求，而只是关注政府部门设置的标准。在此提出的应对挑战的更有效措施就是扩大权力问责的范围。大众也需意识到在其领域中也涉及他人利益，了解其他人的利益诉求是什么，以及理解保障政治团体之外相关者利益的必要性。同时大众也希望能够审视过程中的启示和讨论，而不是一味遵循正式的规则，但又对规则的持续性和有效性充满质疑。

在地方环境管理中，越来越多地运用到专业技能。在英国，自由裁量的规划体系导致一批有组织的职业规划师出现，他们制定规划并提出具有法律效应的政策建议。而在其他国家，地方环境议题变得日益复杂，也产生了对专家的类似需求，这些专家来自建筑学、公共行政、经济发展和环境科学等不同领域。规划师和其他专家过去由于其专业上的傲慢自大以及与政府的关系过于亲密而广受批判（Boyer，1983；Reade，1987；Healey，1985；Grant，1994）。本书所提出的观点则是希望专家和其服务的利益群体之间建立更加密切的互动关系，综合对第二部分所提的理性过程以及第三部分概括的治理过程的理解，进一步夯实智力基础。这就需要打破基于原有政府实践的固定思维模式和工作模式，更新专业技能，扩大专业领域涉及范围，引入“新领域”的专家，并保证专家特点领域的知识与其产生的社会治理环境密切联系。能够将知识关联到治理关系所在的社会背景中（Albrechts，1991；Healey，1991b）。这同时也对专家的道德伦理提出要求，涉及专家获取、运用知识的道德底线及其行为方式（Thomas 和 Healey，1991）。在此背景下，许多传统空间规划师在一些实践案例中的角色也转变为知识的协调者和代理人，基于对动态治理情景的理解来选择和汲取知识，同时将这些知识用易于理解的方式引入政策对话过程。简而言之，在地方环境管理的协作进程中，规划师的这一角色也被总结为“顾问”（counsellor）（Wissink，1995）和“重要的伙伴”（Forester，1996）。

最后，组织任何规划体系时都需要关注法庭的制度设计。这也说明建立和维持共识并不容易，任何时候协议和共识都有可能破裂。正如第八章所述，协作性的策略制定实践需要不断审视如何处理尚未解决的分析。但“邻里之间”的分歧以及其他公共空间内利益相关者之间的矛盾，都是地方生活中的普遍特征，因此，维持底线的正式制度安排也必不可少。以美国为例，其法律体系不仅用于处理分歧争端，还仲裁有关土地利用规划和政策体系的相关政策问题。对各方而言过分依靠法律体系既费时又费钱，并使得律师主导了协商过程。在此背景下，建立非正式共识和环境调解实践已逐渐发展成为重要的替代选项。当然，在政策协商和执行过程中也存在其他的选项，如召开非正式听证会、确定解决分歧的程序。

通过协作式规划构建制度能力

本书的初衷就是要是应对以下挑战：如何处理不同社会或文化群体在公共空间共存时面临的问题和机遇，这些群体的关注重点和认识问题的方式通常都存在较大差异。这也是所谓的区域和城市规划、空间规划和地方环境管理实践中的焦点。如何应对这一挑战将涉及当前重要的政策议题和治理危机。

如前所述，涉及区域、聚落和邻里公共空间管理共存问题的政治团体如何界定和实现其政策议程，会产生实质性的社会、经济和环境影响，这不仅对社区而言具有重要意义，而且也会影响国家、区域甚至全球的政策目标。首先这一目的必须具有较强的整合能力，可以将场所中不同文化群体所关注的议题有效整合在一起。这些群体彼此间关系、价值体系和组织方式以及空间范围都可能存在巨大的差异。利益相关者这一概念很好地总结了其多样性特征，而文化群体的概念则强调了人们生活所共享的主体性，并将其嵌入一个或多个关系网络，通过这些关系网，我们建构认识问题的视角，学习思维和行动的新方法。这一理念继承和发展了研究社会关系的新制度主义方法和社会学习的交流性方法。

沟通需具备跨越文化障碍、组织差异和碎片化的权力分配结构来建立关系的能力。而建立关系也是一种社会动员活动。作为一种主流价值观，社会动员可能会取代文化群体中的固有思维方式和组织方式。在当前条件下，社会动员可能会强化与主流政体和组织的隔离，从而阻止丰富的社会学习，而社会学习通常都有益于经济的发展。而本书则倡导采用更加包容的方法，通过培育合作能力、加强多元文化的交流和学习，建立基于理解和信任的社会关系。哈贝马斯的交流伦理（communicative ethics）则提供了非常有价值的概念框架，有助于思考如何实现包容性的协作。

共享空间往往是政治团体关注对象，而在界定和发展与之相关的政策议题和策略方法时，协作性的实践探索将有助于增加社会、智力和政治资本，而这些资本都会转化新的制度资源。协作性的实践将孕育出其所属的文化群体，使得未来的议题讨论更加有效，同时也有助于快速理解其他议题（例如，新经济发展趋势的负面社会影响、经济发展机遇和减少损害生态可持续的行为）并采取行动。通过这种方法，关注于地方环境治理的协作性文化群体还能够重塑公共领域。

诸如此类关系建构和文化建设工作主要通过对话来实现，其品质和结果则取决于相关参与者、形成交流程序和惯例的平台，以及场所中共存的现有社会关系网络三者之间的互动。而规划作为一种有意识的政策驱动工作，可以将长期的、战略性的、相互关联的观点嵌入治理进程中，从而帮助建立治理的关系能力。实现这一任务的主要路径包括预先告知政治集团议题的利益相关者及其参与议题讨论的意愿，搭建各相关方沟通讨论的平台，以及帮助相关参与者不断思考新建立的集体思维模式和行动方式到底意味着什么，从而重构其前行路径。参与该过程的专家，应当肩负一项重要的道德责任，即需要照顾互动过程所涉及的各利益相关方，其结果就是建立协作性的规划过程。

然而，协作式规划的工作往往会受到外部一些文化群体显性或隐性的压力，而屈服于强权，这些文化群体盛行“强者通吃”观念。然而,协作式规划追求的不仅是冲突管理教科书中所说的“双赢”（win-win）结果（Fisher 和 Ury，1981），而是试图重构人们对于得失的思考方式。这种方法试图提出一个问题：如果通过改变自我的思维方式以包容他人的思考，我们能够和谐相处吗？如果能够实现这点，那么我们就可能以另一种方式思考得失。

协作式规划实践主要涉及两个层面的制度设计。第一，关注个体进行诸如战略空间规划和环境管理时的软环境。这属于规划实践的范畴，通过这些实践参与者及其关联者能够参与到政策和项目的公共理性讨论中，同时产生地方未来实践中可以使用的地方化的参照框架。笔者认为，需要密切关注利害关系、互动平台、惯例特征、政策对话和协议实质，从而能够帮助政策实践采用更具协作性的、包容性的集体理性和辩论形式。但如果忽视制度设计的硬环境，也很难挑战和改变占据统治地位的社会群体的权力，因为该权力已深深嵌入有治理结构的抽象系统中，属于规划体系设计的范畴。本章已提出需要通过对权利责任、资源分配机制、绩效标准和职权进行精细化的评估，来不断批判和创新规划体系，从而产生结构性的挑战。而通过政治动员改变规划体系的抗争就是要鼓励更多协作、包容的规划实践探索，从而形成制度设计的硬环境，要求通过公共理性和辩论来应对挑战，并且识别所有利益相关者及其多样的交流性实践。

如果本书所持观点是正确，那么包容、协作的规划活动应当有助于改善场所中共存的各文化群体的生活质量；提升场所的物质价值，使得场所中企业和共享丰富生活经验的居民都能受益，同时找到路径保持场所中至关重要的生态承载力。以上正面效果不是通过鼓励个体竞争性行为取得，而是通过协作性能力建设中的协商行为实现。而竞争性行为必须基于一定的框架限定下，充分释放个体的创新动力才能够发挥其优势。这些框架将约束个体行为不对他人产生负面影响，框架将持续主导个体行为，直到其被有意识地建构和重构，这一过程不能采用竞争性方式。

可能有读者认为本书所提出的方法有些过于理性化，尤其在许多英国读者的反应更是如此。英国是笔者最为熟悉和认同的国家，这是一个被阶级冲突和资本权力深深割裂的社会，政府近来倡导的竞争性的新自由主义哲学则加剧了社会的碎片化。但即便如此，有证据显示协作性治理业已出现，同时也在努力尝试重新设计规划实践的软环境。这些证据体现在邻里社区发展的主动性，《二十一世纪议程》内容的讨论过程以及空间规划的制定过程的公共咨询案例。但是，现有一些硬环境，如正式政策体系设计以及整体的和特定的政府原则，仍然制约着协作式规划的实践探索。

这些正式系统通常被视作无法摆脱的制度约束，永远"存在"的强大体系。但是，制度主义方法强调，制度约束并非一成不变的，而是通过对话、反思、观念转变、社会动员等方式，在社会中不断被建构或重构。交流性方法可以帮助我们认清重建结构涉及的核心任务是什么，但同时这一工作也非常困难，要求在观念上思考清楚行动的内容和组织方式，并理解权力是如何潜移默化地流动和渗透于我们日常生活实践中。交流性方法是挑战权威、并基于一定道德伦理基础之上的。事实上，这些交流性的行为已在我们身边不断出现，当建立一种生活方式，或者重建已有生活方式时，我们总要受到来自主流文化所创造和运用的结构体系约束，并与之互动，而当我们试图承认、挑战和改变这些权力结构时也会发生交流式的行为。

本书主要致力于推动思维方式和观念的转变。基于主要观点陈述和问题深入剖析，本书有助于公共空间共存问题的关注者，努力摆脱既往行为方式的约束，重新设计制度框架以繁荣和发展内容丰富、富有创造性、基于地方共识、包容性的地方环境规划。笔者坚信，协作式规划可以帮助西方国家的政治团体充分释放其成员的能量，重新建立以人为本的公共领域，而不是受制于抽象的政府和经济系统。尽管基于启蒙运动理想和现代主义运动，这些抽象的系统却将我们关进充斥着不平等、不受尊重的、经济问题严峻、环境难以持续的实践牢笼中。

第十章

协作式规划：不断发展的竞争性实践

简介

本书完成于20世纪90年代中期，当时英国的中央政府已执行了超过15年的“新自由主义”的政策，该政策过分强调增加经济发展机会，但却忽视对社会公平和环境保护问题的关注。由于强势的中央政府长期主导公共事务，导致地方的集体行动能力逐渐削弱，难以有效协调由于GDP扩张带来的长期环境负面影响，也未能让部分社会群体可以系统地参与地方公共事务（Thornley，1991）。规划应解决的场所品质问题被忽视，取而代之的是一些诸如决策速度等短期的、狭隘的绩效评价标准。与此同时，信息技术革命拉近了场所和人之间的联系，改变了经济活动、社会生活和文化参照的时空关系（Graham和Marvin，1996）。其结果之一就是场所品质重新受到关注，而且关注者甚广，不仅包括本地工作和生活的居民，还包括全球范围内的企业、旅游者、移民和亲友。场所品质演变为政治斗争的焦点，参与者不仅包括“当地人”，还包括各类的利益相关者。在此背景下，复杂而冲突的区域与地方公共空间治理问题不断涌现，而我则希望构建一种新的视角来解决这一问题。

首先，笔者将这一视角嵌入社会、经济和环境发展动力和潜力的历史文献回顾中（本书第二部分），辨析在不同社会环境、不平等权力关系条件下，在利益诉求和实现目标不一致时所导致的矛盾和冲突。笔者提出以更加协作的方式解决此类问题的可能性，特别是在遵循包容伦理原则下的可能协作方式，包容伦理保证所有涉及场所的利益相关者既有发言的权利，也有被倾听的权利。第三部分详细阐述了利用协作方式解决问题的可能性，及其对于如何改善影响场所品质演进的治理方式和日常实践的启示。

本书因此具有重要的学术贡献和政策意义。学术贡献主要体现在三方面：第一是引入场所中的人彼此互动的"关系"视角，该视角强调我们通过多元关系网络实现身份认同，获得物质资源及发展机会，多元关系网络以各种方式存在于城市内部、城市周边以及城市之间，将场所内的人与或近或远的场所外的人联系在一起。笔者在第二部分的章节中着重介绍了这一方法，近期的区域和城市研究文献中对该方法也有着更加详尽的阐述（Amin 和 Thrift，2002；Graham 和 Healey，1999；Graham 和 Marvin，2001）；第二是社会变迁动力的"制度主义"视角，该视角关注于人们如何通过介入治理进程中的议题构建，通过日常的实践和有意识地推进新的政策和项目塑造出特定的情境，同时自身的思维方式和行为习惯又受制于历史和地理环境；第三是制定政策和规划的"解释性"视角，该视角强调公共政策通过社会互动方式构建目标和填充内容，从而实现政策内容和制定过程之间的融合（见 Hajer 和 Wagennar，2003；和 Fischer，2003 对这一方法的近期发展）。

本书的政策意义在于强调政策内容和过程的统一。就政策内容而言，我一直关注涉及场所环境的政策议程如何实现经济、社会、环境目标和政治关系的互动，从而使得营造和评估场所环境时需要基于所有利益相关者、社会公正、环境承载力以及经济可持续性等长期目标。而对于政策过程，本书旨在改变治理的过程和理念，使其在形式上和实践中可以朝着能够培育批判、沟通和协商式的民主方向发展。我认为新的治理方式能够更多关注于社会公正、环境责任感和文化敏感性，而非以往过度关注竞争的过程和宽泛的意识形态（见 Dryzek，2000；Fischer，2000；以及 Schlosberg，1999，近来的阐述）。

本章写于其他部分完成十年后，当前治理中的协作过程已成为潮流，在此背景下我重新回顾了本书的写作意图和贡献，主要拓展了两个领域，这两个领域在过去十年中理论和实践都有了的长足发展，而我自己的思想也在不断推进。第一个涉及治理的制度主义的理论发展。第二则评述出现的协作性治理实践，最后，我提出如何重建规划创新动力的政策建议。

本书的意图

本书在 1997 年首次出版后就受到质疑，一些学者认为协作式规划理论过于“理想主义”，忽视现实中的权力关系，缺乏可操作性（详见 Tewdwr–Jones 和 Allmendinger，1998；Yiftachel 和 Huxley，2000；Harris，2002；Rydin，2003）。而与此同时，在区域、城市和环境治理领域出现了倡导参与式规划和协作性政策的运动浪潮，范围覆盖欧洲、美国以及发展中国家。

在英国，协作性治理“运动”已经应用于城市更新政策领域，居民、政府机构和商业利益在地方发展实践中建立协作伙伴关系（Bailey，2003；Lowndes 和 Skelcher，1998；Smith 和 Sullivan，2003；Taylor，2000）。在整个欧洲，战略规划和地方环境管理中引入多元利益相关者的实践日益增加（Albrechts 和 Lievois，2004；Balducci，2001；de Roo，2000；Malbert，1998）。在美国和加拿大，“协作”理念被越来越多地应用于解决环境管理冲突（Burby，2003；Dukes，2004；Gunton 等，2003；Halseth 和 Booth，2003；Innes 和 Booher，2003；Margerum，2002）。一些城市，如温哥华，波特兰和阿姆斯特丹，利益相关者之间充分沟通已成为推进所有城市开发项目的基本方法，（Punter，2003；Abbott，2001；Johnson，2004；Salet 和 Gualini，2003；Healey，2006）。即使在社会群体间冲突剧烈环境下（如北爱尔兰），协作性进程也得以运用，从而找到超越既往分裂社会群体的新方法（Albrechts 等，2003；McEldowney 和 Sterrett，2001；Murray 和 Greer，2002）。

在英国，新的社会民主党政府在 1997 年上台后，在其宏伟目标中包括推动政府工作更加民主和高效，实现增强社会包容、经济竞争力以及环境可持续的多元政策目标协同发展。在此背景下，采用协作性方法对于新政府而言极具吸引力，可以增强政策制定和实施的协调性、合法性和有效性。到 2004 年，新的英国规划法律制定（规划及强制购买法案 2004）就要求在在构架战略性政策规划中更加积极地引入公民和相关利益组织，以实现系统的“可持续发展”目标。随着这一实践经验的传播，过去 20 年英国国内和国际关于“如何实现”协作性的建议日益增多（Burns 和 Taylor，2000；Plummer，2000；Susskind 等，1999），不同政策领域协作性方法的评估研究层出不穷（Burby，2003；Gunton 等，2003；Innes 和 Booher，1999a；Taylor，2000）。而在学术领域，描述、发展、评估和批判协作性方法的理论和实践论著也逐渐增多，这些都极大地支撑了协作性方法的应用和发展。

作为回顾，本书可以被视作席卷世界多地的协作治理思潮中的一朵浪花，共同推动治理和政策制定的理论和实践转型。这股思潮以复杂、甚至偶尔冲突的方式整合了几股思想源流。一股思想源流强调治理应当注重“引导”（enabling）而非“控制”（controlling）。另一股思想源流则关注如何使治理方式能够更好地回应公民价值观和需求的变化。而第三股思想源流则强调如何超越传统以政党政治和政府为核心的管理模式，实现更为积极有效的民主政治。在实践中，政府“失灵”、项目实施困难、公共资金在不增加税收前提下难以满足市民需求，以及对发达国家政府能力和动机的普遍质疑也共同推动了协作治理思潮的发展。在此思潮影响下，出现了政策制定权限下移趋势，以弥补以往项目认识能力和实施能力不足问题。同时，也可以充分调动市民和市场的资源来推动项目实施，更好地连接国家与社会以弥补政党制度的不足，平衡官僚主义，客服“民主的缺陷”（democratic deficit）。但除了这些来自于国家内部的压力之外，还存在着本书第二部分中提到的经济、社会组织方式和价值观等外部驱动因素，尤其是环境的转变，促使政府转变政策议程和实践（见 Amin 和 Hausner，1997；Cooke 和 Morgan，1998；Dryzek，

2000；Furst 和 Kneilung，2002；Harvey，1989a；Fung 和 Wright，2001；Jessop，2002；Le Gales，2002；Scharpf，1999）。

但是，正如所有这种多维的学术和实践思潮一样，尽管许多文献都有所提及“协作性方法”，但是将其应用于政策制定和治理的兴趣并非基于一致、清晰的系统理念，也未形成直接的、线性的行动方案。事实上，也有很多争论一直在质疑协作方式是否只是另一种“社团主义”（即政治和经济精英的结盟），或仅仅是包容性民主实践的面具——试图将现有权力集团主要的政策议程进一步合法化。而学术上则有观点质疑协作性方法的公正性。有学者认为协作性方法更多只是接受而非挑战现有的结构秩序，该方法过度关注达成共识而非解决矛盾和优化结构。此外，也有学者认为协作性方法过度关注过程而非具体的政策价值导向（如社会公正和环境可持续性）（Fainstein，2000；Tewdwr-Jones 和 Allmendinger，1998；Yiftachel 和 Huxley，2000）。首先，我承认自己过于强调新的协作模式对达成“共识”的能力和作用（例如，见 279 页）。然而，通过“共识”，我意识到通过协作过程至少可以共同认识一些问题，了解各利益相关者所持的不同观点和价值观，讨论可能产生的后果和解决问题方式，以及决策是否能够有足够的合法性，至少是得到协作过程中的各方认同。但是与一些批评者所设想的观点不同，我从未试图能够得出消除冲突或权力关系的共识。

“协作式规划”议题（或“协作式政策制定”）因此并非是一个简单的药方，而是提供了一种可能性，从而可以就此开展学术讨论和实验探索，可以在理论上和实践中继续争论。我曾经试图在本书中提炼这一观点，并强调了两股力量之间持续的辩证关系：一股力量是在公共领域推进更加公正和包容的治理方法，另一股力量则是将理念和实践，变得更加理性和组织化，采用在第八章中特别提到的指标驱动方法（目标管理）和企业家共识（新社团主义）。

本书的贡献

本书的核心学术和规划实践议题就是辨析社会空间动力和治理过程之间的联系。由于多元利益主体及其关系在公共领域并存共生，而对集体行动带来挑战，本书议题则主要关注如何构建合适的方法以应对这一挑战，这不仅对规划师而言意义重大，同时还是衡量 21 世纪任何社会整体质量和能力的重要指标，即是否能够在不同空间尺度内有效管理并存的多元利益，这些空间尺度既存在于微观的日常生活中，也存在于宏观的全球行动中。协作式政策过程的实践拓展和协商民主的理念发展，反映出全社会已日益认识到应对这一挑战的重要性。本章开篇所总结的学术和政策议题有助于规划领域理解和应对这一核心挑战。在此基础上，本书主要做出四方面贡献。

第一，本书发展了研究社会动力和治理进程的制度主义视角（见第二章）。如今比 20 世纪 90 年代中期更好理解这一视角在政策分析和规划领域中的作用，也反映出社会科学领域对根植于文化的规范、价值观、惯例、实践和组织形式的普遍兴趣，这些规范、价值等会形成社会特定的思维和行动模式。然而，在文献中不同的“制度主义”中仍存在着显著的差异。本书的方法最接近于霍尔和泰勒（Hall 和 Taylor，1996）在对政治科学的制度主义综述中所说的“社会学制度主义”（sociological institutionalism），该学派强调治理实践的社会构建主义和关系视角，本章末我会进一步探讨这一方法是如何发展的。

第二，本书将治理过程的讨论放置在辨识以下两组关系的框架下：社会与经济变迁、国家与市民社会和经济。许多评论者忽视了这些联系，而仅仅看到本书对过程的关注。其原因之一就是我并不同意物质环境的斗争是塑造生活世界的唯一力量。社会文化动力和环境力量并不是以一种简单、线性的方式被经济力量所

"主宰"，而是彼此之间相互交织，不断在地方到全球层面塑造价值观和政治斗争的议程。一些评论家觉得，协作性方法极少关注识别应当抵御的特定结构性力量和应被保护的区域和地方环境特性（Fainstein，2000；Lauria 和 Whelan，1995）。这些评论者认为，规划倡导者应关注于具体的、实质的价值观内容。

在本书和其他著作中，笔者都倡导包容性视角，而对公正和可持续性的关注则更多基于场所品质和空间组织视角。但本书认为地方环境特征折射出关于物质资源和价值观的斗争，并差异化地被不同身份和不同社会所感知。如果该观点成立，那么加深对于环境特征的认知和理解，充分发挥创新能力从而找到影响和改变环境特征的路径就变得尤为重要。一般而言，所谓包容、公正和可持续是逐渐形成的内生环境特质，而非外部环境所赋予的特征。政策背景、内容和过程相互影响、共同演进（Gualini，2001），在此过程中，协作性则为提升社会学习、创造力和有效性提供了更多可能（Innes 和 Booher，2003）。规划和政策制定行为嵌入到实践中，其背景、内容和过程都取决于社会关系和具体情境下的机会结构。

第三，进一步拓展上述概念，我强调应将协作性治理的前沿实践与其形成的环境紧密联系，充分考虑其政府体系的系统制度设计，而并非仅仅关注涉及具体议题的社会动员和斗争。政府体系本身就是特定实践的斗争结果，承载着结构性的权力，涉及范围大到政治、法律议题的决议，小到具体案例的裁量。笔者在第八、九章中已探讨制定规划和政策的软件和硬件基础，从而诠释了政府体系和规划政策实践的共同演化过程。也许不仅需要关注演化过程如何影响治理行为和程序，还需要分析其如何影响治理的文化，以及政治团体对议题设定和解决路径的预期。正是由于文化基础的转变，使得治理合法性的原则得以建立，挑战现有治理结构的实践探索得到巩固。此后会详细阐述这一观点。

最后，我从评估和规范性角度，重新审视了新出现的协作性治理实践类型。从关系和建构主义的学术视角而言，所有治理实践都具有互动的维度，在连接点的具体行动者进行着特定的活动。在英国，协作性实践中扩展的众多政策利益群体都源自与治理模式的变革，1997 年上台的新政府大力推进治理的"现代化"，许多政府人员被迫适应新的管理情境，在这些情境中，政府人员必须与不同的合作者（工商界人士、市民等），按照新的法律原则（互相尊重、决策透明、回应多元利益诉求）一起工作。由于提倡和改善协作经常着眼于加强认识和鼓励合作，所以也使得政策制定更加有效。

笔者贯穿本书的兴趣点，就是关注当前协作模式演化的可能性，从而可以在设定治理议程时囊括尽可能多的声音和价值观。因此，我一直关注不同治理模式在实践中如何推进，诸如不公平的治理模式如何产生，现有的权力集团如何妥协以利于未来的发展。此外，我还特别关注治理过程的细节，而不仅限于政治分析所关注的意识形态斗争和资源控制，虽然这对于形成挑战任何治理体系和实践的文化背景而言非常重要。治理过程的细节包括特定治理情境下如何接纳和排除纷争，即人们如何获取和倾听信息，如何制定政策分配资源，维持和运转已有的规则架构。正如失意的"现代主义者"当前所常说的，只改变政策体系内的正式组织难以实现转型的目标。我们还需要密切关注实践中的其他相关组织（Wenger，1998），以及治理方式的"文化变迁"。如果该观点成立，那么社会公正、环境可持续和包容、互动民主政体的倡导者，就必须关注特定政策领域治理实践的互动质量。

"制度主义"视角的治理理论化

近年来一些学术领域的"制度主义"思潮不仅为治理体系和实践的制度设计提供了基础的社会理论，还提供了分析和评估具体实践案例的方法。制度主义源起于 20 世纪初（Hodgson，1993a， b；Hall 和 Taylor，1996），在经济学和政治学领域已得到快速发展，尽管思维路径不同，且很多情况下彼此之间并无之间联系。但是，自 20 世纪 80 年代开始已分别应用于这两个领域的政策分析和规划实践中（从规划角度进行的回顾，见 Healey，1999，2005；Rydin，2003）。制度被普遍视为根植于特定历史背景和地理空间中的行为规则和习惯。这些历史背景和地理空间，以及与其关联的正式组织、规则和流程，非正式的做事习惯一起形成多样的制度场所。在这些场所的核心和外围，影响政治和经济实践的外部力量与实践本身不断进行互动。实践参与者通过各种网络和他人联系，从而形成特定"公共政策领域"的结构、特性和动力。不同的实践受到外部和内部力量影响不同，所展示的制度能力具有差异。因此，不能脱离实践的背景，而评价其特有的组织结构和政府层级。

除此之外，制度主义者还采取完全不同的研究路径，这点我在第二章中并未详细说明。部分制度主义者尊崇政治学中传统的历史分析方法，强调正规组织的能力和目标实现程序，尤其侧重于调整正式的制度以及新机构设置。20 世纪 30 年代美国建立区域开发机构——田纳西流域管理委员会就是典型案例（Selznick，1949）。制度设计能力体现在设计者能够理解并提出"适合于目标"的机构与程序（fit for purpose）。而在经济学领域，分析者则引入制度主义来修正利益最大化的理性经济人假设，从而分析正式组织内自利的参与者如何在政策设计和实施过程中彼此互动和冲突。制度被认为是个体为减少交易成本而进行的理性选择，当然这种理性选择的制度也可能形成路径依赖而增加此后交易的成本，由此而形成了经营企业的多样制度环境。按照这种观点，制度能力是指能减少整体交易成本的能力。规划领域中，亚历山大（Alexander，1995），萨格尔（Sager，2001）和韦伯斯特和赖（Webster 和 Lai，2003）都对该理论做出一定贡献。而在经济学领域，与更加强调历史和背景分析的方法不同，制度分析方法主要用于理解经济行为的社会建构。该方法尤其广泛应用于"演化经济学"的研究中，同时在政策分析和规划领域也有所拓展（Hodgson，1993a，2004；Moulaert，1996，Amin 和 Cohendet，2004），主张制度能力是指在具体的社会背景中，辨识个体行为和社会现象（如“市场”）的能力，在实践中，经济活动与社会、政治和环境动力共同演化。这种能力可能关注于社会—文化动力在塑造经济活动背景和市场发生形式中的作用。

而我自己则采用政策分析和规划领域中演化出的第三种方法，即被霍尔（Hall）和泰勒（Taylor）称为“社会学制度主义”的分析方法（sociological institutionalism）。该方法强调进入公共领域的政策利益并不需要预先设定，融合了政策分析的解释性方法，复杂环境下的政策制定以及关于协商辩论式民主的争论（Dryzek，2000；Fischer，2003；Fung 和 Wright，2001；Hajer 和 Wagemaar，2003；Schlosberg，1999）。其主要观点为行动者嵌入在多元的社会网络中，这些网络具有不同的历史背景和空间地域。行动者通过实践彼此联系，实践又被本地和外部力量所塑造，更大范围内的认识和权力又渗透和影响议题设定和实施的争论。按照这一逻辑，全球和地方不断相互冲击，宏观力量和微观的日常生活中的微观政治不断互动，而行动者如吉登斯的结构化理论中所述那样，不断塑造着外部结构并受其约束（见第二章）。在集体行动的制度场所中，行动者之间彼此互动，不仅带入自身的已有知识和价值观，还通过互动过程中的社会学习改变其认识和利益诉求。这种互动学习过程产生巨大的政治社会力量，在合适的环境中，可以影响政策议程和项目，改变体系设计和实践。按照该视角，制度能力是指能够产生转型力量，从而创新性地产生新的制度以适应新的情景。为实现该目标，我寻求一种规范性视角，整合治理框架设计和实践中的创新力量，从而可以在现在和将来促进包容性的民主实践，更好地回应社会公正的诉求。

近来，我进一步发展了本书中的一些观点，并深入思考转变治理主动性的可能性和实现路径（Healey，1998，1999，2004）。

这些工作主要基于制度能力建设的研究，以及史蒂文·卢克斯（Steven Lukes，1974）在20世纪70年代提出的权力等级理念和迪贝尔（Dyrberg）所提出的社会构成主义的方法（Dyrberg，1997）。其基本思路就是治理的片段与治理过程以及决定片段和过程的深层次治理文化即互相区分，又在不同的时间维度上互动，并经常被多重的结构性力量所驱动。图10.1简要概况了这一理念，同时包含许多第八章讨论过的治理维度。

片段是指治理关注的特定时期，如制定策略阶段、项目宣传和设计阶段。治理片段中产生的创造性思维学习（例如，城市更新伙伴关系、地方发展圆桌会议、战略合作规划、21世纪行动小组、确定垃圾管理设施的“平台”等），都可能成为治理过程的“主流”。例如，20世纪90年代英国为复兴衰落社区通过制定城市挑战项目，为鼓励地方政府、居民和其他利益相关者之间的建立合作关系而提供资金补助，这种做法就源自早期为改善公共出租房屋质量而向租客提供资金补助的实践探索（Atkinson和Moon，1994）。

等级	维度
特定的片段	· 参与者——角色，策略与利益
	· 剧场——制度环境
	· 环境与互动实践——沟通产生的议程
治理过程——偏见动员的过程	· 关系网络与结盟
	· 利益相关者择选过程
	· 对话——构建议题，问题，解决方案等
	· 实践——行动的惯例与议程
	· 法律细则，正式权限以及资源流动原则
治理文化	· 已接受治理模式的范围
	· 已植入文化价值观的范围
	· 监督对话和实践的正式与非正式结构

图10.1　治理的维度

资料来源：Healey，2004，93页。

但是，回顾有关协作形式的文献亦不难发现，许多创造性学习的探索在一些场合受制于已有的结构和治理流程。在对英国纽卡斯尔城市中心更新项目合作关系的研究中，我们就发现（Healey 等，2003）虽然在片段中已产生共识和可利用的资源以改善建成环境，并且已建立的合作关系也能够吸引私人资本投入不动产投资循环中，但却受到来自城市地方政治和行政管理的制约。

政策聚焦于治理过程设计的研究，其结论反过来促进更多的治理试验，激发了产生治理片段的积极性。加拿大温哥华市就通过发展协作性治理实践以应对街区变迁的管理需求，该案例说明持续的互动如何演化出新的治理实践（Punter，2003；Sanderock，2005）。但是，推动一个治理探索领域变迁的压力，通常会遭遇另外一个探索领域的压力。20 世纪 90 年代和 21 世纪初欧洲区域和城市治理的文献中就有反映两种压力冲突的案例：一种压力推动政府部门内部的具体政策或项目探索（城市更新、交通和健康）；另一种压力试图提升政府体系使其变得更加高效、透明、包容，能够及时回应市民的诉求。

社会关系可以将行动者引入特定片段中互动，而探索的主动性就受特定的社会关系和历史条件制约，同时也受到特定场所中的治理文化习惯的影响，这些文化就什么是符合社会整体利益的集体行动内容和实践展开讨论，充分表达各方观点并形成的集体共识，从而使得特定治理实践得以发生。代议制民主基本原则是法治和选举代表议政。但此后，一些新的原则对已有原则进行补充和修正：例如，效率和有效性、知识性、公开透明、利益相关者参与、伦理行为、意识形态正确和“有作用”。在多元文化和表达的社会，这些原则相互碰撞，并不断出现在政治竞选、媒体辩论和日常交流中。有关集体行动是什么和如何开展的讨论持续进行，并不断形成共识和争论，形成所谓的治理文化，而合法性原则根植于这些持续演化的争论中。治理文化作为一种道德“合奏曲”，持续地评估治理实践的绩效，同时治理文化自身则存在于特定的历史和地理环境中，并随着时间不断演化。一些治理文化提供了实现包容性民主以及关注社会公正和环境可持续性的路径基础。而在另外一些文化中，这些价值观和实践路径只能通过持久的斗争来推动，或者根本无法在短期内实现这些目标。

在下一节，我将通过三个层级的治理和互动，来探讨协作性治理的近期发展。就方法论而言，意识到层级及其彼此互动关系有助于解释协作计划的创新潜力和成果。该方法不仅将协作计划置于特定治理环境中，而且还辩证地认识不同层级意识形态斗争的动力。就分析而言，该方法有助于澄清“社会学制度主义”如何辨析权力，很多对于协作性和交流性规划的批判都源于对此议题的误解。在治理片段和进程中，个体认同会遭遇群体意识，这就提供了社会学习的空间和创新动力，从而使得二者都可能发生改变。资源分配方式和管理规则融入治理进程，并受到片段中的创造性学习及更大范围内保持合法性的治理文化变迁影响。片段和进程中的治理方式反过来会影响治理文化理念，诸如，在何种条件下人们会同意、接受、默许或抗议一类治理行为以及采取的手段、方式。因此，与理解社会动力的关系视角一致，社会构建主义的治理方法强调了动态的、辩证的权力关系，而不是只关注个体如果通过掌控思想、资源和规则来单向地影响他人。此外，该方法还强调社会发展动力依赖于已有的路径和实践和固有的做事理念，同时也受到试图调整和改变现有权力结构的思维和行动的影响。

当前的协作性治理实践

如前所述，过去十年，欧洲和全球范围内治理理念和实践的重要特征之一就是在一些新的领域中推动协作方式创新，诸如建立伙伴关系、召开圆桌会议、搭建平台、引入工作组和协作者等。这些经验为评价治理创新的绩效和动力提供了日趋丰富的实证基础，同时也有助于分析治理背景、内容和进程之间的复杂互动关系。

传统的治理方式主要依靠技术专家、官僚程序，强调意识形态和少数决策者主导，而新协作方式的主要魅力在于其能够使得政策制定和实施变得更有创造力、更具知识性、更加包容和协调一致。但是实现这些优点并非易事，实践证明，依靠协作的片段可以促进相互理解，增强创新动力（Bishop，1998；Burby，2003；Dukes，2004；Forester，2004；Innes 和 Booher，1999b，2003；Malbert，1998；Lois 和 Smuty，2001；Sarkissian，2005；Shatkin，2002；Van Driesche 和 Lane，2002；Umemoto，2001）。基于美国洛杉矶以西地区 111 个协作性的公共用地管理项目研究，Dukes 发现大多数参与者都认为协作性项目的结果优于其他项目（Dukes，2004，211 页）。在一些情况下，新的协作项目明显改善了政策讨论环节，改变了治理行动的过程和结果。行动者被引入不同的组织中，形成新的政策讨论框架。假以时日，这些重塑过程可能会引起实践的变化，并在一些条件下产生更加公正和可持续的结果。温哥华则是一个典型案例。

但是，另外也有一些失败案例，参与者经过协作过程后感到非常失望，彼此更加互不信任。通过评估发现这些失败的协作性项目依然沿用传统的工作方式，只不过添加了协作性的标签。而在社会学习过程中，行动者并不满足基于相互尊重和信任的前提，或者较少关注各方在获取资源方面的不平等，因此即使在项目开展多年后，都难以达成共识，更奢谈创新。伦敦的两个案例很好地说明了这一问题，在制定可持续发展政策时，新的大伦敦区域政府虽然强调向各个公民团体征询和赋权，但是各团体的意见在最后形成的主要发展策略中却并未充分体现（Harrison 等，2004）。这导致在一些环境变差的社区中，居民虽然可以通过这些项目发声并充分表达自己诉求，但周围的物质环境却没有实质性的改善（Perrons 和 Skyers，2003）。而在此前的纽卡斯尔案例中，由于环境限制导致有关资源流动和管理实践的创新理念难以传播。在交通领域的协作性和参与式项目，交通工程师、生态主义者和社会利益集团之间达成共识尤为困难（Innes 和 Gruber，2001，2005；Sager 和 Ravlum，2004）。这些成功和失败经验说明评估协作式规划的潜力需要基于其所处制度环境的充分理解（McGuirk，2001）。

新协作性治理的许多文献都关注制定政策的特定片段，其中一些作者试图界定协作性过程应包含的特质，并以此为标准将协作性过程与其他的社会参与形式区别开。我在第八章也提及该议题，但更多详细的定义可以参考英尼斯和布赫的著作（Innes 和 Booher，1999a，2003）、冯和莱特（Fung 和 Wright，2001）以及甘顿（Gunton 等，2003）和麦吉尔克（McGuirk，2001）的论著。这些作者普遍认为协作性治理过程应具有以下特征：多元主体作为行动者在新的场所或者依照新的方式组合，彼此之间相互依赖，在工作时权力平等，从而可以保证彼此尊重和互相倾听。同时，参与者可以充分整合经验、"地方"知识和系统的科技知识，通过集体学习和动员产生新的知识和力量，从而具备创新的能力。通过彼此尊重和创造性的参与，新的框架和共识在一段时间后得以产生。如果已具备这些特质，协作性的片段可以整合创新性和有效性（通过更加丰富的知识和更为有效的协调），从而具备比其他政策制定方式更好的解决问题能力，而由这些片段产生的能力又可以增加更广范围内的制度能力建设。但是，只有在协作性过程中引入所有利益相关者，且有效整合其利益诉求，这样的协作性片段才可以说是"包容性的"；只有在过程中一直秉持包容、公正和可持续性的价值观，这样才可能产生更加可持续和公正的结果。同样，如果实践中没有充分考虑相关的政策，这些协作性片段还将面临严峻的合法性问题。而在许多国家，这些政策背景意味着与政府之间的联系，以及代议制民主实践的合法性。

但在具体案例的分析中，虽然经常强调协作性片段的背景对于内容和实践的影响，但是仍需在更广范围内关注将片段外部的影响因素。合作关系、圆桌会议或协作性工作能够能否产生足够的影响从而“传递”到制度层面，改变资源分配和实践的规则？新的合作治理形式有助于提升的治理能力，但这一观点成立的基础在于每个参与者都能将片段中获取的观念、参照系和协议带回其“主要工作”中。通过该方法，基于利益相关部门实践的创新，不仅改变了已有的政策和实践，更重要的是还创造出新的工作方式。

截至目前，关于协作性片段对治理过程影响的研究还很少。我已经列举了许多由于各种原因而阻碍转型的案例。然而，在一些情况下，之前所述的协作性过程被系统地引入以解决政策议题，从而有效化解冲突，而如果采用传统的法律方式、政治动员和对抗解决这些冲突将产生高昂的“交易成本”。在美国加利福尼亚州，州政府层面经常建立“协作”关系以解决复杂的环境政策议题（见 www.csus.edu/cccp/projects/recent.htm，萨克拉曼多州立大学，加利福尼亚）。在 20 世纪 90 年代英属哥伦比亚省的四个区域都要求采用协作性方法制定土地利用规划（Gunton 等，2003）。在南意大利，国家为其设立的资金支持逐步减少，并代之以按照欧盟政策标准制定的项目，在此背景下，半正式的圆桌会议出现在所有改变区域和城市治理的活动中（Barbanente 和 Monno，2005）。在温哥华，多方协作的理念框架已充分融入街区发展进程，促进产业发展的推动者（发展商、投资者和建筑师）都默认在确定一个发展项目理念前，应该与所有利益相关者进行半正式的协作进程，其中居民作为规划未来的重要参与者（Punter，2003；Sanderock，2005）。系统地引入协作过程可以更好地解决政策议题的合法化问题。然而，协作过程在实践中成为惯例和常识，继续保持其创新性和包容性也变得越来越困难。已有实践可能“锁定”一些创造新和包容性的议题，或者形成一个固化的利益相关者，从而逐渐“阻碍”此后新的群体以新的方式进行的创新。英国在建立邻里更新合作关系的实践中就曾经出现过此类事件，持久的更新项目使得许多地方出现了许多“市民活动家”（resident activists），这一群体控制了其他居民介入更新项目的机会（Taylor，2003）。

保持批判的态度会有助于提升制度能力，构建具有创造性、包容性、知识性和灵活性的治理结构。当前遵循新自由主义原则的制度设计已建立起完善的审计和监督制度，并按照合同或绩效指标来评价政府机构和担负公共责任的私人企业。但是，这些“目标管理”往往基于独立的组织结构，并常常导致一些关注短期目标的怪异行为，而忽略其机构设定的长期目标。此类监督的机制往往会在相应的政府层级中建立一个平行机构，以平衡和监督政策实施机构。

就长期效果而言，治理过程的包容性和合法性，以及治理的片段中都取决于政治实体内部治理文化的改变。如果协作性过程成为治理的“常态”，那么市民和利益相关者普遍都会要求和期待参与到任何治理项目中，尤其那些可能改变其日常工作生活环境的项目。许多证据显示，近来在欧洲和北美公众参与治理热情持续高涨（Dryzek，2000；Schlosberg，1999）。但这并不意味着公民试图参与所有的政府决策中。相反，他们只参与对其给予足够关注的项目。忽视公众敏感性的政治家将丢失选票，而误判公众感受的政策制定者会在特殊议题的公投中失败。被忽视的群体可能会动员起来采取行动和公开抵抗。根据制度主义观点，治理文化的水平将决定新的协作治理形式是否可以实现具有创造力、包容、可持续和有效的治理过程。

过去二十年，在对新的审议式、协商式和参与式民主形式的争论中，出现了“公共领域”这一新概念，强调多元声音，接纳多种方案可能性，对关于政府项目的不同主张、冲突甚至抵制持宽容态度（Amin 和 Cohender，2004；Dryzek，2000；Fung 和 Wright，2001；Hillier，2002；Schlosberg，1999）。通过这种方式，包容性意识的基础得到建立，公正和可持续性得到公众的持续关注。一个政治实体如果缺乏活跃的公共领域，没有矛盾和冲突，不具备“争论性”的特质（Amin 和 Thrift，2002；Hillier，2002；Schlosberg，1999），可能难以保持从实践片段中获取的创新动力。而治理行动者如果长期面对涉及公共事务的激烈争议，也会更加关注治理过程的质量。尽管敏感催化剂可以催生新协作形式中的成功片段，战略领导层也可以将新的协作实践嵌入主流治理过程，但如果治理文化中缺乏对治理质量的关注，没有持续对治理绩效持批判态度，这些成功的治理片段也可能难以维持。新的协作性治理形式源于公众的批评和争议，源于对包容性的期望，以及对政府关注重点的诉求。反之，对协作性治理形式的探索有助于提升治理文化的质量，从而支持探索的持续。因此，提升治理能力并不是由实践探索项目向治理文化转变的单向过程，而是充满活力、持续的双向互动过程。这给予那些在缺乏传统环境基础下，包容、民主进程的推动者以希望。最终，坚持不懈的探索将形成治理经验，并推动理想治理模式的观念转变。

逐步完善对规划的理解

本书中，我将规划视为特定政策的治理探索，这些政策主要关注构成场所质量的社会和自然因素。我特别强调规划与治理的相互关联，主要希望治理可以促进公共场所正能量的集聚，而较少其负面影响。由于具有一定主观性，所以该议题涉及各种力量如何在从地方到全球的不同空间层面展开、如何在从家庭企业日常生活到代际之间以及洋流和气流变化周期等不同时间范围出现。该议题还关注如何将不同形式、多样化的知识引入治理博弈中，从而更好地理解复杂时空关系中的特定行为方式。20世纪上半叶，规划项目中具有非常强的创新动力中，并在此后半个世纪应用于一些非常成功的规划项目中。与此同时，正式的规划体系得以建立，以解决产权纠纷，引导物质性的开发项目以营造特定的场所品质，但与此同时，规划的创造力也随之泯灭。虽然这些行为仍然是规划项目的重要内容，但是却需要重新植入价值观，从而使得实践变得有意义，并推动实践创新以应对公共空间下的新问题、新挑战。

本书中，我试图重新发掘规划项目的创新动力，并再次审视这些规划创新对21世纪的贡献，同时，也不能将公共空间下多元共存的挑战视为20世纪的问题而摒弃。事实上，随着全球范围内对人和场所之间互动性认识的逐渐深入，这一挑战变得更加尖锐和难以应对。在书中，我梳理了理解社会、经济和环境动力的方法，这些方法有助于认识特定场所内的复杂关系网络，这些网络相互碰撞，从而形成或破坏特定的场所品质。此外，我建议基于场所来发展新的治理模式，从而识别场所中的多元利益主体，提出新的知识和理念来解决所面临的利益共存问题。分析者和政策制定者尤其要关注治理实践的细节，观察这些细节如何有助于构建包容、公平和可持续的场所环境。

特别需要强调的是，发展更加协作的治理模式可能更助于解决场所相关的政策议题。参与协作治理的潮流，不仅源于治理所面临的一般固有矛盾，同时特别受到场所治理挑战的推动。这些场所将不同的政府层级和部门、不同社会领域的利益相关者（政府、社会、市场）聚集到一起，这些利益相关者又嵌入各自的不同关系网络中。协作性实践可以更好地提高认识，制定政策和实施项目，因为这种实践基于对于物质环境、价值观和利益的深入理解，而通过传统的技术分析、行政程序和意识形态斗争并不能完成这一任务。然而，这些协作性实践本身并不会掩盖权力关系、模糊政策议题，当然也不应为此受到指责。因此，参与协作式规划实践的倡议者与设计者要对环境具有敏锐的识别力，从而使得治理模式可以很好地适应环境，以便制定出使更具有知识性、公平性、合理性和操作性的政策。即便如此，在许多情境和治理背景下，仍然会有许多协作性实践并不具有实现这些目标的潜力。

最后，同领域内许多其他学者的观点一致，我强烈建议规划研究者和实践者应当重拾乌托邦思想来审视规划项目，秉持强烈的理想城市和理想社会信念（Fainstein，2000；Friedmann，2000；Sanderock，2003）。规划师能做的贡献便是，通过不断探索使事务进行下去的其他方法，通过可操作的实践案例过程实现梦想。在片段层面，规划项目参与者也能够做出重要贡献，他们不仅可以简化过程，还能提供社会和环境现象间复杂关系的理论知识、实践操作的知识，从而将可能的梦想和实践方式联系起来。在治理进程的层面，参与规划工作的人在系统和实践的制度设计中扮演了主要角色，要么直接作用，要么通过挑战正在进行的程序和惯例间接影响。在文化治理层面，参与规划项目的人通过丰富场所品质和场所治理的“公共领域”争论，以及在公民和利益相关者讨论场所应该是什么样和如何管理时注入活力。正如没有实践不能展现的讨论，也不存在不能应用其他方式的层级或实践。约翰·弗里德曼（John Friedmann，1987）告诉我们，规划项目是知识和行动的结合。20 世纪和 21 世纪的区别在于，我们现在能够用更加强烈的理解和意识，来思考这一关系作为学术和政治项目的复杂性。

整体而言，笔者希望本书为那些寻求发展更加协作性治理进程的人们、为宣扬人类更加伟大的人们以及对社会公正和环境可持续性政策持续关注的人们提供一些灵感，与此同时丰富治理进程，使其更加包容性、更具效率。这一工作没有简单的参照物和明确的目的。正如以往一样，朝向这一价值观的路途上，到处充满了矛盾、竞争和斗争。但这并不削弱了这一工作在塑造未来情境和可发生事件的重要性。

参考文献

Abbott, C. (2001) *Greater Portland: Urban Life and Landscape in the Pacific Northwest* (Philadelphia: University of Pennsylvania Press).

Abercrombie, P. (1944) *Town and Country Planning* (Oxford: Oxford University Press (orig. publ. 1933)).

Adams, D. (1994) *Urban Planning and the Development Process* (London: UCL Press).

Albrechts, L. (1991) 'Changing roles and positions of planners', *Urban Studies,* 2810, pp. 123–38.

Albrechts, L., Healey, P. and Kunzmann, K. (2003). 'Strategic spatial planning and regional governance in Europe', *Journal of the American Planning Association,* Vol. 69(2), pp. 113–29.

Albrechts, L. and Lievois, G. (2004) 'The Flemish Diamond; urban network in the making?' *European Planning Studies,* Vol. 12(3), pp. 351–70.

Alexander, E. R. (1995) *How Organizations Act Together: Interorganizational Co-ordination in Theory and Practice* (Luxembourg: Gordon & Breach).

Allen, J. (1992) *Smoke over the Winter Palace: The Politics of Resistance and London's Community Areas,* Occasional Paper Vol. 1, No. 4, School of Construction, Housing and Surveying (London: University of Westminster Press).

Altman, I. and Churchman, A. (eds) (1994) *Women and the Environment* (London: Plenum Press).

Ambrose, P. (1986) *Whatever Happened to Planning?* (London: Methuen).

Amin, A. (1994) 'Post-Fordism: models, fantasies and phantoms of transition', in idem, *Post-Fordism: A Reader* (Oxford: Blackwell), pp. 1–40.

Amin, A. (ed.) (1994) *Post-Fordism: A Reader* (Oxford: Blackwell).

Amin, A. and Cohendet, P. (2004) *Architectures of Knowledge: Firms, Capabilities and Communities* (Oxford: Oxford University Press).

Amin, A. and Hausner, J. (eds) (1997) *Beyond Market and Hierarchy: Interactive Governance and Social Complexity,* (Cheltenham: Edward Elgar).

Amin, A. and Thrift, N. (1992) 'Neo-Marshallian nodes in global networks', *International Journal of Urban and Regional Research,* Vol. 16(4), pp. 571–87.

Amin, A. and Thrift, N. (1995) 'Globalisation, institutional "thickness" and the local economy', in Healey *et al.* (eds), *Managing Cities: The New Urban Context* (London: John Wiley), pp. 91–108.

Amin, A. and Thrift, N. (2002) *Cities: Reimagining the Urban* (Oxford: Polity/Blackwell).

Amin, A. and Thrift, N. (eds) (1995) *Globalisation, Institutions and Regional Development* (Oxford: Oxford University Press).

Argyris, C. and Schon, D. (1978) *Organizational Learning: A Theory of Action Perspective* (San Francisco: Jossey-Bass).

Arnstein, S. (1969) 'The ladder of citizen participation', *Journal of the Institute of American Planners*, Vol. 35(4), pp. 216–24.

Ashworth, G. and Voogd, H. (1990) *Selling the City* (London: Belhaven).

Atkinson, R. and Moon, G. (1994) *Urban Policy in Britain: The City, the State and the Market* (London: Macmillan).

Bacaria, J. (1994) 'Competition and co-operation among jurisdictions: the case of regional co-operation in Science and Technology in Europe', *European Planning Studies*, Vol. 2, pp. 287–302.

Bacharach, P. and Baratz, M. (1970) *Power and Poverty: Theory and Practice* (New York: Oxford University Press).

Bailey, N. (2003) 'Local strategic partnerships in England: the continuing search for collaborative advantage, leadership and strategy in urban governance', *Planning Theory and Practice*, Vol. 4(4), pp. 443–57.

Bailey, N., Barker, A. and McDonald, K. (1995) *Partnership Agencies in British Urban Policy* (London: UCL Press).

Ball, M. (1983) *Housing Policy and Economic Power* (London: Methuen).

Ball, M. (1986) 'The built environment and the urban question', *Environment and Planning D: Society and Space*, Vol. 4, pp. 447–64.

Banister, D. and Button, K. (eds) (1993) *Transport, the Environment and Sustainable Development* (London: E. and F.N. Spon).

Balducci, A. (2001) 'New tasks and new forms of comprehensive planning in Italy', in L. Albrechts, J. Alden and A. Rosa Pires (eds), *The Changing Institutional Landscape of Planning* (Aldershot, Hants: Ashgate), pp. 158–80.

Barlow, J. (1995) *Public Participation in Urban Development: The European Experience* (London: Policy Studies Institute).

Barbanente, A. and Monno, V. (2005) 'Exploring spaces of coexistence in fragmented environments: towards the regeneration of the Ofanto River Basin', *Planning Theory and Practice*, Vol. 6(2), pp. 171–90.

Barnes, B. (1982) *T.S. Kuhn and the Social Sciences* (London: Macmillan).

Barras, R. (1987) 'Technical change and the urban development cycle', *Urban Studies*, Vol. 24(1), pp. 5–30.

Barras, R. (1994) 'Property and the economic cycle: building cycles revisited', *Journal of Property Research*, Vol. 113, pp. 183–97.

Barrett, S. and Fudge, C. (1981a) 'Examining the policy–action relationship' in idem, *Policy and Action* (London: Methuen) pp. 3–32.

Barrett, S. and Fudge, C. (1981b) 'Reconstructing the field of analysis', in idem, *Policy and Action* (London: Methuen) pp. 249–79.

Batley, R. and Stoker, G. (eds) (1991) *Local Government in Europe* (London: Macmillan).

Beatley, T. (1994) *Ethical Land Use* (Baltimore: Johns Hopkins University Press).

Beauregard, R. (1991) 'Without a net: modernist planning and the postmodern abyss', *Journal of Planning Education and Research*, Vol. 10(3), pp. 189–94.

Beck, U. (1992) *The Risk Society* (London: Sage).

Beer, S. (1982) *Britain Against Itself: The Political Contradictions of Collectivism* (London: Faber).

Beevers. R. (1988) *The Garden City Utopia: A Critical Biography of Ebenezer Howard* (London: Macmillan).

Bell, D. (1960) *The End of Ideology: On the Exhaustion of Political Ideas in the Fifties* (New York: Free Press).

Bell, G. (1996) 'Stake and chips added to the menu for sustainable delivery', *Planning*, 1153, pp. 9–10.

Benfield, M. (1994) *Planning regulation: who benefits?* Paper for AESOP Congress, Istanbul, August.

Berger, P. and Luckman, T. (1967) *The Social Construction of Reality* (Harmondsworth: Penguin).

Berry, M. and Huxley, M. (1992) 'Big world: property capital, the state and urban change in Australia', *International Journal of Urban and Regional Research*, Vol. 16(1), pp. 35–59.

Bianchini, F. (1990) 'The crisis of urban public social life in Britain: the origins of the problems and possible responses', *Planning Practice and Research*, Vol. 5(3), pp. 4–8.

Bicanic, R. (1967) *Problems of Planning: East and West* (The Hague: Mouton Press).

Bishop, J. (1998) 'Re-inventing planning 3: collaboration and consensus', *Town and Country Planning*, Vol. 67(3), pp. 111–13.

Bishop, M., Kay, J. and Mayer, C. (1995) *The Regulatory Challenge* (Oxford: Oxford University Press).

Black, A. (1990) 'The Chicago Area Transportation Study', *Journal of Planning Education and Research*, Vol. 101, pp. 27–38.

Blackman, T. (1995) *Urban Policy in Practice* (London: Routledge).

Blakeley, E. (1989) *Planning Local Economic Development* (London: Sage).

Blowers, A. (ed.) (1993) *Planning for a Sustainable Environment* (London: Earthscan).

Boden, D. (1994) *The Business of Talk* (Cambridge: Polity Press).

Bolan, R. (1969) 'Community decision behaviour: the culture of planning', *Journal of the American Institute of Planners*, Vol. XXXV, pp. 301–10.

Bondi, L. and Domosh, M. (1992) 'Other figures in other places: on feminism, postmodernism and geography', *Environment and Planning D: Society and Space*, Vol. 10, pp. 119–240.

Bonneville, M. (1995) 'Le renouvellement du schéma directeur par le project d'agglomeration: réflexions à propos de Lyon', in A. Motte (ed.), *Schéma Directeur et projet d'agglomération* (Paris: Editions Juris Service) pp. 47–63.

Boorah, V.K. and Hart, M. (1995) 'Labour market outcomes and economic exclusion', *Regional Studies*, Vol. 29(5), pp. 433–8.

Bourdieu, P. (1990) *In Other Words: Essays towards a Reflexive Sociology* (Oxford: Polity Press).

Boyer, C. (1983) *Dreaming the Rational City* (Boston, MA: MIT Press).

Boyer, R. (1991) 'The eighties: the search for alternatives to Fordism', in *The Politics of Flexibility*, ed. Jessop, B. Kastendiek, H and Nielsen, K., Petersen, I.K. (Aldershot, Hants: Edward Elgar).

Bramley, G., Bartlett, W. and Lambert, C. (1995) *Planning, the Market, and Private House- Building* (London: UCL Press).

Braybrooke, D. and Lindblom, C.E. (1963) *A Strategy for Decision* (New York: Free Press).

Breheny, M. (1992) 'The Compact City: an introduction', *Built Environment*, Vol. 18(4), pp. 241–6.

Breheny, M. and Hooper, A. (eds) (1985) *Rationality in Planning* (London: Pion).

Brindley, T., Rydin, Y. and Stoker, G. (1989) *Remaking Planning: The politics of Urban Change in the Thatcher Years* (London: Unwin Hyman).

Bruton, H. and Nicholson, D. (1987) *Local Planning in Practice* (London: Hutchinson).

Bryson, J. and Crosby, B. (1992) *Leadership for the Common Good: Tackling Public Problems in a Shared-power World* (San Francisco: Jossey-Bass).

Bryson, J. and Crosby, B. (1993) 'Policy planning and the design of forums, arenas and courts', *Environment and Planning B*, Vol. 20(2), pp. 123–252.

Bryson, J.M., Crosby, B. and Carroll, A.R. (1991) 'Fighting the Not-in-My-Back-Yard syndrome', *Journal of Planning Education and Research*, Ve. 11(1), pp. 66–74.

Burby, R. J. (2003) 'Making plans that matter: citizen involvement and government action', *Journal of the American Planning Association*, Vol. 69(1), pp. 33–49.

Burke, E. (1987) *A Philosophical Enquiry into Our Ideas of the Sublime and Beautiful*, edited by J.T. Boulton (Oxford: Blackwell).

Burns, D. and Taylor, M. (2000) *Auditing Community Participation: An Assessment Handbook* (Bristol: Policy Press).

Camagni, R. (ed.) (1991) *Innovation Networks: Spatial Perspectives* (London: Belhaven Press).

Camagni R and Salone, C. (1993) 'Network urban structures in Northern Italy: elements for a theoretical framework', *Urban Studies*, Vol. 30(6), pp. 1053–64.

Campbell, B. (1993) *Goliath* (London: Methuen).

Campbell, M. (1990) *Local Economic Policy* (London: Cassell).

Carson, R. (1960) *Silent Spring* (Boston: Houghton Mifflin).

Castells, M. (1977) *The Urban Question* (London: Edward Arnold).

Chadwick, G. (1971) *A Systems View of Planning* (Oxford: Pergamon).

Champion, A. (1992) 'Urban and regional demographic trends in the developed world', *Urban Studies*, Vol. 29, pp. 461–82.

Champion, A. (ed.) (1993) *Population Matters: The Local Dimension* (London: Paul Chapman).

Chapin, F.S. (1965) *Urban Land Use Planning* (Urbana: University of Illinois Press).

Christensen, K. (1985) 'Coping with uncertainty in planning', *Journal of the American Planning Association*, Vol. 51(1), pp. 63–73.

Clapham, C. (1985) *Third World Politics: An Introduction* (London: Croom Helm).

Clegg, S. (1990) *Modern Organizations* (London: Sage).

Cochrane, A. (ed.) (1987) *Developing Local Economic Strategies* (Milton Keynes, Bucks: Open University Press).

Cockburn, C. (1977) *The Local State* (London: Pluto Press).

Commission of the European Communities (CEC) (1990) *Green Paper on the Urban Environment* (Luxembourg: Office for Official Publications of the European Communities).

Commission of the European Union (CEC) (1991) *Europe 2000* (Luxembourg: Office for Official Publications of the European Communities).

Commission of the European Union (CEC) (1994) *Europe 2000+ Cooperation for European Territorial Development* (Luxembourg: Official Publications of the European Communities).

Cooke, P. and Morgan, K. (1998) *The Associational Economy: Firms, Regions and Innovation* (Oxford: Oxford University Press).

Cowell, R. 1993 '*Take and Give': managing the impact of development with environmental compensation,* UK CEED Discussion paper No. 10 (Cambridge, UK: CEED).

Cowling, T. and Steeley, G. (1973) *Sub-Regional Planning Studies: An Evaluation* (Oxford: Pergamon).

Cox, K. and Johnston, R.J. (1982) *Conflict, Politics and the Urban Scene* (London: Longmans).

Crawley, I. (1991) 'Some reflections on planning and politics in inner London', in H. Thomas and P. Healey (eds), *Dilemmas of Planning Practice* (Aldershot, Hants: Avebury), pp. 101–14.

Cullingworth, J.B. (1993) *The Political Culture of Planning: American Land Use Planning in Contemporary Perspectives* (London: Routledge).

Cullingworth, J.B. (1994) 'Alternate planning systems: is there anything to learn from abroad?' *Journal of the American Planning Association* Vol. 60(2), pp. 162–72.

Darin-Drabkin, H. (1977) *Land Policy and Urban Growth* (Oxford: Pergamon).

Davidoff, P. (1965) 'Advocacy and pluralism in planning', *Journal of the American Institute of Planning,* Vol. 31(Nov), pp. 331–8.

Davidoff, P. and Reiner, T. (1962) 'A choice theory of planning', *Journal of the American Institute of Planners,* Vol. 28(May), pp. 103–15.

Davies, H.W.E, Edwards, D., Hooper, A and Punter, J. (1989) *Planning Control in Western Europe* (London: HMSO).

Davies, J.G. (1972) *The Evangelistic Bureaucrat* (London: Tavistock Press).

Davoudi, S. (1995) 'City challenge: the three-way partnership', *Planning Practice and Research,* Vol. 10, pp. 333–44.

Davoudi, S. and Healey, P. (1995) 'City Challenge: Sustainable process or temporary gesture?', *Environment and Planning C: Government and Policy,* Vol. 13, pp. 79–95.

Davoudi, S., Healey, P. and Hull, A. (1997) 'Rhetoric and reality in British structure planning in Lancashire 1993–1995, in P. Healey, A. Khakee, A. Motte and B. Needham (eds), *Making Strategic Spatial Plans: Innovation in Europe* (London: UCL Press).

Dear, M. (1995) 'Prolegomena to a postmodern urbanism', in P. Healey, S. Cameron, S. Davoudi, S. Graham and A. Madani Pour (eds), *Managing Cities: The New Urban Context* (London: John Wiley).

DeGrove, J. (1984) *Land, Growth and Politics* (Washington, DC: Planners Press).

Department of the Environment (DoE) (1991) *Circular 16/91 Planning Obligations* (London: HMSO).

Department of the Environment (DoE) (1995) *Development Control Strategies: England 1993/94* (Ruislip, Middlesex: DoE Sales Unit).

Douglas, M. (1987) *How Institutions Think* (London: Routledge & Kegan Paul).

Douglas, M. (1992) *Risk and Blame: Essays in Cultural Theory* (London: Routledge).

Dryzek, J.S. (1990) *Discursive Democracy: Politics, Policy and Political Science* (Cambridge: Cambridge University Press).

Dunleavy, P. and O'Leary, B. (1987) *Theories of the State: The Politics of Liberal Democracy* (London: Macmillan).

Dyckman, J. (1961) 'Planning and decision theory', *Journal of the American Institute of Planners*, Vol. XXVII, pp. 335–45.

Dryzek, J. (2000) *Deliberative Democracy and Beyond* (Oxford: Oxford University Press).

Dukes, F. (2004) 'What we know about environmental conflict resolution: an analysis based on research', *Conflict Resolution Quarterly*, Vol. 22(1/2), pp. 191–220.

Dyrberg, T. B. (1997) *The Circular Structure of Power* (London: Verso).

Eagleton, T. (1991) *Ideology: An Introduction* (London: Verso).

Eisenstadt, S.N. and Lamarchand R. (eds) (1981) *Political Clientelism: Patronage and Development* (London: Sage).

Ekins, P. (1986) *The Living Economy: A New Economics in the Making* (London: Routledge & Kegan Paul).

Elson, M.J. (1986) *Green Belts* (London: Heinemann).

Emery, R.E. and Trist, E.L. (1969) 'The causal texture of organizational environments, in R.E. Emery (ed.), *Systems Thinking* (Harmondsworth: Penguin).

Esping-Anderson, G. (1990) *The Three Worlds of Welfare Capitalism* (Cambridge: Polity Press).

Etzioni, A. 1968 *The Active Society: A Theory for Societal and Political Processes* (New York: Free Press).

Evans, A. (1985) *Urban Economics: An Introduction* (Oxford: Blackwell).

Fainstein, S. (1994) *The City Builders: Property, Politics and Planning in London and New York* (Oxford: Blackwell).

Fainstein, S. (2000) 'New directions in planning theory', *Urban Affairs Review*, Vol. 34(4), pp. 451–76.

Fainstein, S. and Hirst, C. (1995) 'Urban social movements', in D. Judge, G. Stoker and H. Wolman (eds), *Theories of Urban Politics* (London: Sage).

Faludi, A. (1973) *Planning Theory* (Oxford: Pergamon).

Faludi, A. (1987) *A Decision-centred View on Environmental Planning* (Oxford: Pergamon).

Faludi, A. (1996) 'Framing with images', *Environment and Planning B: Planning and Design*, Vol. 23, pp. 93–108.

Faludi, A. and Valk, A. van der (1994) *Rule and Order: Dutch Local Planning Doctrine in the Twentieth Century* (Dordrecht: Dluwer Academic Publishers).

Farthing, S., Coombes, T. and Winter, J. (1993) 'Large development sites and affordable housing', *Housing and Planning Review*, Feb./March, pp. 11–13.

Findlay A. and Rogerson R. (1993) 'Migration, places and quality of life', in A. Champion (ed.), *Population Matters* (London: Paul Chapman).

Fischer, F. (1990) *Technocracy and the Politics of Expertise* (London: Sage).

Fischer, F. (2003) *Reframing Public Policy: Discursive Politics and Deliberative Practices* (Oxford: Oxford University Press).

Fischer, F. and Forester, J. (1993) *The Argumentative Turn in Policy Analysis and Planning* (London: UCL Press).

Fischer, R. and Ury, W. (1981) *Getting to Yes: Negotiating Agreement without Giving In* (Harmondsworth: Penguin).

Flyvbjerg, B. (1998) *Rationality and Power* (Chicago: University of Chicago Press).

Foley, D. (1960) 'British town planning: one ideology or three', *British Journal of Sociology*, Vol. 11, pp. 211–31.

Forester, J. (1989) *Planning in the Face of Power* (Berkeley, CA: University of California Press).

Forester, J. (1992a) 'Critical enthnography: fieldwork in a Habermasian way', in M. Alvesson and H. Willmott (eds), *Critical Management Studies* (Los Angeles: Sage).

Forester, J. (1992b) 'Envisioning the politics of public sector Dispute Resolution', in S. Silbey and A. Sarat (eds), *Studies in Law, Politics and Society*, Vol. 12 (Greenwich, Cn; JAI Press), pp. 83–122.

Forester, J. (1993) *Critical Theory, Public Policy and Planning Practice* (Albany: State University of New York Press).

Forester, J. (1994) 'Perception, political judgement and learning about value in transportation planning: Bridging Habermas and Aristotle', in H. Thomas (ed.), *Values in Planning* (Aldershot, Hants: Avebury).

Forester, J. (1996) 'Beyond dialogue to transformative learning: how deliberative rituals encourage political judgement in community planning processes', in S. Esquith (ed.), *Democratic Dialogues: Theories and Practices* (Poznan: University of Poznan).

Forester, J. (2004) 'The politics of planning communities: the art of collaborative consensus-building', mimeo, Cornell University.

Francis, J. (1993) *The Politics of Regulation* (Oxford: Blackwell).

Frankenberg, R. (1966) *Communities in Britain: Social Life in Town and Country* (Harmondsworth: Penguin).

Friberg, T. (1993) *Everyday Life: Women's Adaptive Strategies in Time and Space* (Stockholm: Swedish Council of Building Research).

Friedmann, J. (1973) *Retracking America* (New York: Anchor Press).

Friedmann, J. (1987) *Planning in the Public Domain* (New Jersey: Princeton University Press).

Friedmann, J. (1992) *Empowerment: The Politics of Alternative Development* (Oxford: Blackwell).

Friedmann, J. (2000) 'The good city: in defense of utopian thinking', *International Journal of Urban and Regional Research*, Vol. 24(2), pp. 473–89.

Friedmann, J. and Weaver, C. (1979) *Territory and Function: The Evolution of Regional Planning* (London: Edward Arnold).

Friend, J. and Hickling, A. (1987) *Planning under Pressure: The Strategic Choice Approach* (Oxford: Pergamon).

Friend, J. and Jessop, N. (1969) *Local Government and Strategic Choice* (London: Tavistock).

Friend, J., Power, J. and Yewlett, C. (1974) *Public Planning: The Intercorporate Dimension* (London: Tavistock).

Fürst, D. and Kneilung, J. (2002) 'Regional governance: new modes of self-government in the European Community', ARL Report, University of Hannover.

Fung, A. and E. O. Wright (2001) 'Deepening democracy: innovations in empowered participatory governance', *Politics and Society*, Vol. 29(1), pp. 5–41.

Galtung, J. (1986) 'The green movement: a sociological explanation', *International Sociology*, Vol. 1(1), pp. 75–90.

Gamble, A. (1988) *The Free Economy and the Strong State* (London: Macmillan).

Gans, H. (1969) 'Planning for people, not buildings', *Environment and Planning A*, Vol. 1, pp. 33–46.

Gans, H. (1990) 'Deconstructing the underclass: the term's dangers as a planning concept', *Journal of the American Planning Association*, Vol. 56(3), pp. 271–7.

Geddes, P. (1949) *Cities in Evolution* (London: Williams & Norgate).

Geertz, C. (1983) *Local Knowledge: Further Essays in Interpretive Anthropology* (New York: Basic Books).

Geertz, C. (1988) *Works and Lives: The Anthropologist as Author* (Stanford, CA: Stanford University Press).

Giddens, A. (1984) *The Constitution of Society* (Cambridge: Polity Press).

Giddens, A. (1987) *Social Theory and Modern Sociology* (Cambridge: Polity Press).

Giddens, A. (1990) *Consequences of Modernity* (Cambridge: Polity Press).

Gilroy, R. (1993) *Good Practice in Equal Opportunities* (Aldershot: Avebury).

Gilroy, R. and Woods, R. (eds) (1994) *Housing Women* (London: Routledge).

Glasson, J., Therivel, R. and Chadwick, A. (1994) *Introduction to Environmental Impact Assessment* (London: UCL Press).

Goldsmith, M. (1993) 'The Europeanisation of local government', *Urban Studies*, Vol. 30, pp. 683–700.

Goodchild, B. (1990) 'Planning and the modern/postmodern debate', *Town Planning Review*, Vol. 61(2), pp. 119–37.

Goodin, R. (1992) *Green Political Theory* (Cambridge: Polity Press).

Goodman, R. (1972) *After the Planners* (Harmondsworth: Penguin).

Goodwin, M., Duncan, S. and Halford, S. (1993) 'Regulation theory, the local state and the transition to urban politics', *Environment and Planning D. Society and Space,* Vol. 11, pp. 67–88.

Graham, S. and Healey, P. (1999) 'Relational concepts in time and space: issues for planning theory and practice', *European Planning Studies,* Vol. 7(5), pp. 623–46.

Graham, S. and Marvin, S. (1996) *Telecommunications and the City: Electronic Spaces, Urban Places* (London: Routledge).

Graham, S. and Marvin, S. (2001) *Splintering Urbanism* (London: Routledge).

Granovetter, M.N. (1985) 'Economic action and social structure: the problem of embeddedness', *American Journal of Sociology,* Vol. 91, pp. 481–510.

Grant, J. (1994) *The Drama of Democracy* (Toronto: University of Toronto Press).

Grant, W. (1989) *Pressure Groups, Politics and Democracy in Britain* (Hemel Hempstead: Philip Allan).

Grove-White, R. (1991) 'Land, the Law and Environment', *Journal of Law and Society,* Vol. 181, pp. 32–47.

Gualini, E. (2001) *Planning and the Intelligence of Institutions* (Aldershot: Ashgate).

Gunton, T. I., Day, J. C. and Williams, P. W. (2003) 'Evaluating collaborative planning: the British Columbia experience', *Environments,* Vol. 31(3), pp. 1–11.

Habermas, J. (1984) *The Theory of Communicative Action: Vol 1: Reason and the Rationalisation of Society* (London: Polity Press).

Habermas, J. (1987) *The Philosophical Discourse of Modernity* (Cambridge: Polity Press).

Habermas, J. (1993) *Justification and Application: Remarks on Discourse Ethics* (Cambridge: Polity Press).

Hajer, M. (1993) 'Discourse coalitions and the politics of Washington think tanks', in F. Fischer and J. Forester (eds), *The Argumentative Turn in Policy Analysis and Planning* (London: UCL Press), pp. 43–76.

Hajer, M. (1995) *The Politics of Environment Discourse: A Study of the Acid Rain Controversy in Great Britain and the Netherlands* (Oxford: Oxford University Press).

Hajer, M. and Wagenaar, H. (eds) (2003) *Deliberative Policy Analysis: Understanding Governance in the Network Society* (Cambridge, Cambridge University Press).

Hall, P. (1988) *Cities of Tomorrow* (Oxford: Blackwell).

Hall, P. (1995) 'Bringing Abercrombie back from the shades', *Town Planning Review,* Vol. 66(3), pp. 227–42.

Hall, P. and Taylor, R. (1996) 'Political science and the three institutionalisms', *Political Studies,* Vol. 44(5), pp. 936–57.

Hall, P., Thomas, R., Gracey, H. and Drewett, R. (1973) *The Containment of Urban England* (London: George Allen & Unwin).

Hall, S. and Gieben, B. (1992) *Formations of Modernity* (Milton Keynes: Open University Press).

Halseth, G. and Booth, A. (2003) ' "What works well: what needs improvement": lessons in public consultation from British Columbia's resource planning process', *Local Environment*, Vol. 8(4), pp. 437–55.
Handy, C. (1990) *The Age of Unreason* (London: Arrow Books).
Hanson, S., Pratt, G., Mattingly, D. and Gilbert, M. (1994) 'Women, work and metropolitan environments', in I. Altman and A. Chuchman (eds), *Women and the Environment* (New York: Plenum Press), pp. 227–54.
Harding, A. (1995) 'Elite theory and growth machines', in D. Judge, G. Stoker and H. Wolman (eds), *Theories of Urban Politics* (London: Sage) pp. 35–53.
Harris, N (2002) 'Collaborative planning: from critical foundations to practice forms', in P. Allmendinger and M. Tewdwr-Jones (eds), *Planning Futures: New Directions for Planning Theory*, (London: Routledge), pp. 21–43.
Harrison, A. (1977) *The Economics of Land Use Planning* (London: Croom Helm).
Harrison, B. (1994a) 'The Italian industrial districts and the crisis of co-operative form: Part I', *European Planning Studies*, Vol. 21, pp. 3–22.
Harrison, B. (1994b) 'The Italian industrial districts and the crisis of co-operative form: Part II', *European Planning Studies*, Vol. 24, pp. 159–74.
Harrison, C. M., Munton, R. J. C. and Collins, K. (2004) 'Experimental discursive spaces: policy processes, public participation and the Greater London Authority', *Urban Studies*, Vol. 41(4), pp. 903–17.
Harvey, J. (1987) *Urban Land Economics* (London: Macmillan).
Harvey, D. (1982) *The Limits of Capital* (Oxford: Blackwell).
Harvey, D. (1973) *Social Justice and the City* (London: Edward Arnold).
Harvey, D. (1985) *The Urbanization of Capital* (Oxford: Blackwell).
Harvey, D. (1989a) 'From managerialism to entrepreneurialism: the formation of urban governance in late capitalism', *Geografisker Annaler*, 71B, pp. 3–17.
Harvey D. (1989b) *The Condition of Modernity* (Oxford: Blackwell).
Hayden, D. (1981) *The Grand Domestic Revolution* (Cambridge, MA: MIT Press).
Healey, P. (1979) 'Networking as a normative principle', *Local Government Studies*, Vol. 5(1), pp. 55–68.
Healey, P. (1983) *Local Plans in British Land Use Planning* (Oxford: Pergamon).
Healey, P. (1985) 'The professionalisation of planning', *Town Planning Review*, Vol. 56(4), pp. 492–507.
Healey, P. (1988) 'The British planning system and managing the urban environment', *Town Planning Review*, Vol. 59(4), pp. 397–417.
Healey, P. (1991a) 'Urban regeneration and the development industry', *Regional Studies*, Vol. 25(2), pp. 97–110.
Healey, P. (1991b) 'The content of planning education programmes: some comments from the British experience', *Environment and Planning B: Planning and Design*, Vol. 18(2), pp. 177–89.
Healey, P. (1992a) 'Planning through debate: the communicative turn in planning theory', *Town Planning Review*, Vol. 632, pp. 143–62.

Healey, P. (1992b) 'A planner's day: knowledge and action in communicative perspective', *Journal of the American Planning Association,* Vol. 58(1), pp. 9–20.

Healey, P. (1993) 'The communicative work of development plans', *Environment and Planning B: Planning and Design,* 20.10, pp. 183–94.

Healey, P. (1994a) 'Urban policy and property development: the institutional relations of real-estate development in an old industrial region', *Environment and Planning A,* 26, pp. 177–98.

Healey, P. (1994b) 'Development plans: new approaches to making frameworks for land use regulation', *European Planning Studies,* Vol. 21, pp. 38–58.

Healey, P. (1994c) 'Regulating property development', in P. Burton and M. O'Toole (eds), *21 Years of Urban Policy* (London: Chapman & Hall).

Healey, P. (1995) 'The institutional challenge for sustainable urban regeneration', *Cities,* Vol. 12(4), pp. 221–30.

Healey, P. (1996a) 'The communicative turn in planning theory and its implication for spatial strategy-making', *Environment and Planning B: Planning and Design,* Vol. 23, pp. 217–34.

Healey, P. (1996b) 'City fathers, mandarins and neighbours: crossing old divides with new partnerships', in Ø. Kallthorp and I. Elander (eds), *Cities in Transformation; Transformations in Cities* (Aldershot, Hants: Avebury).

Healey, P. (1998) 'Building institutional capacity through collaborative approaches to urban planning', *Environment and Planning A,* Vol. 30(9), pp. 1531–46.

Healey, P. (1999) 'Institutionalist analysis, communicative planning and shaping places', *Journal of Planning Education and Research,* Vol. 19(2), pp. 111–22.

Healey, P. (2003) 'Collaborative planning in perspective', *Planning Theory,* Vol. 2(2), pp. 101–23.

Healey, P. (2004) 'Creativity and urban Governance', *Policy Studies,* Vol. 25(2), pp. 87–102.

Healey, P. (2006) *Urban Complexity and Spatial Strategies: A Relational Planning for Our Times* (London: Routledge).

Healey, P. and Barrett, S. (eds) (1985) *Land Policy: Problems and Alternatives* (Aldershot, Hants: Gower).

Healey, P., Cameron, S.J., Davoudi, S., Graham, S., Madani Pour, A. (eds) (1995) *Managing Cities: The New Urban Context* (London: John Wiley).

Healey, P., S. Davoudi, M. O'Toole, S. Tavsanoglu and D. Usher (eds) (1993) *Rebuilding the City: Property-led Urban Regeneration* (London: E. & F.N. Spon).

Healey, P. and Barrett, S. (1990) 'Structure and agency in land and property development processes', *Urban Studies,* Vol. 27(1), pp. 89–104.

Healey, P., Ennis, F. and Purdue, M. (1992) 'Planning gain and the "new" local plans', *Town and Country Planning,* Vol. 61(2), pp. 39–43.

Healey, P. and Gilbert, A. (1985) *The Political Economy of Land: Urban Development in Venezuela* (Aldershot, Hants: Gower).

Healey, P. and Hillier, J. (1995) *Community Mobilization in Swan Valley: Claims, Discourses and Rituals in Local Planning*, Working Paper No. 49, Department of Town and Country Planning (Newcastle: University of Newcastle).

Healey, P., Khakee, A., Motte, A. and Needham, B. (1997) *Making Strategic Spatial Plans: Innovation in Europe* (London: UCL Press).

Healey, P., Magalhaes, C. de, Madanipour, A. and Pendlebury, J. (2003) 'Place, identity and local politics: analysing partnership initiatives', in M. Hajer and H. Wagenaar (eds), *Deliberative Policy Analysis: Understanding Governance in the Network Society* (Cambridge: Cambridge University Press), pp. 60–87.

Healey, P., McNamara, P., Elson, M. and Doak, J. (1988) *Land Use Planning and the Mediation of Urban Change* (Cambridge: Cambridge University Press).

Healey, P., Purdue, M. and Ennis, F. (1995) *Negotiating Development* (London: E. & F.N. Spon).

Healey, P. and Shaw, T. (1994) 'Changing meanings of "environment" in the British planning system', *Transactions of the Institute of British Geographers*, Vol. 19(4), pp. 425–38.

Healey, P., Thomas, M.J. and McDougall, G. (eds) (1982) *Planning Theory: Prospects for the 1980s* (Oxford: Pergamon).

Held, D. (1987) *Models of Democracy* (Cambridge: Polity Press).

Hillier, J. (1993) 'To boldly go where no planners have ever ...', *Environment and Planning D: Society and Space*, Vol. 11, pp. 89–113.

Hillier, J. (2002) *Shadows of Power: An Allegory of Prudence in Land-Use Planning* (London: Routledge).

Hoch, C. (1992) 'The paradox of power in planning practice', *Journal of Planning Education and Research*, Vol. 11(3), pp. 206–15.

Hodgson, G. M. (1993a) 'Institutional economics: surveying the "old" and the "new"', *Metroconomica*, Vol. 44(1), pp. 1–28.

Hodgson, G. M. (1993b) Introduction to *idem*, *The Economics of Institutions* (Aldershot, Hants: Edward Elgar).

Hodgson, G. M. (2004) *The Evolution of Institutional Economics: Agency, Structure and Darwinianism in American Institutionalism*, (New York: Routledge).

Hoggett, P. (1995) 'Does local government want local democracy?', *Town and Country Planning*, Vol. 64(4), pp. 107–09.

Holt-Jensen, A. (1994) Tendencies in development plan-making in Norway', in Healey, P. (ed.), *Tendencies in Development Plan-Making in Europe*, Working Paper No. 42, Department of Town and Country Planning, University of Newcastle.

Holt-Jensen, A. (1997) 'Strategic planning: between economic forces and democractic prossures in Hordaland county and the city of Bergen', in P. Healey, A. Khakee, A. Motte and B. Needham (eds), *Making Strategic Spatial Plans* (London: UCL Press).

Horelli, L. and Vepsa, K. (1994) 'In search of supportive structures for everyday life', in I. Altman and A. Churchman (eds), *Women and the Environment* (New York: Plenum Press).

Hudson, B. (1979) 'Comparison of current planning theories: counterparts and contradictions', *Journal of the American Planning Association,* Vol. 45(4), pp. 387–98.

Hull, A. (1995) 'New models for implementation theory: striking a consensus on windfarms', *Journal of Environmental Planning and Management,* Vol. 38(3), pp. 285–306.

Huxley, M. (1994) 'Planning as a framework of power: Utilitarian reform, Enlightenment logic and the control of space', in S. Ferber, C. Healey and C. McAuliffe (eds), *Beasts of Suburbs: Reinterpreting Culture in Australian Suburb* (Melbourne: Melbourne University Press).

Innes, J. (1990) *Knowledge and Public Policy: The Search for Meaningful Indicators* (New Brunswick: Transaction Press).

Innes, J. (1992) 'Group processes and the social construction of growth management: the cases of Florida, Vermont and New Jersey', *Journal of the American Planning Association,* Vol. 58, pp. 440–53.

Innes, J. (1994) *Planning through Consensus-Building: A New View of the comprehensive Planning Ideal* (Berkeley: University of California IURD).

Innes, J. (1995) 'Planning theory's emerging paradigm: communicative action and interactive practice', *Journal of Planning Education and Research,* Vol. 14(3), pp. 183–90.

Innes, J. E. and Booher, D. (1999a) 'Consensus-building and complex adaptive systems: a framework for evaluating collaborative planning', *Journal of the American Planning Association,* Vol. 65(4), pp. 412–23.

Innes, J. E. and Booher, D. (1999b) 'Consensus-building as role-playing and bricolage', *Journal of the American Planning Association,* Vol. 65(1), pp. 9–26.

Innes, J.E. and Booher, D. (2003) 'Collaborative policy-making: governance through dialogue', in M. Hajer and H. Wagenaar (eds), *Deliberative Policy Analysis: Understanding Governance in the Network Society* (Cambridge: Cambridge University Press), pp. 33–59.

Innes, J.E. and Gruber, J. (2001) 'Bay Area transportation decision-making in the wake of Istea: planning styles in conflict at the Metropolitan Transportation Commission', Report University of California Transportation Center, Berkeley, California.

Innes, J.E. and Gruber, J. (2005) 'Planning styles in conflict. The metropolitan transportation commission', *Journal of the American Planning Association,* Vol. 71 (2), pp. 177–88.

Innes, J., Gruber, J., Thompson, R. and Neuman, M. (1994) *Coordinating Growth and Environmental Management through Consensus-building,* Report to the California Policy Seminar (Berkeley: University of California).

Jacobs, J. (1961) *The Death and Life of Great American Cities* (New York: Vintage Books).

Jacobs, M. (1991) *The Green Economy* (London: Pluto Press).

Jencks, C. (1987) *Le Corbusier: The Tragic View of Architecture* (Harmondsworth: Penguin).

Jencks, C. and Peterson, P.E. (eds) (1991) *The Urban Underclass* (Washington, DC: Brookings Institutions).

Jessop, B. (1991) 'The Welfare State in the transition from Fordism to Post-Fordism', in B. Jessop, H. Kastendiek, K. Nielsen and I.K. Petersen (eds), *The Politics of Flexibility* (Aldershot, Hants: Edward Elgar).

Jessop, B. (2002) *The Future of the Capitalist State* (Cambridge: Polity Press).

Jessop, B., Kastendiek H., Nielsen, K. and Petersen, I.K. (eds), *The Politics of Flexibility* (Aldershot, Hants: Edward Elgar).

Johnson, S. R. (2004) 'The myth and reality of Portland's engaged citizenry and process-oriented governance' in C. P. Ozawa (ed.), *The Portland Edge: Challenges and Successes of Growing Communities* (Washington, DC: Island Press), pp. 102–17.

Jowell, J. and Oliver, D. (eds) (1985) *The Changing Constitution: Restructuring State and Industry in Britain, Germany and Scandinavia* (Oxford: Clarendon Press).

Judge, D., Stoker, G. and Wolman, H. (eds) (1995) *Theories of Urban Politics* (London: Sage).

Kaiser, E. and Godschalk, D. (1993) 'Twentieth-century land use planning: a stalwart tree', paper to ACSP Congress, Philadelphia, October.

Kearns, G. (ed.) (1993) *Selling Places: The City as Cultural Capital, Past and Present,* (Oxford: Butterworth).

Keeble, L. (1952) *Principles and Practice of Town and Country Planning* (London: Estates Gazette).

Kennedy-Skipton, H. (1994) 'Property development and urban regeneration: policy-led office development in Glasgow/Clydebank and Manchester/Salford', University of Strathclyde, Glasgow, unpublished PhD thesis.

Keogh, G. and D'Arcy, E. (1994) 'Market maturity and property market behaviour: a European comparison of mature and emergent markets', *Journal of Property Research,* Vol. 113, pp. 215–35.

Khakee, A., Elander, I. and Sunnesson, S. (1995) *Remaking the Welfare State* (Aldershot, Hants: Avebury).

Khakee, A. (1996) 'Working in a democratic culture: structure planning in Marks Kommun', in P. Healey, A. Khakee, A. Motte and B. Needham (eds), *Making Strategic Spatial Plans* (London: UCL Press).

Kirk, G. (1980) *Urban Planning in a Capitalist Society* (London: Croom Helm).

Kitchen, J.E. (1991) 'A client-based view of the planning service', in H. Thomas and P. Healey (eds), *Dilemmas in Planning Practice* (Aldershot, Hants: Avebury).

Kitching G. (1988) *Karl Marx and the Philosophy of Praxis* (London: Routledge).

Korfer, H.R. and Latniak, E. (1993) 'Approaches to technology policy and regional milieux – experiences of programmes and projects in North Rhine-Westphalia', *European Planning Studies,* Vol. 2(3), pp. 303–20.

Krabben, E. and Lambooy, J.G. (1993) 'A theoretical framework for the functioning of the Dutch property market', *Urban Studies,* 30(8), pp. 1382–97.

Krumholz, N. and Forester, J. (1992) *Making Equity Planning Work* (Philadelphia: Temple University Press).
Kuhn, T. (1962) *The Structure of Scientific Revolutions* (Chicago: University of Chicago Press).
Laffin, M. (1986) *Professionalization and Policy: The Role of the Professions in Central–local Relationships* (Aldershot, Hants: Gower).
Latour, B. (1987) *Science in Action* (Cambridge, MA: Harvard University Press).
Lauria, M. and Whelan, R. (1995) 'Planning theory and political economy: the need for reintegration', *Planning Theory*, Vol. 14, pp. 8–33.
Le Galès, P. (2002) *European Cities: Social Conflicts and Governance* (Oxford: Oxford University Press).
Lee, D. (1973) 'Requiem for large-scale models', *Journal of the American Planning Association*, Vol. 39, pp. 153–79.
Lefebvre, H. (1991) *The Production of Space* (London: Blackwell).
Lichfield, N. and Darin-Drabkin, H. (1980) *Land Policy and Urban Growth* (London: George Allen & Unwin).
Lichfield, N. (1992) 'From planning obligations to community impact analysis', *Journal of Planning and Environmental Law*, pp. 1103–18.
Liggett, H. and Perry, D. (ed.) (1995) *Spatial Practices* (Thousand Oaks, California: Sage).
Lindblom, C.E. (1959) 'The science of "muddling through"', *Public Administration Review*, Vol. 19, pp. 79–99.
Lindblom, C.E. (1965) *The Intelligence of Democracy* (New York: Free Press).
Little, J. (1994a) *Gender, Planning and the Policy Process* (Oxford: Pergamon).
Little, J. (1994b) 'Women's initiatives in town planning in England: a critical review', *Town Planning Review*, 653, 261–76.
Lizieri, C. and Venmore-Rowland, P. (1991) 'Valuation accuracy: a contribution to debate', *Journal of Property Research*, Vol. 8, pp. 115–22.
Logan, J.R. and Molotch, H. (1987) *Urban Fortunes: The Political Economy of Place* (Berkeley, CA: University of California Press).
Lois, T. and Smutny, G. (2001) 'Collaboration among small, community-based organisations', *Journal of Planning Education and Research*, Vol. 21(2), pp. 141–53.
Lovelock, J. (1979) *Gaia – A New Look at Life on Earth* (Oxford: Oxford University Press).
Lovering, J. (1995) 'Creating discourses rather than jobs: the crisis in the cities and the transition fantasies of intellectuals and policy-makers', in P. Healey *et al.* (eds), *Managing Cities: the New Urban Context* (London: John Wiley).
Low, N. (1991) *Planning, Politics and the State: Political Foundations of Planning Thought* (London: Unwin Hyman).
Lowe, P. and Goyder, J. (1983) *Environmental Groups in Politics* (London: George Allen & Unwin).
Lowe, P., Murdoch, J. and Cox, G. (1995) 'A civilised retreat? Anti-urbanism, rurality and the making of an anglo-centric culture', in Healey *et al.* (eds), *Managing Cities: The New Urban Context* (London: John Wiley).

Lowndes, V. and Skelcher, C. (1998) 'The dynamics of multi-organizational partnerships: an analysis of change in modes of governance', *Public Administration*, Vol. 76(2), pp. 313–33.

Lukes, S. (1974) *Power: A Radical View* (London: Macmillan).

Macnaghten, P., Grove-White, R., Jacobs, M. and Wynne, B. (1995) *Public Perceptions and Sustainability in Lancashire: Indicators, Institutions and Participation* (Preston: Lancashire Country Council).

Madani Pour, A. (1990) 'A study of urban form', unpublished PhD thesis, University of Newcastle.

Malbert, B. (1998) 'Urban planning participation: linking practice and theory', PhD thesis Gothenburg, School of Architecture, Chalmers University.

Mannheim, K. (1940) *Man and Society in an Age of Reason: Studies in Modern Social Structure* (London: K. Paul, Trench, Trubner).

Margerum, R. D. (2002) 'Collaborative planning: building consensus and building a distinct model for practice', *Journal of Planning Education and Research*, Vol. 21(3), pp. 237–53.

Marriott, O. (1967) *The Property Boom* (London: Pan).

Marsden, T., Murdoch, J., Lowe, P., Munton, R. and Flynn, A. (1993) *Constructing the Countryside* (London: UCL Press).

Marshall, T. (1992) *Environmental Sustainability: London's UDPs and Strategic Planning*, Occasional Paper No. 4, School of Land Management and Urban Policy (London: South Bank University).

Massey, D. and Catalano, A. (1978) *Capital and Land* (London: Edward Arnold).

Massey, D. and Meegan, R. (1982) *The Anatomy of Job Loss* (London: Methuen).

Mayo, M. (1994) *Communities and Caring: The Mixed Economy of Welfare* (London: Macmillan).

McArthur, A.A. (1993) 'Community business and urban regeneration', *Urban Studies*, Vol. 30(4/5), 849–73.

McAuslan, P. (1980) *The Ideologies of Planning Law* (Oxford: Pergamon).

McEldowney, M. and K. Sterrett (2001) 'Shaping a regional vision: the case of Northern Ireland', *Local Economy*, Vol. 16(1), pp. 38–49.

McDowell, L. (1992) 'Doing gender: feminism, feminists and research methods in human geography', *Transactions of the Institute of British Geographers*, Vol. 174, pp. 399–416.

McGuirk, P. M. (2001) 'Situating communicative planning theory: context, power and knowledge', *Environment and Planning A*, Vol. 33(2), pp. 195–217.

McLoughlin, B. (1969) *Urban and Regional Planning: A Systems Approach* (London: Faber).

McLoughlin, B. (1992) *Shaping Melbourne's Future? Town Planning, the State and Civic Society* (Cambridge: Cambridge University Press).

Mier, R. (1995) 'Economic development and infrastructure: planning in the context of progressive politics', in D. Perry (ed.), *Building the Public City: The Politics, Governance and Finance of Public Infrastructure* (Thousand Oaks, California: Sage).

Meyerson, M. and Banfield, E. (1955) *Politics, Planning and the Public Interest* (New York: Free Press).

Mingione, E. (1991) *Fragmented Societies: A Sociology of Economic Life Beyond the Market Paradigm* (Oxford: Blackwell).

Mishra, R. (1990) *The Welfare State in Capitalist Society* (London: Harvester-Wheatsheaf).

Montgomery, J. (ed.) (1995) 'Urban vitality and the culture of cities: special issue', *Planning Practice and Research*, Vol. 10, pp. 101–10.

Moore Milroy, B. (1991) 'Into postmodern weightlessness', *Journal of Planning Education and Research*, Vol. 10(3), pp. 181–7.

Morphet, J. (1995) 'Planning research and the policy process', *Town Planning Review*, Vol. 66(2), pp. 199–206.

Moser, C. (1989) 'Community participation in urban development programmes in Third World Cities', *Progress in Planning*, Vol. 32, pp. 71–133.

Motte, A. (ed.) (1995) *Schéma Directeur et projet d'agglomération: l'experimentation de nouvelles politiques urbaines spatialisées 1981–1993* (Paris: Editions Juris Service).

Motte, A. (1997) 'Building strategic urban planning in France: The Lyons urban area experiments 1981–1993', in P. Healey, A. Khakee, A. Motte and B. Needham (eds), *Making Strategic Spatial Plans* (London: UCL Press).

Moulaert, F. (1996) 'Rediscovering spatial inequality in Europe: building blocks for an appropriate "regulationist" analytical framework', *Environment and Planning D: Society and Space*, Vol. 14, pp. 155–79.

Moulaert, F. and Tödtling, F. (1995) 'The geography of advanced producer services in Europe', *Progress in Planning*, Vol. 43(2/3).

Mumford, L. (1961) *The City in History* (Harmondsworth: Penguin).

Murray, M. and Greer, J. (2002) 'Participatory planning as dialogue. The Northern Ireland regional strategic framework and its public examination process', *Policy Studies*, Vol.23(3/4), pp. 191–209.

Myerson, G. and Rydin, Y. (1994) '"Environment" and planning: a tale of the mundane and the sublime', *Environment and Planning D: Society and Space*, Vol. 12(4), pp. 437–52.

Needham, B., Koenders, P. and Kruijt, B. (1993) *Urban Land and Property Markets in The Netherlands* (London: UCL Press).

Needham, B. and Lie, R. (1994) 'The public regulation of property supply and its effects on private prices, risks and returns', *Journal of Property Research*, Vol. 11, pp. 199–213.

Newby, H. (1979) *Green and Pleasant Land* (Harmondsworth: Penguin).

Nijkamp, P. (1993) 'Towards a network of regions: the United States of Europe', *European Planning Studies*, Vol. 12, pp. 149–68.

Nijkamp, P. and Perrels, A. (1994) *Sustainable Cities in Europe* (London: Earthscan).

Nijkamp, P., Vleugel, J.M. and Kreutzberger, E. (1993) 'Assessment of capacity in infrastructure networks: a multidimensional view', *Transportation Planning and Technology*, Vol. 17, pp. 301–10.

Nord, 1991 *The New Everyday Life* (Stockholm, The Nordic Council).

Nussbaum, M. (1990) *Love's Knowledge* (New York: Oxford University Press).
O'Callaghan, J. (1995) 'The NELUP programme', in special issue of the *Journal of Environmental Planning and Management*, Vol. 38(1).
O'Riordan, T. (1981) *Environmentalism* (London: Pion).
O'Riordan, T., Kramme, L. and Weale, A. (1992) *The New Politics of Pollution* (Manchester: Manchester University Press).
Oatley, N. (1995) 'Competitive urban policy and the regeneration game', *Town Planning Review*, 661, pp. 1–14.
Offe, C. (1977) 'The theory of the capitalist state and the problem of policy formation', in L.N. Lindberg and A. Alford (eds), *Stress and Contradiction in Modern Capitalism* (Lexington, Massachusetts: D.C. Heath) pp. 125–44.
Oregon Progress Board (1994) *Oregon Benchmarks: Standard for Measuring Statewide Progress and Institutional Performance,* Report to the 1995 Legislature (December) (Oregon: State of Oregon).
Ottes, L., Poventud, E., Schendelen, M. van Segard von Banchet, G. (eds) (1995) *Gender and the Built Environment* (Assen, Netherlands: van Goram).
Ostrom, E. (1990) *Governing the Commons: The Political Economy of Institutions and Decisions* (Cambridge: Cambridge University Press).
Owens, S. (1994) 'Land, limits and sustainability: a conceptual framework and some dilemmas for the planning system', *Transactions of the Institute of British Geographers,* Vol. 19(4), pp. 439–56.
Owens, S. (1995) 'From "predict and promote" to "predict and prevent"? Pricing and planning in transport policy', *Transport Policy,* Vol. 2(1), pp. 45–9.
Pahl, R. (1984) *Divisions of Labour* (Oxford: Blackwell).
Painter, J. (1995) 'Regulation Theory, Post-Fordism and Urban Politics', in D. Judge, G. Stoker and H. Wolman, (eds), *Theories of Urban Politics* (London: Sage).
Patterson, A. and Theobald, K. (1995) 'Sustainable development, Agenda 21 and the new local governance in Britain', *Regional Studies,* Vol. 29(8), pp. 773–8.
Pearce, D., Markandya, A. and Barber, D. (1989) *Blueprint for a Green Economy* (London: Earthscan).
Peck, J. (1993) 'The trouble with TECs ... a critique of the Training and Enterprise Councils initiative', *Policy and Politics,* Vol. 21(4), pp. 289–306.
Peck, J. and Emmerich, M. (1994) 'Training and Enterprise Councils: Time for Change', *Local Economy,* Vol. 8(1), pp. 4–21.
Perrons, D. and Skyers S. (2003) 'Empowerment through participation? Conceptual explorations and a case study' *International Journal of Urban and Regional Research,* Vol. 27(2), pp. 265–85.
Perroux, F. (1955) 'Note sur la notion de pôle de croissance', *Economie Appliqueé,* Vol. 7, pp. 307–20.
Perry, D. (1995) 'Making space: planning as a mode of thought', in H. Liggett and D. Perry, *Spatial Practices* (Thousand Oaks, California: Sage).
Petts, J. (1995) 'Waste management strategy development: a case study of community involvement and consensus-building in Hampshire', *Journal of Environmental Planning and Management,* Vol. 38(4), pp. 519–36.

Pickvance, C. (1995) 'Marxist theories of urban politics', in D. Judge, G. Stoker and H. Wolman (eds), *Theories of Urban Politics* (London: Sage).

Pinch, S. (1993) 'Social polarisation: a comparison of evidence from Britain and the US', *Environment and Planning A*, Vol. 25, pp. 779–815.

Piore, M.J. and Sabel, C.F. (1984) *The Second Industrial Divide* (New York: Basic Books).

Plummer, J. (2000) *Municipalities and Community Participation: A Sourcebook for Capacity Building* (London: Earthscan).

Powell, W.W. and Dimaggio, P.J. (1991) *The New Institutionalism in Organizational Analysis* (Chicago: University of Chicago Press).

Pressman, J. and Wildavsky, A. (1984) *Implementation*, 3rd edition (Berkeley, California: University of California Press).

Preteceille, E. (1993) *Mutations urbaines et politiques locales*, Volume 2: *Segregation sociale et budgets locaux en île-de-France* (Paris: Centre de Sociologie Urbaine).

Pryke, M. (1994) 'Looking back on the space of a boom: (re)developing spatial matrices in the City of London', *Environment and Planning A*, Vol. 26(2), pp. 235–64.

Punter, J. (2003) *The Vancouver Achievement* (Vancouver, BC: UBC Press).

Rabinow, P. (ed.) (1984) *The Foucault Reader* (London: Penguin).

Ravetz, A. (1980) *Remaking Cities* (London: Croom Helm).

Reade, E. (1987) *British Town and Country Planning* (Milton Keynes, Bucks: Open University Press).

Rein, M. and Schon, D. (1993) 'Reframing policy discourse', in F. Fischer and J. Forester (eds), *The Argumentative Turn in Policy Analysis and Planning* (London: UCL Press).

Rhodes, R. (1988) *Beyond Westminster and Whitehall: The Sub-central Governments of Britain* (London: Unwin Hyman).

Rhodes, R. (1992) 'Policy networks', *Journal of Theoretical Politics*, Vol. 2, pp. 293–317.

Richardson, H. (1969) *Elements of Regional Economics* (Harmondsworth: Penguin).

Ringli, H. (1997) 'Strengthening the urban core in a polycentric context: plan-making for Zurich cantons', in P. Healey, A. Khakee, A. Motte and B. Needham (eds), *Making Strategic Spatial Plans* (London: UCL Press).

Rittel, H. and Webber, M. (1973) 'Dilemmas in a general theory of planning', *Policy Sciences*, Vol. 4, pp. 155–69.

Ritzdorf, M. (1986) 'Women and land use zoning', *Urban Resources*, Vol. 3(2), pp. 23–7.

Rodriguez-Bachiller, A. (1988) *Town Planning Education* (Aldershot, Hants: Gower).

Rogerson, R.J., Findlay, A.M., Paddison, R. and Morris, A.S. (1996) 'Class, consumption and quality of life', in B. Diamond and B. Massam (eds), *Progress in Planning*, Vol. 45(1), pp. 1–66.

Roo, G. de (2000) 'Environmental conflicts in compact cities: complexity, decision-making and policy approaches', *Environment and Planning B: Planning and Design*, Vol. 27, pp. 151–62.

Rydin, Y. (1986) *Housing Land Policy* (Aldershot, Hants: Gower).

Rydin, Y. (1992) 'Environmental impacts and the property market', in M.J. Breheny (ed.), *Sustainable Development and Urban Form* (London: Pion), pp. 217–41.

Rydin, Y. (1993) *The British Planning System* (London: Macmillan).

Rydin, Y. (2003) *Conflict, Consensus and Rationality in Environmental Planning: An Institutionalist Discussion Approach* (Aldershot, Hants: Ashgate)

Sager, T. (1994) *Communicative Planning Theory* (Aldershot, Hants: Avebury).

Sager, T. (2001) 'Positive theory of plannning: the social choice approach', *Environment and Planning A*, Vol. 33(4), pp. 629–47.

Sager, T and Ravlum, I.-A. (2004) 'Inter-agency transport planning: co-ordination and governance structures', *Planning Theory and Practice*, Vol. 5(2), pp. 171–95.

Sagoff, M. (1988) *The Economy of the Earth* (Cambridge: Cambridge University Press).

Salet, W. and Gualini, E. (2003) 'The region of Amsterdam', unpublished paper, EU COMET Project, AME, University of Amsterdam.

Sandbach, F. (1980) *Environment, Ideology and Public Policy.* (Oxford: Blackwell).

Sandercock, L. (2003) *Mongrel Cities: Cosmopolis 11* (London: Continuum).

Sandercock, L. (2005) 'An anatomy of civic ambition in Vancouver. UBC, Vancouver', *Harvard Design Review* (March). (to confirm when published)

Sarkissian, W. (2005) 'Stories in a Park: Giving voice to the voiceless in Eagleby, Australia', *Planning Theory and Practice*, Vol. 6(1), pp. 99–112.

Saunders, P. (1981) *Social Theory and the Urban Question* (London: Hutchinson).

Savage, M., Dickens, P. and Fielding T. (1988) 'Some social and political implications of the contemporary fragmentation of the "service class" in Britain', *Journal of Urban and Rural Research*, Vol. 12(3), pp. 455–76.

Saxenian, A. (1994) *Regional Advantage* (Cambridge, MA: Harvard University Press).

Scharpf, F. W. (1999) *Governing in Europe: Effective and Democratic?* (Oxford: Oxford University Press).

Schlosberg, D. (1999) *Environmental Justice and the New Pluralism* (Oxford: Oxford University Press).

Selznick, P. (1949) *TVA and the Grass Roots* (Berkeley, CA: University of California Press).

Schmitter, P. (1974) 'Still the century of corporatism', *Review of Politics*, Vol. 36, pp. 85–131.

Schneecloth, L. and Sibley, R. (1995) *Place-Making: The Art and Practice of Building Communities* (New York: John Wiley).

Schon, D. (1983) *The Reflective Practitioner* (New York: Basic Books).

Scott, A.J. and Roweis, S.T. (1977) 'Urban planning in theory and practice', *Environment and Planning A*, Vol. 9, pp. 1097–1119.

Sennet, R. (1991) *The Conscience of the Eye: The Design and Social Life of Cities* (London: Faber).

Shatkin, G. (2002) 'Working with the community: dilemmas in radical planning in Metro Manila, The Philippines', *Planning Theory and Practice*, Vol. 3(3), pp. 301–18.

Shotter, J. (1993) *Conversational Realities: Constructing Life through Language* (London: Sage).
Silverman, D. (1970) *The Theory of Organizations* (London: Heinemann).
Silverman, D. (1993) *Interpreting Qualitative Data* (London: Sage).
Simmons, I.G. (1993) *Interpreting Nature: Cultural Constructions of the Environment* (London: Routledge).
Smith, M. and Sullivan, H. (2003) 'Developing frameworks for examining community participation in a multi-level environment', *Local Economy*, Vol. 18(3), pp. 237–52.
Stein, J. (1993) *Growth Management: The Planning Challenge of the 1990s* (Newbury Park, CA: Sage).
Stoker, G. (1995) 'Regime theory and urban politics', in D. Judge, G. Stoker, G. and H. Wolman (eds), *Theories of Urban Politics* (London: Sage).
Stoker, G. and Young, S. (1993) *Cities in the 1990s* (London: Longman).
Stone, C. (1989) *Regime Politics: Governing Atlanta 1946–1988* (Kansas: University of Kansas Press).
Stretton, H. (1978) *Capitalism, Socialism and the Environment* (Cambridge: Cambridge University Press).
Susskind, L. and Cruikshank, J. (1987) *Breaking the Impasse: Consensual Approaches to Resolving Public Disputes* (New York: Basic Books).
Susskind, L., McKearnan, S. and Thomas-Larmer, J. (eds) (1999) *The Consensus-Building Handbook* (Thousand Oaks, California and London: Sage).
Sutcliffe, A. (1981) *Towards the Planned City* (Oxford: Blackwell).
Taylor, M. (2000) 'Top-down meets bottom-up: neighbourhood management', (York: York Publishing Services).
Taylor, M. (2003) *Public Policy in the Community*, (Basingstoke, Palgrave).
Tett, A. and Wolfe, J.M. (1991) 'Discourse analysis and city plans', *Journal of Planning Education and Research*, Vol. 10(3), pp. 195–200.
Tewdwr-Jones, M. and Allmendinger, P. (1998) 'Deconstructing communicative rationality: a critique of Habermasian collaborative planning', *Environment and Planning A*, Vol. 30(11), pp. 1979–89.
Thomas, H. (1995) '"Race" and public policy in planning', *Planning Perspectives*, Vol. 10, pp. 123–48.
Thomas, H. and Healey, P. (eds) (1991) *Dilemmas of Planning Practice* (Aldershot, Hants: Avebury).
Thomas, H. and Krishnarayan, V. (1993) 'Race equality and planning', *The Planner*, Vol. 79(3), pp. 17–19
Thompson, G., Frances, J., Levacic, R. and Mitchell, J. (1991) *Markets, Hierarchies and Networks* (Milton Keynes: Open University Press).
Thornley, A. (1991) *Urban Planning under Thatcherism* (London: Routledge).
Throgmorton, J. (1992) 'Planning as persuasive story-telling about the future: negotiating an electric power settlement in Illinois', *Journal of Planning Education and Research*, Vol. 12(1), pp. 17–31.
Tickell, A. and Dicken, P. (1993) 'The role of inward investment strategies: the case of Northern England', *Local Economy*, Vol. 8(3), pp. 197–208.
Tickell, A. and Peck, J.A. (1992) 'Accumulation, regulation and the geographies of post-fordism: missing links in regulationist research', *Progress in Human Geography*, Vol. 16(2), pp. 190–218.

Townsend, P. (1975) *Sociology and Social Policy* (London: Allen Lane).

Turner R. (ed.) (1993) *Sustainable Environmental Economics and Management: Principles and Practice* (London: Belhaven).

Turok, I. (1992) 'Property-led urban regeneration: panacea or placebo?', *Environment and Planning A*, Vol. 24, pp. 361–79.

Urry, J. (1980) *The Anatomy of Capitalist Societies* (London: Macmillan).

Van Driesche, J. and Lane M. (2002) 'Conservation through conversation: collaborative planning for reuse of a former military property in Souk County, Wisconsin, USA', *Planning Theory and Practice*, Vol. 3(2), pp. 133–54.

Vanderplatt, M. (1995) 'Beyond technique: issues in evaluating for empowerment', *Evaluation*, Vol. 11, pp. 81–96.

Vasconcelos, L. and Reis, A. (1996) 'Building new institutions for strategic planning: transforming Lisbon into the Atlantic Capital of Europe', in P. Healey, A. Khakee, A. Motte and B. Needham (eds), *Making Strategic Spatial Plans* (London: UCL Press).

Vickers, J. (1991) 'New directions for industrial policy in the area of regulatory reform', in G. Thompson, J. Francis, R. Levacic and J. Mitchell (eds), *Markets, Hierarchies and Networks* (London: Sage) pp. 163–70.

Wannop, U. (1985) 'The practice of rationality: the case of Coventry–Solihull–Warwickshire Subregional Planning Study' in M.J. Breheny and A.J. Hooper (eds), *Rationality in Planning* (London: Pion) pp. 196–208.

Wannop, U. (1995) *The Regional Imperative* (Cambridge: Cambridge University Press).

Ward, S. (1984) 'List Q: a missing link in interwar public investment', *Public Administration*, Vol. 62, pp. 348–58.

Ward, S. (1994) *Planning and Urban Change* (London: Paul Chapman).

Webber, M. (1978) 'A difference paradigm for planning', in R.W. Burchell and G. Sternleib (eds), *Planning Theory in the 1980s* (Rutgers, New Jersey: Centre for Urban Policy Research).

Weber, M. (1970) *Essays in Sociology*, edited by H.H. Gerth and C. Wright Mills (London: Routledge & Kegan Paul).

Webster, C. and Lai, L. W.-C. (2003) *Property Rights, Planning and Markets: Managing Spontaneous Cities* (Cheltenham: Edward Elgar).

Weiss, M.A. (1987) *The Rise of the Community Builders* (New Brunswick: Columbia University Press).

Wekerle, G. (1984) 'A women's place is in the city', *Antipode*, Vol. 16(5), pp. 11–19.

Wenger, E. (1998) *Communities of Practice: Learning, Meaning and Identity* (Cambridges: Cambridge University Press).

Whatmore, S. and Boucher, S. (1993) 'Bargaining with nature: the discourse and practice of "environmental planning gain"', *Transactions of the Institute of British Geographers*, Vol. 182, pp. 166–78.

Wheelock, J. (1990) *Husbands at Home: The Domestic Economy in a Post-industrial Society* (London: Routledge).

Wheelan, R., Young, A., and Lauria, M. (1994) 'Urban regimes and racial politics in New Orleans', *Journal of Urban Affairs*, Vol. 16(1), pp. 1–21.

Whitelegg, J. (1993) *Transport for a Sustainable Future* (Lada: John Wiley).

Wiener, M.J. (1981) *English Culture and the Decline of the Industrial Spirit 1850–1980* (London: Penguin).

Williams, C. (1993) 'Planners carry capacity for unsustainable development', *Planning*, 1022, pp. 18–19.

Williams, C.C. (1995) 'Trading flavours in Calderdale', *Town and Country Planning'*, Vol. 64(80), pp. 214–15.

Williams, C.C. and Windebanck, J. (1994) 'Spatial variations in the informal sector: a review of evidence from the European Union', *Regional Studies*, Vol. 28(8), pp. 819–25.

Williams, R. (1975) *The Country and the City* (Harmondsworth: Penguin).

Williams, R. (1976) *Keywords* (Glasgow: Fontana).

Williams, R.H.W. (1992) 'Internationalizing planning education and the European ERASMUS Programme', *Journal of Planning Education and Research*, Vol. 10(1), pp. 75–8.

Willmott, P. and Young, M. (1960) *Family and Class in a London Suburb* (London: Routledge & Kegan Paul).

Wissink, B. (1995) 'Advocacy and counsel in Dutch Regional Planning: an inescapable tension', paper to AESOP Congress, Glasgow, August.

Wittgenstein, L. (1968) *Philosophical Investigations*, tr. G.E. Anscombe (New York: Macmillan).

Wolman, H.L., Coit Cook, F. and Hill, E. (1994) 'Evaluating the Success of Urban Success Stories', *Urban Studies*, 3(6), pp. 835–50.

Wolsink, M. (1994) 'Entanglement of interests and motives: assumptions behind the NIMBY-theory on facility siting', *Urban Studies*, 31(6), pp. 851–66.

Wood, B. and Williams, R.H. (eds) (1992) *Industrial Development in Western Europe* (London: E. & F.N. Spon).

Wood, J. Gilroy, R., Healey, P. and Speak, S. (1995) *Changing the Way We Do Things Here*, Research Report, Department of Town and Country Planning (Newcastle: University of Newcastle).

World Commission on Environment and Development (1987) *Our Common Future* (The Brundtland Report) (Oxford: Oxford University Press).

Worster, D. (1977) *Nature's Economy: a History of Ecological Ideas* (Cambridge: Cambridge University Press).

Umemoto, K. (2001) 'Walking in another's shoes: epistemological challenges in participatory planning' *Journal of Planning Education and Research*, Vol. 21(1), pp. 17–31.

Yiftachel, O. and Huxley M. (2000) 'Debating dominance and relevance: notes on the "communicative turn" in planning theory', *International Journal of Urban and Regional Research*, Vol. 24(4), pp. 907–13.

Young, I.M. (1990) *Justice and the Politics of Difference* (Princeton: Princeton University Press).